"十三五"普通高等教育规划

电力噪声控制

郭天祥　　陈传敏　　刘松涛　　编

赵　毅　主审

中国电力出版社

CHINA ELECTRIC POWER PRESS

内 容 提 要

本书为"十三五"普通高等教育规划教材。本书从声学基本概念与度量开始,以声学描述与声场分布为基础,以声学测量、噪声识别与控制为主线,基于声学波动本质,从产声机理、声传播机制、声防护措施三个角度系统分析噪声控制原理与技术方法,强调了声学基础内容,突出了声波场特征及声传播特性,强化了噪声源识别技术;加强了电力特色内容,特别分析了电力系统噪声和特殊环境噪声,如电站变压器噪声。此外,为了开拓读者视野,在第 5 章彰显了噪声能利用技术,如噪声诊断、声热技术及声发电技术,使读者能够更深层次地在理论与实践上认识噪声控制与利用过程。

本书可作为高等学校能源类、电力类相关专业的本科生和研究生教材,也可供从事相关领域生产、管理的工程技术人员参考使用。

图书在版编目(CIP)数据

电力噪声控制/郭天祥,陈传敏,刘松涛编 .—北京:中国电力出版社,2020.6

"十三五"普通高等教育规划教材

ISBN 978-7-5198-4176-8

Ⅰ.①电… Ⅱ.①郭… ②陈… ③刘… Ⅲ.①电力系统—噪声控制—高等学校—教材 Ⅳ.①TM7

中国版本图书馆 CIP 数据核字(2020)第 079925 号

出版发行:中国电力出版社

地 址:北京市东城区北京站西街 19 号(邮政编码 100005)

网 址:http://www.cepp.sgcc.com.cn

责任编辑:周巧玲(010—63412539)

责任校对:王小鹏

装帧设计:郝晓燕

责任印制:吴 迪

印 刷:三河市航远印刷有限公司

版 次:2020 年 6 月第一版

印 次:2020 年 6 月北京第一次印刷

开 本:787 毫米×1092 毫米 16 开本

印 张:13

字 数:319 千字

定 价:40.00 元

前　　言

噪声是发声体做无规则振动时发出的声音。从生理学观点来看，凡是干扰人们休息、学习、工作，以及对人们听声产生干扰的声音，即不需要的声音，统称为噪声。当噪声对人及周围环境造成不良影响时，就形成噪声污染。环境噪声污染问题随着经济发展及人口密度的增加日益突出，不仅干扰了人们的正常生活和工作，严重时还会对人的听力造成损伤，甚至会诱发多种疾病。当前，噪声污染已经成为继大气污染、水污染、固体废物污染之后的第四大环境污染问题。因此，了解并掌握噪声的产生、传播及控制原理，进行噪声污染预防、控制及噪声能利用具有重要的现实意义。

噪声作为声波，具有波动能。噪声污染的预防和控制本质上是声波的识别与控制。要预防和控制噪声污染，必须了解并掌握噪声的测量方法及频谱特性、声波传播规律及源识别方式、噪声污染评价与预测方法、国家及地方法律政策允许标准（治理程度），从而根据污染现状、声源特性及降噪原理提出合理的噪声治理方案，把环境噪声降低到人们能够接受的水平。

本书编写的指导思想是强化基础理论、突出电力行业特色，旨在解决以下三个问题：

（1）本科生教学中噪声污染内容一般归属于物理性污染治理的相关课程中，没有单列课程，学生声学基础偏弱。

（2）在研究生课程中使用的教材一般分为两种：一种是采用基础教材，突出声波学基础和噪声控制基础，缺乏行业特色；另一种是专业类教材，突出案例，缺乏深厚的声学基础。

（3）目前噪声污染设置的内容偏重于噪声控制技术，缺乏对噪声能利用技术的系统讲授，无法在声学研究领域开阔学生视野。

因此，华北电力大学作为电力特色比较鲜明的研究型大学，需要在噪声污染控制及利用方面形成系统的行业特色，编制一本涵盖声学基础，并且彰显电力特色、噪声控制与利用相结合的专业特色教材。

本书第 1 章侧重于声学基础介绍，使读者认识到声学控制本质就是波动能控制，需通过波动学内容来认识与理解噪声的产生、衡量与传播；第 2 章重点介绍国家、地方有关噪声污染的法规政策及如何进行噪声测量、评价及源识别，使读者认识到噪声控制途径和测量方法，学会如何进行噪声源定位与源解析，从而为后续评价和控制提供依据；第 3 章侧重于各种噪声控制途径的介绍与分析，分别从振动声源（吸振和隔振）、声传播（隔声、消声、吸声）角度阐述噪声控制原理及技术方法；第 4 章侧重于介绍电力系统噪声，分别从发电侧、输电侧进行分析；第 5 章介绍目前噪声能的利用方法和途径，并结合最新的研究成果，阐述了最新的噪声能利用技术，为未来噪声能的利用提供参考。

本书由华北电力大学的郭天祥、陈传敏、刘松涛编写，郭天祥负责全书统稿工作。本书由华北电力大学赵毅教授主审。

在本书的编写过程中，华北电力大学齐立强、苑春刚等专家提出了宝贵的指导意见，李旭、归毅、李明、许俊鹏、范增、孔令风等承担了部分图、表、文字的录入工作，在此一并表示感谢。

由于编者水平所限，不足之处在所难免，衷心希望广大读者和专家批评指正。

编　者

2019.10

目　　录

第1章 声 学 基 础

1.1 基 本 概 念

声音是由物体振动产生的。固体、液体、气体振动都会发声。振动在弹性媒质中的传播过程称为声波。声波形成前提条件是首先要有产生振动的物体即声源，其次要有能够传播声波的媒质。

在声波传播过程中存在两类运动：质点的运动和声波的运动。在质点的运动中，每个质点在它的平衡位置附近来回运动，其方向与动量转移的方向一致；声波的运动是质点动量转移速度的量度，称为声速。

声波是机械波。机械波分为横波与纵波两类。如果媒质质点的振动方向与波的传播方向相垂直，称为横波；如果媒质质点的振动方向与波的传播方向一致，则称为纵波。机械波的传播与媒质的弹性有密切关系，媒质中由于某种扰动而发生某种形变时，就会产生相对应的弹性力使媒质恢复原状，才能传播这种与形变相对应的机械波。横波在传播时媒质发生切变，所以只有能够产生切变的媒质才能传播横波；纵波在传播时媒质发生容变（或纵向长度），因而只有能够产生压缩和拉伸形变的媒质才能传播纵波。在液体、气体媒质中，由于只有体积弹性，所以波在液体、气体媒质中只能以纵波的形式传播（除重力或表面张力对横向变形提供了弹性恢复力以外）；在固体媒质中，除了体积弹性外，还有伸长、弯曲、扭转弹性等，所以波在固体媒质中既能以纵波的形式传播，也能以横波的形式传播。

1.1.1 声压

声波的传播伴随着媒质密度的交替变化，这种交替变化造成媒质压力的起伏，这个起伏部分就是声压。一般把没有声波的媒质中的压力称为静压力，有声波时压力超过静压力部分称为声压。

声压是表示声音强弱的常用物理量，而且大多数声接收器（传声器）也是响应于声压的。声压一般是随时间起伏变化的，每秒钟内的变化次数很大。传到人耳时，由于耳膜的惯性作用，人耳辨别不出声压的起伏，所以不是声压的最大值起作用，而是一个稳定的有效声压起作用。有效声压是一段时间内瞬时声压的均方根值，其数学表达式为

$$p = \sqrt{\frac{1}{T}\int_0^T \left[p(t)\right]^2 \mathrm{d}t} \tag{1-1}$$

式中：T 为周期；$p(t)$ 为瞬时声压；t 为时间。

对于正（余）弦声波 $p = \frac{\sqrt{2}}{2}p_\mathrm{m}$，$p_\mathrm{m}$ 为声压最大值。在实际使用中，若没有另加说明，声压指有效声压。

1.1.2 声能密度、声强、声功率

声波传播时，媒质中各质点要发生振动，因而具有动能。同时媒质要产生形变，因而具有弹性势能。这两种能量之和就是媒质所获得的总能量。声波传播同时也是能量的传播，常

用能量大小来表征声辐射的强弱，表示声能量大小物理量包括声能密度、声强和声功率等。声能密度又称声波的能量密度，指单位体积中的声波能量。声强又称声的能流密度，指在单位时间内通过和声波射线垂直的单位面积内的声能，用符号 I 表示，单位为瓦/米^2（W/m^2）。声功率又称声能流量，指在单位时间内通过垂直于声波射线方向的一定面积上的声能，用符号 W 表示，单位为瓦（W）。声功率和声强的关系为

$$W = \oint_S I_n \mathrm{d}S \tag{1-2}$$

式中：S 为包围声源的封闭面；I_n 为声强在面元 $\mathrm{d}S$ 法线方向的分量。

对声源来说，声功率是恒量，但声强在声场中的不同点处却是不相同的。一般来说，在很高的环境噪声下适合采用声强测量仪器测量声功率。声强测量受现场影响比较小，能够有效地进行现场声功率测量，可以在普通环境下或生产现场准确地测定机器设备的声功率。在自由声场（即声波无反射地自由传播的空间）中，声强和声压的关系为

$$I = \frac{p^2}{\rho_0 c_0} \tag{1-3}$$

式中：ρ_0 为介质密度；c_0 为介质中声速；$\rho_0 c_0$ 为其传播声波介质的特性阻抗，随着温度和大气压的变化而变化。

1.2　声　学　度　量

声波的特性主要由声音强度大小、频率高低及波形特点所决定。人们的听觉也是由对声音的强弱、音调的高低和音色所产生的微妙差异才能分辨出各种不同的声音，这三个参数称为声音的三要素。对于声音的三要素，可以采用客观的物理量量度，如声压和声压级、声强和声强级、声功率和声功率级、频谱等；也可以从听觉的主观感觉出发来进行量度，如响度和响度级等。

1.2.1　级和分贝(dB)

1. 级和声压级

引起听觉的可听声的频率范围是 20～20 000Hz。因为声波可以有不同的声压或声强，所以人耳听觉也要有一定的声压或声强范围。当频率为 1000Hz 时，正常人耳开始能听到的声音的声压为 2×10^{-5}Pa，称为听阈声压；频率为 1000Hz，使人耳开始产生疼痛的声压为 20Pa，称为痛阈声压。相对应的听阈声强与痛阈声强分别为 10^{-12}W/m^2 和 1W/m^2。从听阈到痛阈，声压的绝对值相差 100 万倍。如果用声强表示，由于声强与声压的平方成比例，所以从听阈到痛阈，声强相差 10^{12} 倍。声音的强弱变化和人耳的听觉范围是非常宽广的。在这样宽的范围内用声压或声强的绝对值来表示声音的强弱很不方便，而且很难用一个线性标尺来度量。

为了把宽广的变化压缩为容易处理的范围，声学中常用一个成倍关系的对数量"级"来表示，也就是用声压级、声强级和声功率级分别代替声压、声强、声功率。级是一个相对无量纲的量。所谓声压级，就是实际声压与规定的基准声压之比的对数乘以 20。采用对数标量的另一个好处是乘积的计算可以用相加来代替。设 L_p 为声压级，则

$$L_p = 20 \lg \frac{p}{p_0} \tag{1-4}$$

式中：p 为实际有效声压值，Pa；p_0 为基准声压值，它是频率为 1000Hz 时的听阈声压，$p_0 = 2 \times 10^{-5}$ Pa；L_p 为声压级，dB。

把听阈声压与痛阈声压分别代入式（1-4），可求得其声压级分别为 0dB 和 120dB。可见，采用声压级后，把声压绝对值表示的百万倍变化改为 0～120dB 的范围。声压级每变化 20dB，声压值变化 10 倍；声压级每变化 40dB，声压值变化 100 倍；声压级每变化 60dB，声压值则变化 1000 倍。

2. 声强级和声功率级

与声压相似，声强和声功率也可以用声强级和声功率级来表示。当声强为 I 时，其声强级 L_I 为

$$L_I = 10 \lg \left(\frac{I}{I_0} \right) \tag{1-5}$$

式中：I_0 为基准声强，它是频率在 1000Hz 时的听阈声强，其值为 10^{-12} W/m²。

相应于声功率为 W 的声功率级 L_W 为

$$L_W = 10 \lg \frac{W}{W_0} \tag{1-6}$$

式中：W_0 为基准声功率，其值为 10^{-12} W。

表 1-1 列出了常见声源的声功率级。

表 1-1　　　　　　　　　　　常见声源的声功率级

声源	声功率级（dB）	声功率（W）
轻声耳语	30	10^{-9}
小电钟	40	10^{-8}
普通对话	70	10^{-5}
泵房	100	10^{-2}
大型鼓风机	110	0.1
气锤	120	1.0
风洞	140～150	100～1000
喷气式飞机	160	10 000

1.2.2　声音频率

有的声音低沉，有的声音尖锐，这是因为声音具有不同的频率。频率高，则音调高；频率低，则音调也低。换言之，在可听声范围内，频率的高低在人的主观听觉上的印象就是音调的高低。因而，频率（或音调）是描述声音特性的重要参数之一。

可听声的频率范围为 20～20 000Hz。为了便于诊断、分析声音，可以将声信号由时域转换到频域来表示，所得到的频谱表示整个声频范围的声能分布。频谱可以用以下两种方法表示。

1. 具有恒定百分比带宽的频谱

把宽广的声频范围划分成若干个频段称为频带或频程。频程有上限频率（f_U）、下限频率（f_D）和中心频率（f_M），上限、下限频率之差称为频带宽度，简称带宽（Δf）。

两个不同频率的声音做相对比较时，有决定意义的是两个频率的比值，而不是它们的差值。在噪声控制中，把频率做相对比较的单位称为倍频程。两个频率之间相差一个倍频程意

味着频率之比为 2^1，两个频率之间相差两个倍频程意味着频率之比为 2^2，依次类推，两个频率之间相差 n 个倍频程的频率之比为 2^n，即有

$$\frac{F_U}{f_D} = 2^n \text{ 或 } n = \log_2\left(\frac{F_U}{F_D}\right) \tag{1-7}$$

式中：n 为任意实数，n 越小，频率分得越细。

从式（1-7）可以看出，按倍频程划分频率区间，相当于对频率按对数关系加以标定。所以，具有恒定百分比带宽的频谱也称为等对数带宽频谱。在噪声测量中，常用的倍频程有 $n=1$ 时的 1 倍频程和 $n=1/3$ 时的 1/3 倍频程。1 倍频程和 1/3 倍频程的上、下限频率及中心频率分别见表 1-2 和表 1-3。由表可知，中心频率是上、下限频率的几何平均值，即

$$f_M = \sqrt{f_U f_D} = 2^{-n/2} f_U = 2^{n/2} f_D \tag{1-8}$$

又有

$$\Delta f = f_U - f_D = (2^{n/2} - 2^{-n/2}) f_M \tag{1-9}$$

从式（1-9）可看出，在恒定百分比带宽频谱中，频程的相对宽度是常数，绝对宽度是随中心频率的增加而按一定比例增加的。

表 1-2   **1 倍频程频率范围**   Hz

中心频率	63	125	250	500	1000	2000	4000	8000	16 000
频率范围	45～90	90～180	180～355	355～710	710～1400	1400～2800	2800～5600	5600～11 200	11 200～22 400

表 1-3   **1/3 倍频程中心频率及频率范围**   Hz

中心频率	频率范围	中心频率	频率范围
50	45～56	1250	1120～1400
63	56～71	1600	1400～1800
80	71～90	2000	1800～2240
100	90～112	2500	2240～2800
125	112～140	3100	2800～3550
160	140～180	4000	3550～4500
200	180～224	5000	4500～5600
250	224～280	6300	5600～7100
310	280～355	8000	7100～9000
400	355～450	10 000	9000～11 200
500	450～560	12 500	11 200～14 000
630	560～710	16 000	14 000～18 000
800	710～900	20 000	18 000～22 400
1000	900～1120	—	—

2. 恒定带宽频谱

在恒定带宽频谱中，所有频带的宽度是相同的，并且频带宽度是任意选择的，带宽取决于分析仪器和对随机信号分析中统计过程的实际限制。恒定带宽频谱适用于需要对机器发出的噪声进行详细分析的情况。一般来说，要得到恒定带宽频谱需要很长时间，否则就需要使

用适时分析仪用时间压缩的方法来获得。

1.2.3　声音主观评价

1. 响度级

人耳对声音的感觉不仅和声压有关，而且与频率有关。一般对高频声音感觉灵敏，而对低频声音感觉迟钝，所以即使声压级相同而频率不同的声音听起来也是不一样的，声压级只能表征声音在物理上的强弱。这里就有一个客观存在的物理量和人耳感觉的主观量的统一问题。这种主客观量的差异主要是由声波频率的不同而引起的，与波形也有一定的关系。为使在任何频率条件下主客观量都能统一起来，人们仿照声压级引出了响度级的概念，其单位为 phon（方）。即选取 1000Hz 的纯音作为基准声音，凡是听起来同该纯音一样响的声音，其响度级值（phon）就等于这个纯音的声压级值（dB）。例如，某噪声听起来与声压级为 85dB、频率为 1000Hz 的基准声音同样响，则该噪声的响度级就是 85phon。响度级是表示声音响度的主观量，它把声压级和频率用一个单位统一起来了。它既考虑了声音的物理效应，又考虑了声音对人耳听觉的生理效应，是人们对噪声的主观评价的基本量之一。

2. 响度

响度级是相对量，有时需要用绝对量来表示，这就引出了响度的概念，其单位为 sone（宋）。响度是心理声学中最重要的量。响度是从听觉判断声音强弱的量，与正常人对声音的主观感觉成正比。以 40phon＝1sone，响度级每增加 10phon，响度就增加 1 倍。响度与响度级的换算关系为

$$S = 2^{(L_S-40)/10} \tag{1-10a}$$

或

$$L_S = 40 + 10\log_2 S \tag{1-10b}$$

式中：S 为响度，sone；L_S 为响度级，phon。

用响度表示声音的大小比较直观，它可以直接算出声音增加或减小的百分比。例如，若声源经过降噪处理后，响度级降低 10phon，则响度降低了 50%；响度级降低 20phon，相当于响度降低了 75%。声音总响度的计算方法是先测出声源的频带声压级，然后查出各频带的响度指数，再按式（1-11）计算总响度：

$$S_t = S_m + F(\Sigma S_i - S_m) \tag{1-11}$$

式中：S_t 为总响度；S_m 为频带中最大的响度指数；F 为常数，对倍频程、1/2 倍频程和 1/3 倍频程，F 分别取 0.3、0.2、0.15；ΣS_i 为所有频带的响度指数之和。

3. 等响曲线

利用与基准声音比较的方法，就可以得到整个可听声范围内纯音的响度级，其结果就是等响标准曲线，如图 1-1 所示，它是通过大量实验得出来的。等响曲线最先是由 Fletcher 和 Munson 在 1933 年用耳机测量受试者得到的。在他们的研究中，不同频率的纯音以 10dB 的激励强度间隔提供给受试者。对每一频率和强度，一个 1000Hz 的参考音也提供给受试者。调节参考音，一直到受试者感到它与试验音的响度相等为止。响度是个心理量，很难测量。因此，Fletcher 和 Munson 把许多受试者的结果进行平均，从而得到合理的均值。在此基础上，国际标准化组织（ISO）于 2003 年通过了更新的等响标准曲线，即 ISO 226—2003。这次更新选用了来自日本、德国、丹麦、英国和美国的不同研究成果。等响度曲线是最早的心理声学表述。曲线族中的每一条曲线相当于频率和声压级不同，但响度级相同的声音。每条

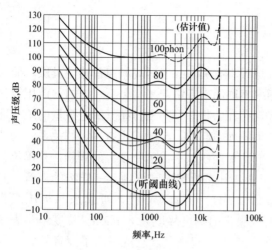

图 1-1　等响标准曲线

[黑线为 ISO 226—2003 标准，
灰线（40phan 时）为以前 ISO 标准]

曲线所代表的响度级的大小是由该曲线在 1000Hz 时的声压级而定。例如，0phon 对应于 1000Hz、0dB（声压 $2×10^{-5}$ Pa）时的等响曲线。

由等响曲线可以看出，人耳对高频声特别是 3000～4000Hz 的声音敏感，而对低频声音特别是 100Hz 以下的声音不敏感。例如，同样的响度级 40phon，对 1000Hz 的声音来说，其声压级为 40dB；对 3000～4000Hz 的声音，其声压级是 42dB；对 100Hz 的声音，声压级为 59dB；而对 40Hz 的声音，声压级则为 75dB。

另外，由等响曲线还可以看出，当声压级小和频率低时，对某一声音来说，声压级（分贝值）和响度级（方值）的差别很大。例如，声压级为 50dB、30Hz 的低频声是听不见的（它低于听阈线），它的响度还不到 0phon；而同一 50dB 的声压级，60Hz 的低音为 25phon，500Hz 的中音为 54phon，1000Hz 的高音为 50phon。而当声压级高于 100dB 时，等响曲线已逐渐拉平，这说明，当声音强到一定程度（声压级大于 100dB）时，人耳已经分辨不出高、低频声音。声音的响度级只决定于声压级，而与频率无关。

4. A 声级和等效连续 A 声级

为了使测量噪声的仪器-声级计的表头读数符合人耳的听觉特性，需要对声学测量仪器接收的声音按不同的方法滤波，使声压级修正为相对应的等响曲线。一般方法是在声级计的电路中设 A、B、C、D 四个计权网络。其中，A 计权是模拟人耳对 40phon 纯音的响应，使信号通过时低频段（<500Hz）有较大的衰减；B 计权模拟人耳对 70phon 纯音的响应；C 计权是模拟人耳对 100phon 纯音的响应，它在整个可听声范围内有近乎平直的特点；D 计权是专门为度量非常响的飞机噪声设计的。所有噪声计权都基于某种等响度概念。声级计表头的读数为分贝值，在选用计权网络后的读数为声级，单位为 dB(A)、dB(B)、dB(C) 等。图 1-2 所示为计权网络的频率特性。

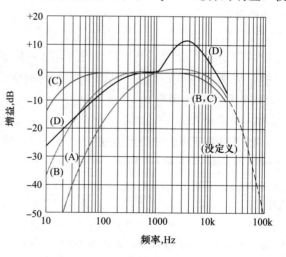

图 1-2　计权网络的频率特性

A 计权曲线是基于典型人类听觉的 40phon 等响度曲线，也就是用 40phon 等响度曲线进行反求的粗略近似，这样就将声级转变为增益。虽然我们的绝对听觉阈值是 0sone（也是 0dB），但这个声级太静了，只有在特别隔离的环境下才能实现；而 1sone 是在正常寂静环境下存在的那种声音。表 1-4 给出了可听频率范围内 A 计权在不同频率下的增益值。

表 1-4 不同频率下 A 计权的增益值

频率（Hz）	A 计权（dB）	频率（Hz）	A 计权（dB）	频率（Hz）	A 计权（dB）
20	−50.5	250	−8.6	3150	1.2
25	−44.7	315	−6.6	4000	1.0
31.5	−39.4	400	−4.8	5000	0.5
40	−34.6	500	−3.2	6300	−0.1
50	−30.2	630	−1.9	8000	−1.1
63	−26.2	800	−0.8	10 000	−2.5
80	−22.5	1000	0	12 500	−4.3
100	−19.1	1250	0.6	16 000	−6.6
125	−16.1	1600	1.0	20 000	−9.3
160	−13.4	2000	1.2	—	—
200	−10.9	2500	1.3	—	—

设计 A、B、C、D 计权网络的原意是对低于 55dB 的声音用 A 声级计量；对 55～85dB 的声音用 B 声级计量；对 85dB 以上的声音用 C 声级计量，即 C 计权声级是模拟高强度噪声的频率特性；飞机噪声采用 D 声级计量。但实测发现用 A 声级测得的结果与人耳对声音的响度感觉相近，因此人们把 A 声级作为评价噪声的主要指标。现在 A 计权几乎用于所有响度的声音，其他三种计权很少用到。这就将 A 计权从最初的与心理感受相联系而转化为一个简单的 dB 度量。从声级计上得出的噪声级读数，必须注明测量条件，如单位为 dB，且使用的是 A 计权网络，则应记为 dB(A)。

当考虑噪声对人体的影响时，既要考虑噪声的大小，又要考虑噪声作用时间，为此引入等效连续 A 声级的概念。其定义是：在声场中定点位置上，用某一段时间内能量平均的方法，将间歇暴露的几个不同的 A 声级噪声，用一个 A 声级表示该段时间内的噪声大小，这个声级即为等效连续 A 声级，其单位仍为 dB(A)。等效连续 A 声级可用式（1-12）表示：

$$L_{eq} = 10\lg\left(\frac{1}{T}\int_0^T 10^{0.1L}\,dt\right) \tag{1-12}$$

式中：L_{eq} 为等效连续 A 声级；T 为某段时间的总和，$T = T_1 + T_2 + \cdots + T_n$；$L$ 为某一间歇时间内的 A 声级。

测量等效连续 A 声级时，根据噪声的变化情况，决定测量一天、一周或一个月的连续等效 A 声级。如果一天之内声级变化较大，但是天天如此，数年不变，则测量具有代表性的一天的等效连续 A 声级即可；如果声级不仅一天之内有所变化，并且两天之间也有较大变化，但是每周有明显的规律，则需测量典型一周工作时间内的等效连续 A 声级；若声级每月有明显的变化，则需测量一个月工作时间内的等效连续 A 声级。

1.3 声 学 描 述

通常分析声辐射问题是求解一定边界条件下的波动方程。需从弹性介质波动方程得到亥姆霍兹方程，并利用分离变量法求解出亥姆霍兹方程在不同坐标系下方程解的形式，进而求解出圆柱薄壳和圆球薄壳的散射声场，并分析其声场分布特性。

1.3.1 弹性体中的波动方程

声波在弹性固体媒质中既能以纵波的形式传播，也能以横波的形式传播。声波在弹性体中的传播规律可借助弹性力学的基本方法得到。弹性力学以任意复杂形状的弹性体为研究对象，采用唯象法从更为普遍的观点上处理问题。在弹性力学中认为弹性体是由无数个微分单元体构成，从宏观角度看，这样的微元体是无穷小的，以致连续函数的理论能以足够精确的方式得到运用。但从物质微观结构的角度来看，这样的微元体包含无数的物质质点，又可看作是无穷大的。任取这样的一个微元体，以牛顿力学原理为基础，通过研究该微元体的应力应变关系，建立起有关物理量之间的内在联系，从而可以得到各向异性弹性体中的波动方程。

1. 矢量分析的基本概念

（1）梯度。标量函数 $u(M)$ 在任一点 M 处的梯度（记作 grad$u$）作为矢量 $\boldsymbol{G}$，其方向为函数 $u(M)$ 在 M 点处变化率最大的方向，其模也正好是这个最大变化率的数值，即 grad$u = G$。

在直角坐标系中函数 $u(M)$ 沿 l 方向的方向导数为

$$\frac{\partial u}{\partial l} = \frac{\partial u}{\partial x}\cos\alpha + \frac{\partial u}{\partial y}\cos\beta + \frac{\partial u}{\partial z}\cos\gamma \tag{1-13}$$

其中，（$\cos\alpha$，$\cos\beta$，$\cos\gamma$）为 l 方向的方向余弦。借助式（1-13），根据梯度定义即可得到梯度在直角坐标系中的表示式为

$$\text{grad}u = \frac{\partial u}{\partial x}\hat{\boldsymbol{x}} + \frac{\partial u}{\partial y}\hat{\boldsymbol{y}} + \frac{\partial u}{\partial z}\hat{\boldsymbol{z}} \tag{1-14}$$

式中：$\hat{\boldsymbol{x}}$、$\hat{\boldsymbol{y}}$、$\hat{\boldsymbol{z}}$ 分别为 x、y、z 轴方向上的单位矢量。

此外，Hamilton 算子是一个矢性微分算子，其表示式为

$$\nabla \equiv \hat{\boldsymbol{x}}\frac{\partial}{\partial x} + \hat{\boldsymbol{y}}\frac{\partial}{\partial y} + \hat{\boldsymbol{z}}\frac{\partial}{\partial z} \tag{1-15}$$

这里 ∇ 是一个微分运算符号，但同时又要看作矢量。这样，用算子 ∇ 可将梯度简记为

$$\text{grad}u = \nabla u \tag{1-16}$$

（2）散度。在矢量场 $\boldsymbol{A}(M)$ 中一点 M 处作一包含 M 点在内的任一闭曲面 S，设其所包围的空间区域为 Ω，其体积为 ΔV，以 $\Delta\Phi$ 表示从其内向外穿出 S 的通量。当 Ω 以任意方式缩向 M 点时，比值为

$$\frac{\Delta\Phi}{\Delta V} = \oiint A \cdot \mathrm{d}S / \Delta V \tag{1-17}$$

若式（1-17）的比值极限存在，则称此极限为矢量场 $\boldsymbol{A}(M)$ 在点 M 处的散度，记作 div$\boldsymbol{A}$，即

$$\text{div}\boldsymbol{A} = \lim_{\Omega \to M}\frac{\Delta\Phi}{\Delta V} = \lim_{\Omega \to M}\oiint A \cdot \mathrm{d}S / \Delta V \tag{1-18}$$

由定义（1-18）可见，散度 div$\boldsymbol{A}$ 为一标量，表示场中一点处的通量对体积的变化率，也就是在该点处单位体积所穿出的通量，称为该点处源的强度。div$\boldsymbol{A}$ 绝对值表示在该点处穿出通量的强度，div$\boldsymbol{A}$ 的符号为正或为负则分别表示有散发通量的正源或有吸收通量的负源；当 div$\boldsymbol{A}$ 之值为零时，就表示在该点处无源。由此，称 div$\boldsymbol{A} = 0$ 的场为无源场。

根据∇算子的运算规则，推导出散度为

$$\mathrm{div}\boldsymbol{A} = \nabla \cdot \boldsymbol{A} \tag{1-19}$$

（3）旋度。为了说明旋度的定义，首先引入环量面密度的概念。在矢量场 $\boldsymbol{A}$ 中任一点 M 处取定一个方向 n，再过 M 点作一微小曲面 ΔS，以 n 为其在 M 点处的法矢，ΔS 的周界 Δl 之正向取作与 n 构成右手螺旋关系。则矢量场沿 Δl 之正向的环量 $\Delta \Gamma$ 与面积 ΔS 之比，当曲面 ΔS 在 M 点处保持以 n 为法矢的条件下以任意方式缩向 M 点时，若其极限存在，则称它为矢量场在点 M 处沿方向 n 的环量面密度（即环量对面积的变化率）。

$$\lim_{\Delta S \to M} \frac{\Delta \Gamma}{\Delta S} = \lim_{\Delta S \to M} \oint \boldsymbol{A} \cdot \mathrm{d}l / \Delta S \tag{1-20}$$

若在矢量场 $\boldsymbol{A}$ 中的一点 M 处存在环量面密度为最大的矢量，则这个矢量就称为矢量场 $\boldsymbol{A}$ 在点 M 处的旋度，记作 $\mathrm{rot}\boldsymbol{A}$。旋度矢量在数值和方向上表示最大的环量面密度。

根据∇算子的运算规则，可以同样推导出

$$\mathrm{rot}\boldsymbol{A} = \nabla \cdot \boldsymbol{A} \tag{1-21}$$

（4）势函数。对于一矢量场 $\boldsymbol{A}(M)$，若存在单值标量函数 $u(M)$ 满足

$$\boldsymbol{A} = -\nabla \cdot u \tag{1-22}$$

则称矢量场 $\boldsymbol{A}(M)$ 为有势场，并称 $u(M)$ 为这个场的势函数。一个矢量场的势函数有无穷多个，但它们之间只相差一个常数。

（5）无旋场和无源场。对于任一标量函数 $\varphi(x,y,z)$，存在恒等式 $\nabla \times (\nabla_{\varphi}) \equiv 0$。因而若单连域内矢量场 $\boldsymbol{A}$ 的旋度为零，即 $\nabla \times \boldsymbol{A} = 0$，则矢量场 $\boldsymbol{A}$ 必为有势场；反之，若矢量场 $\boldsymbol{A}$ 为有势场，则其旋度为零。一般称旋度恒为零的场为无旋场。此外，对于任一矢量场 $\boldsymbol{B}(x,y,z)$，存在恒等式 $\nabla \cdot (\nabla \times \boldsymbol{B}) \equiv 0$。前面讲过，设有矢量场 $\boldsymbol{C}(x,y,z)$，若有 $\nabla \cdot \boldsymbol{C} \equiv 0$，则称此矢量场为无源场（也称管形场）。因而，矢量场 $\boldsymbol{C}$ 为无源场的充要条件是它为另一个矢量场 $\boldsymbol{B}$ 的旋度场，即 $\boldsymbol{C} = \nabla \times \boldsymbol{B}$。

2. 弹性体中波动方程的推导

下面我们考虑声波在均匀、各向同性弹性介质中传播的情形。对这类介质可用杨氏弹性模量 E 和泊松比 ν，或者用称为拉梅（Lamé）常数的两个弹性常数来表示它们的特性（剪切模量等于第二拉梅常数 μ，它们之间的关系如下：

$$\left. \begin{array}{l} \lambda = \dfrac{E\nu}{(1-2\nu)(1+\nu)} \\[2mm] \mu = \dfrac{E}{2(1+\nu)} \\[2mm] \nu = \dfrac{\lambda}{2(\lambda+\mu)} \end{array} \right\} \tag{1-23}$$

用微元法来简单推导弹性介质中的声波方程，设想在介质中任取一体积足够小的微元体，该微元体的位移可以用向量 $\boldsymbol{u}$ 来表示，但要确切地表示微元体的应力 σ 必须同时指明其作用面的方位。如图 1-3 所示，在给定直角坐标系 $Oxyz$ 中，过微元体有三个平行于坐标平面的微分截面，图上示出了这些面上的正应力及剪应力。其中，应力分量用带有两个下标的符号表示，第一个下标指明了面元外法线的方向，第二个下标表示应力的方向。如果把外法线方向与坐标轴正向一致的微元面定义为正面，则外法线方向与坐标轴负向一致者为负面。这样就可按如下方式确定应力分量的正负号：在正面上应力分量与坐标轴一致时为正，在负

面上应力分量与坐标轴反向时为正，其余均为负。此外，根据剪应力互等定理，应有

$$
\left.\begin{aligned}
\sigma_{xy} &= \sigma_{yx}\\
\sigma_{yz} &= \sigma_{zy}\\
\sigma_{xz} &= \sigma_{zx}
\end{aligned}\right\} \tag{1-24}
$$

对于介质密度为 ρ 的微元体，当没有外力作用时，根据牛顿第二定律可得到微元体的运动微分方程：

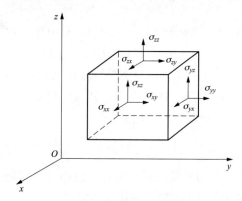

图 1-3　微元体应力张量示意

$$
\left.\begin{aligned}
\frac{\partial \sigma_{xx}}{\partial x} + \frac{\partial \sigma_{xy}}{\partial y} + \frac{\partial \sigma_{zx}}{\partial z} &= \rho \frac{\partial^2 u_x}{\partial t^2}\\
\frac{\partial \sigma_{xy}}{\partial x} + \frac{\partial \sigma_{yy}}{\partial y} + \frac{\partial \sigma_{yz}}{\partial z} &= \rho \frac{\partial^2 u_y}{\partial t^2}\\
\frac{\partial \sigma_{zx}}{\partial x} + \frac{\partial \sigma_{yz}}{\partial y} + \frac{\partial \sigma_{zz}}{\partial z} &= \rho \frac{\partial^2 u_z}{\partial t^2}
\end{aligned}\right\} \tag{1-25}
$$

在直角坐标系中，应力张量 $\boldsymbol{u}$ 的分量和应变张量 $\boldsymbol{\varepsilon}$ 的分量具有下列关系：

$$
\left.\begin{aligned}
\sigma_{xx} &= \lambda \nabla \cdot \boldsymbol{u} + 2\mu \varepsilon_{xx}\\
\sigma_{xy} &= 2\mu \varepsilon_{xy}\\
\sigma_{yy} &= \lambda \nabla \cdot \boldsymbol{u} + 2\mu \varepsilon_{yy}\\
\sigma_{yz} &= 2\mu \varepsilon_{yz}\\
\sigma_{zz} &= \lambda \nabla \cdot \boldsymbol{u} + 2\mu \varepsilon_{zz}\\
\sigma_{zx} &= 2\mu \varepsilon_{zx}
\end{aligned}\right\} \tag{1-26}
$$

其中，∇ 为 Hamilton 算子，$\nabla = \hat{x}\dfrac{\partial}{\partial x} + \hat{y}\dfrac{\partial}{\partial y} + \hat{z}\dfrac{\partial}{\partial z}$，$\hat{x}$、$\hat{y}$、$\hat{z}$ 分别为 x、y、z 轴方向上的单位矢量；散度 $\mathrm{div}\boldsymbol{u} = \nabla \cdot \boldsymbol{u}$；应变张量的分量 ε_{xx}、ε_{yy}、ε_{zz} 描述介质微元体在 x、y、z 轴方向的长度变化，而分量 ε_{xy}、ε_{yz}、ε_{zx} 分别表示微元体在 xy、yz、zx 平面中的转动。

在直角坐标系中，位移向量 $\boldsymbol{u}$ 的分量和应变张量 $\boldsymbol{\varepsilon}$ 的分量具有下列关系：

$$
\left.\begin{aligned}
\varepsilon_{xx} &= \frac{\partial u_x}{\partial x}\\
\varepsilon_{yy} &= \frac{\partial u_y}{\partial y}\\
\varepsilon_{zz} &= \frac{\partial u_z}{\partial z}\\
\varepsilon_{xy} &= \frac{1}{2}\left(\frac{\partial u_x}{\partial y} + \frac{\partial u_y}{\partial x}\right)\\
\varepsilon_{yz} &= \frac{1}{2}\left(\frac{\partial u_y}{\partial z} + \frac{\partial u_z}{\partial y}\right)\\
\varepsilon_{zx} &= \frac{1}{2}\left(\frac{\partial u_x}{\partial z} + \frac{\partial u_z}{x}\right)
\end{aligned}\right\} \tag{1-27}
$$

将式（1-26）代入式（1-25）中，然后用式（1-27）代应变张量 $\boldsymbol{\varepsilon}$ 的分量，得到用位移向量场 $\boldsymbol{u}$ 描述的各向同性弹性介质中的声波运动方程如下：

$$(\lambda + 2\mu)\nabla^2 \boldsymbol{u} + (\lambda + \mu)\nabla \times (\nabla \times \boldsymbol{u}) = \rho\frac{\partial^2 u}{\partial t^2} \tag{1-28}$$

其中，∇^2 又称为拉普拉斯算子。在其推导过程中还应用了下面恒等式：

$$\nabla\nabla\cdot\boldsymbol{u} = \nabla\times\nabla\times\boldsymbol{u} + \nabla^2\boldsymbol{u} \tag{1-29}$$

上述推导过程虽然是在直角坐标系下完成的，但其思路依然适用于其他坐标系下。对于时谐运动，表达时间变化的关系可采用 $e^{+i\omega t}$ 的形式或 $e^{-i\omega t}$ 的形式，其中 ω 为声波的角频率。从式（1-28）可看出，采用这两种形式是一样的。这里采用 $e^{-i\omega t}$ 的时间关系表达形式，若要改变到另一种书写形式时，只要在所有表达式中 i 的前面改变为反号就行了。将 $u(r,t) = u(r)e^{-i\omega t}$ 形式代入波动方程（1-28）中，得

$$(\lambda + 2\mu)\nabla^2 \boldsymbol{u} + (\lambda + \mu)\nabla\times(\nabla\times\boldsymbol{u}) = -\omega^2\rho\boldsymbol{u} \tag{1-30}$$

式（1-28）和式（1-30）即为各向同性弹性介质中关于质点位移场的波动方程。

1.3.2　速度势和亥姆霍兹方程

1. 理想流体中的速度势函数

理想流体是理想化的流体模型，指绝对不可压缩的、完全没有黏性的流体。一般来说，绝大多数的流体和在恒温恒压下的气体都可以认为是理想流体。

（1）流体中的动量方程。流体中的动量方程是牛顿第二定律在运动流体中的数学表示。根据流体连续介质中的动量方程，可得介质中质点的振动速度向量 $\boldsymbol{v}$ 和声压 p 之间的如下关系：

$$\frac{\partial \boldsymbol{v}}{\partial t} + \frac{1}{\rho}\nabla p = 0 \tag{1-31}$$

式（1-31）也称欧拉（Euler）方程，表示任意给定方向上的声压梯度与微粒加速度成比例。

（2）速度势。在理想流体中，没有黏滞性，切变模量 $G = \mu = 0$，则作用在微元体上的合力通过微元体中心，且对中心的转动力矩等于零，因此不存在表征介质元的转动分量，即 $\nabla\times\boldsymbol{u} = 0$。这样，式（1-30）归结为如下关于位移 u 的亥姆霍兹方程。

$$\nabla^2 u + k^2 u = 0 \tag{1-32}$$

其中，$k = \omega/c$ 称为流体中的波数，而 $c = \sqrt{\lambda/\rho}$ 为流体中声传播速度。

在简谐运动情况下，质点速度 $v = -i\omega u$，因而有

$$\nabla^2 v + k^2 v = 0 \tag{1-33}$$

由于理想流体中 $\nabla\times v = 0$，根据恒等式 $\nabla\times(\nabla_\varphi)\equiv 0[\varphi(x,y,z,t)$ 为任一标量函数]，我们总可以找到一标量函数 Φ 使 $v = -\nabla\Phi$。根据势函数的定义式（1-10）可知，此时标量函数 Φ 即为速度势函数。此外，利用欧拉方程（1-31）还可得到

$$p = \rho\frac{\partial \Phi}{\partial t} \tag{1-34}$$

这也就是说，虽然声场是向量场，但我们仅用一个标量函数 $\Phi(x,y,z,t)$ 就可以同时确定这个声场的声压和振动位移。并非所有向量场都能用一个标量势函数来完全描述。从上述推导来看，这个场必须满足条件 $\nabla\times v = 0$，即无旋场。对于时谐运动，由式（1-34）可得 $p = -i\omega\rho\Phi$，这样速度势和声压之间只差一个常数因子。因此，在理想流体中描述声波的一般现象时，常常把声压和速度势这两个词等同使用。

2. 弹性固体中的势函数和亥姆霍兹方程

在一般情况下，弹性体不同于流体介质，它的位移向量场不能用单一标量势函数来表示。这是因为在弹性固体中，微元体的界面上还存在切应力，如图 1-3 所示。这样在微元体上就作用有转动矩，微元体除了平动位移之外还要做转动，因而 $\nabla \times \boldsymbol{u} \neq 0$，因此不能只引进一个标量势函数来描述其整个运动。除了这个标量函数之外，还需要引入一个向量函数。根据亥姆霍兹定理，任一矢量场总可以表示成无旋场和无源场之和的形式。因此，可将弹性体中位移向量表示成两个向量之和，即

$$\boldsymbol{u} = \boldsymbol{u}_1 + \boldsymbol{u}_2 \tag{1-35}$$

其中，矢量 $\boldsymbol{u}_1$ 是无旋场，且满足 $\nabla \times \boldsymbol{u}_1 = 0$；而矢量 $\boldsymbol{u}_2$ 是无源场，且满足 $\nabla \times \boldsymbol{u}_2 = 0$。这样，对于无旋场 $\boldsymbol{u}_1$，总可以表示成某一个标量函数 ψ 的梯度形式，并可称为标量势函数，即 $\boldsymbol{u}_1 = \nabla \psi$。$\boldsymbol{u}_1$ 的移动和介质微分元的转动无关，而仅使体积变化，因为 $\nabla \cdot \boldsymbol{u}_1 = \nabla^2 \psi \neq 0$。相反地，$\boldsymbol{u}_2$ 场是纯旋量，其对应的位移与介质体积的形变无关，而只是表现为转动。这个向量场可以写成向量函数 $\boldsymbol{A}$ 的旋度形式，并可称为向量势函数，即 $\boldsymbol{u}_2 = \nabla \times \boldsymbol{A}$。因而，式（1-35）可以写为

$$\boldsymbol{u} = \nabla \psi + \nabla \times \boldsymbol{A} \tag{1-36}$$

ψ 和 $\boldsymbol{A}$ 函数对应于位移场的标量势和向量势。

势函数 ψ 和 $\boldsymbol{A}$ 分别满足下面方程：

$$\nabla^2 \psi + k_1^2 \psi = 0 \tag{1-37}$$

$$\nabla^2 \boldsymbol{A} + k_t^2 \boldsymbol{A} = 0 \tag{1-38}$$

其中，$k_1 = \omega / c_1$ 和 $k_t = \omega / c_t$ 分别是纵波和横波的波数，并且

$$c_1 = \sqrt{\frac{\lambda + 2\mu}{\rho}}, c_t = \sqrt{\frac{\mu}{\rho}} \tag{1-39}$$

式中：c_1、c_t 分别为纵波和横波的波速。

利用式（1-23），式（1-39）可用杨氏模量和泊松系数表示如下：

$$c_1 = \sqrt{\frac{E(1-\nu)}{\rho(1+\nu)(1-2\nu)}}, c_t = \sqrt{\frac{E}{2\rho(1+\nu)}} \tag{1-40}$$

这样一来，在弹性体中位移场就可以分解成纵波场和横波场。在其总和场中，这两个成分各以不同的速度传播，互不相关。方程（1-38）实际上包含了向量势三个不同方向的亥姆霍兹方程。但在一些特殊或对称情况下，方程（1-38）可以得到简化。考虑二维平面问题，设所有位移分量与坐标轴的 y 轴分量无关，而且振动位移是在 xOz 平面中。由于位移向量 $\boldsymbol{u}_2 = \nabla \times \boldsymbol{A}$ 总是垂直于向量势 $\boldsymbol{A}$，所以向量势 $\boldsymbol{A}$ 一定垂直于进行振动的那个平面，就是说向量势 $\boldsymbol{A}$ 只有沿 y 轴方向的分量不等于零。在此情况，方程（1-38）简化为标量方程：

$$\nabla^2 A_y + k_t^2 A_y = 0 \tag{1-41}$$

在二维圆柱坐标系中可得到与二维平面问题类似的方程，且哈密顿算子是 (r, φ) 两度空间的算子。在球坐标系 (r, θ, φ) 中的轴对称振动情况，与绕 $\theta = 0$ 轴转动无关，位移分量落在由 $\theta = 0$ 轴和直径组成的平面内。在此情况，向量势 $\boldsymbol{A}$ 只有沿坐标 φ 方向的分量不等于零，这时方程（1-38）变成：

$$\nabla^2 A_\varphi + k_t^2 A_\varphi = 0 \tag{1-42}$$

这里哈密顿算子是 (r, θ) 两度空间的算子。在轴对称振动情况，与绕 $\theta = 0$ 轴转动有

关,此时向量势 A 的 φ 方向分量 $A_\varphi = 0$,因为所有质点的运动是在 θ 等于常数的圆周上进行,并且向量势 A 将指向与 $\theta = 0$ 轴平行的方向。式 (1-37) 和式 (1-38) 分别是关于标量势和向量势的亥姆霍兹方程,分别描述了在各向同性弹性介质中纵波和横波的传播规律,在形式上它们都如同理想流体中关于位移矢量的亥姆霍兹方程 (1-32)。亥姆霍兹方程规定了均匀介质中声波传播的物理规律,它是极其重要的。下面我们将进一步寻求亥姆霍兹方程的解的形式。

1.3.3 亥姆霍兹方程求解

对于一般亥姆霍兹方程

$$\nabla^2 \varphi + k^2 \varphi = 0 \tag{1-43}$$

这里 φ 可以是任何物理量,下面分别在直角坐标系、圆柱坐标系和球坐标系下求解该方程的解的形式。

1. 直角坐标系下亥姆霍兹方程解的形式

平面波是亥姆霍兹方程最基本的解,该方程在直角坐标系中的解为

$$\varphi = \varphi_0 \mathrm{e}^{\mathrm{i}(k_x x + k_y y + k_z z)} = \varphi_0 \mathrm{e}^{\mathrm{i}k \cdot r} \tag{1-44}$$

其中,$k = \hat{x}k_x + \hat{y}k_y + \hat{z}k_z$,$r = \hat{x}x + \hat{y}y + \hat{z}z$,$\varphi_0$ 为复常数。

若取 φ 为声压 p,考虑到 $\nabla(\mathrm{e}^{\mathrm{i}k \cdot r}) = \mathrm{i}k\mathrm{e}^{\mathrm{i}k \cdot r}$,则根据欧拉方程(1-31)可得到时谐运动的质点振动速度向量为

$$\boldsymbol{v} = \frac{\varphi_0}{\omega \rho} \boldsymbol{k} \mathrm{e}^{\mathrm{i}k \cdot r} \tag{1-45}$$

在无耗媒质中 k 为实矢量,$\boldsymbol{k} = \hat{k}k = \hat{k}\omega/c$,$\hat{k}$ 为传播方向单位矢量。

声学中把媒质中任何一点处的声压与该点的质点振动速度之比称为该处的声阻抗。这样平面波的声阻抗 Z_a 为

$$Z_a = \frac{p}{|v|} = \rho c \tag{1-46}$$

这是声压与振动速度间的重要关系式。对于无衰减的平面波来说,媒质各点的声阻抗是一恒量 ρc,它反映了媒质的一种声学特性,是媒质对振动面运动反作用的定量描述,因而也常称为媒质的特性阻抗。由于平面声波的声阻抗恰好等于媒质的特性阻抗,所以可以说平面声波处处与媒质的特性阻抗相匹配。应该指出,在一般情况下声压与振动速度不一定同相,这时声阻抗是一复数。

$$Z_a = R_a + \mathrm{i}I_a \tag{1-47}$$

式中:R_a 为声阻抗的实部,称为声阻;I_a 为声阻抗的虚部,称为声抗。

声阻反映了能量的损耗,不过它代表的不是能量转化成热,而是代表着能量从一处向另一处的转移,即传播损耗。对于许多实际问题平面波解是很好的近似,如远离声源或衍射体的波可近似为平面波。

2. 圆柱坐标系下亥姆霍兹方程解的形式

在圆柱坐标系 (r, θ, z) 下,亥姆霍兹方程 (1-43) 具有下面的形式:

$$\frac{1}{r}\frac{\partial}{\partial r}\left(r\frac{\partial \varphi}{\partial r}\right) + \frac{1}{r^2}\frac{\partial^2 \varphi}{\partial \theta^2} + \frac{\partial^2 \varphi}{\partial z^2} + k^2 \varphi = 0 \tag{1-48}$$

这里采用分离变量法来求解上式。设 $\varphi(r, \theta, z) = R(r)\Theta(\theta)Z(z)$,经过分离变量后分

别得到关于 $R(r)$、$\Theta(\theta)$ 和 $Z(z)$ 的如下方程:

$$\frac{1}{r}\frac{\mathrm{d}}{\mathrm{d}r}\left(r\frac{\mathrm{d}R}{\mathrm{d}r}\right)+\left(k_1^2-\frac{m^2}{r^2}\right)R=0 \tag{1-49}$$

$$\frac{\mathrm{d}^2\Theta}{\mathrm{d}\theta^2}+m^2\Theta=0 \tag{1-50}$$

$$\frac{\mathrm{d}^2Z}{\mathrm{d}z^2}+k_2^2Z=0 \tag{1-51}$$

其中，k_1、k_2 和 m 是分离变量时引进的常数，且 $k=\sqrt{k_1^2+k_2^2}$。

对于式 (1-49)，令 $\xi=k_1 r$，则其化为标准贝塞尔方程:

$$\frac{\mathrm{d}^2R}{\mathrm{d}\xi^2}+\frac{1}{\xi}\frac{\mathrm{d}R}{\mathrm{d}\xi}+\left(1-\frac{m^2}{\xi^2}\right)R=0 \tag{1-52}$$

贝塞尔方程 (1-52) 的解为柱函数，共有三种相互线性无关的解的形式。

(1) 第一类贝塞尔函数 $J_m(\xi)$。第一类贝塞尔函数的级数表示如下:

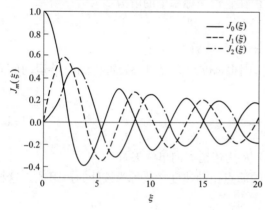

图 1-4　0 阶、1 阶和 2 阶第一类 Bessel 函数曲线

$$J_m(\xi)=\sum_{s=0}^{\infty}\frac{(-1)^s}{s!}\frac{1}{\Gamma(m+s+1)}\left(\frac{\xi}{2}\right)^{2s+m} \tag{1-53}$$

其中，m 称为贝塞尔函数的阶次。图 1-4 所示为第一类贝塞尔函数 $J_m(\xi)$ 在 0 阶、1 阶和 2 阶时的曲线形状。从图中可以得到贝塞尔函数的 $J_m(\xi)$ 性质如下:

1) $J_m(\xi)$ 是振荡衰减的，在整个实轴上没有奇点;

2) $J_m(0)=\begin{cases}1,\text{当 } m=0\\0,\text{当 } m\neq 0\end{cases}$。

(2) 第二类贝塞尔函数 $N_m(\xi)$。第二类贝塞尔函数也称为诺依曼函数，其级数展开式表示为

$$N_m(\xi)=\frac{2}{\pi}J_m(\xi)\ln\frac{\xi}{2}-\frac{1}{\pi}\sum_{s=0}^{m-1}\frac{(m-s-1)!}{s!}\left(\frac{\xi}{2}\right)^{2s-m}-$$

$$\frac{1}{\pi}\sum_{s=0}^{\infty}\frac{(-1)^s}{s!}\frac{}{(m+s)!}\left[\Psi(m+s+1)+\Psi(s+1)\right]\left(\frac{\xi}{2}\right)^{2s+m} \tag{1-54}$$

其中，$\psi(y)=\Gamma'(y)/\Gamma(y)$，$\Gamma$ 为伽马函数。由式 (1-54) 看出，当 $\xi\to 0$ 时

$$N_0(\xi)\sim\frac{2}{\pi}\ln\frac{\xi}{2},N_m(\xi)\sim-\frac{(m-1)!}{\pi}\left(\frac{\xi}{2}\right)^{-m}\quad(m\geqslant 1) \tag{1-55}$$

图 1-5 所示为第二类贝塞尔函数 $N_m(\xi)$ 在 0 阶、1 阶和 2 阶时的曲线形状。从图中可以得到贝塞尔函数 $N_m(\xi)$ 的几点性质:

1) $N_m(\xi)$ 也是振荡衰减的;

2) $\xi=0$ 是 $N_m(\xi)$ 的唯一奇点，且当 $\xi\to 0$，$N_m(\xi)\to\infty$。

(3) 第三类贝塞尔函数。第三类贝塞尔函数又称为汉克尔函数。作为贝塞尔方程的另外一对重要的线性无关解，汉克尔函数有第一类和第二类之分，分别定义为

$$H_m^{(1)}(\xi) = J_m(\xi) + iN_m(\xi) \quad (1\text{-}56)$$

$$H_m^{(2)}(\xi) = J_m(\xi) - iN_m(\xi) \quad (1\text{-}57)$$

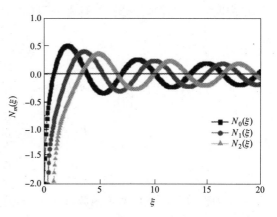

实际上第一类汉克尔函数 $H_m^{(1)}(\xi)$ 和第二类汉克尔函数 $H_m^{(2)}(\xi)$ 分别描述了二维波动方程的内行柱面波解和外行柱面波解。由于 $J_m(\xi)$ 和 $H_m(\xi)$ 是线性无关的解,故 $H_m^{(1)}(\xi)$ 和 $H_m^{(2)}(\xi)$ 也是线性无关的。也就是说,不论 m 值是否取整数,$J_m(\xi)$、$H_m(\xi)$、$H_m^{(1)}(\xi)$、$H_m^{(2)}(\xi)$ 中的任意两个都是 Bessel 方程的线性无关解。

图 1-5 0 阶、1 阶和 2 阶第二类贝塞尔函数曲线

此外,式(1-50)和式(1-51)的解分别为

$$\Theta = A\mathrm{e}^{im\theta} + B\mathrm{e}^{-im\theta} \tag{1-58}$$

$$Z = C\mathrm{e}^{ik_2 z} + D\mathrm{e}^{-ik_2 z} \tag{1-59}$$

其中,A、B、C 和 D 均为常数系数。这样,亥姆霍兹方程(1-43)在圆柱坐标系下的解的形式就可写成

$$\varphi(r,\theta,z) = J_m(kr\sin\alpha)\mathrm{e}^{ikz\cos\alpha}\mathrm{e}^{im\theta} \tag{1-60a}$$

$$\varphi(r,\theta,z) = H_m^{(1)}(kr\sin\alpha)\mathrm{e}^{ikz\cos\alpha}\mathrm{e}^{im\theta} \tag{1-60b}$$

$$\varphi(r,\theta,z) = H_m^{(2)}(kr\sin\alpha)\mathrm{e}^{ikz\cos\alpha}\mathrm{e}^{im\theta} \tag{1-60c}$$

其中,$k\sin\alpha = k_1$,$k\cos\alpha = k_2$。由于 $r=0$ 是 $H_m^{(1)}(kr\sin\alpha)$ 和 $H_m^{(2)}(kr\sin\alpha)$ 的奇异点,因而当坐标原点位于所考虑的声空间时,声空间的解的形式只能取式(1-60a)。

3. 球坐标系下亥姆霍兹方程解的形式

在球坐标系 (r, θ, ϕ) 下,亥姆霍兹方程具有下面形式:

$$\frac{1}{r}\frac{\partial}{\partial r}\left(r^2\frac{\partial\varphi}{\partial r}\right) + \frac{1}{r^2\sin\theta}\frac{\partial}{\partial\theta}\left(\sin\theta\frac{\partial\varphi}{\partial\theta}\right) + \frac{1}{r^2\sin^2\theta}\frac{\partial^2\varphi}{\partial\phi^2} + k^2\varphi = 0 \tag{1-61}$$

这里仍然采用分离变量法来求解上式。设 $\varphi(r,\theta,\phi) = R(r)\Theta(\theta)\psi(\phi)$,经过分离变量后分别得到关于 $R(r)$、$\Theta(\theta)$ 和 $\psi(\phi)$ 的如下方程:

$$\frac{1}{r}\frac{\mathrm{d}}{\mathrm{d}r}\left(r^2\frac{\mathrm{d}R}{\mathrm{d}r}\right) + \left[k^2 - \frac{n(n+1)}{r^2}\right]R = 0 \tag{1-62}$$

$$\frac{1}{\sin\theta}\frac{\mathrm{d}}{\mathrm{d}\theta}\left(\sin\frac{\mathrm{d}\Theta}{\mathrm{d}\theta}\right) + \left[n(n+1) - \frac{m^2}{\sin^2\theta}\right]\Theta = 0 \tag{1-63}$$

$$\frac{\mathrm{d}\Psi}{\mathrm{d}\phi^2} + m^2\Psi = 0 \tag{1-64}$$

其中,n 和 m 是分离变量时引进的常整数,$m \leqslant n$,$n = 0, 1, 2, \Lambda$。

对于式(1-62),令 $\xi = kr$,并作变换 $R(r) = \xi^{-\frac{1}{2}}y(\xi)$,则得

$$\frac{\mathrm{d}^2 y}{\mathrm{d}\xi^2} + \frac{1}{\xi}\frac{\mathrm{d}y}{\mathrm{d}\xi} + \left[1 - \frac{(n+1/2)^2}{\xi^2}\right]y = 0 \tag{1-65}$$

式(1-65)是半奇数阶 $\left(n+\dfrac{1}{2}\right)$ 的贝塞尔方程。

在物理学中方程（1-62）的解常采用对应的球贝塞尔函数，它们的定义和符号如下：

$$
\left.\begin{aligned}
j_n(\xi) &= \sqrt{\frac{\pi}{2\xi}} J_{n+\frac{1}{2}}(\xi) \\
n_n(\xi) &= \sqrt{\frac{\pi}{2\xi}} N_{n+\frac{1}{2}}(\xi) \\
h_n^{(1)}(\xi) &= \sqrt{\frac{\pi}{2\xi}} H_{n+\frac{1}{2}}^{(1)}(\xi) \\
h_n^{(2)}(\xi) &= \sqrt{\frac{\pi}{2\xi}} H_{n+\frac{1}{2}}^{(2)}(\xi)
\end{aligned}\right\}
\tag{1-66}
$$

当 n 为整数时，球贝塞尔函数可用初等函数表示，例如

$$
\left.\begin{aligned}
j_0(\xi) &= \frac{\sin\xi}{\xi} \\
j_{-1}(\xi) &= \frac{\cos\xi}{\xi} \\
n_0(\xi) &= \frac{\cos\xi}{\xi} \\
h_0^{(1)}(\xi) &= \frac{e^{i(\xi-\pi/2)}}{\xi} \\
h_0^{(2)}(\xi) &= \frac{e^{i(\xi-\pi/2)}}{\xi}
\end{aligned}\right\}
\tag{1-67}
$$

对于式（1-63），令 $x=\cos\theta$，$y(x)=\Theta(\theta)$，则其化为

$$
\frac{d}{dx}\left[(1-x^2)\frac{dy}{dx}\right] + \left[n(n+1) - \frac{m^2}{1-x^2}\right]y = 0
\tag{1-68}
$$

这方程称为连带勒让德方程，其解称为连带勒让德芒函数。这里只介绍 m 阶 n 次第一类连带勒让德芒函数 $P_n^m(x)$，其定义为

$$
P_n^m(x) = (-1)^m \frac{(1-x^2)^{m/2}}{2^n n!} \frac{d^{m+n}}{dx^{m+n}}(x^2-1)^n, \quad (n \geqslant |m|, -1 \leqslant x \leqslant 1)
\tag{1-69}
$$

$P_n^m(x)$ 满足下列正交关系（$m, m' \geqslant 0$）：

$$
\int_{-1}^{1} P_n^m P_n^m \, dx = \frac{2}{2n+1} \frac{(n+m)!}{(n-m)!} \delta_{mm'}
\tag{1-70}
$$

$$
\int_{-1}^{1} P_n^m P_n^{m'} \frac{dx}{1-x^2} = \frac{1}{m} \frac{(n+m)!}{(n-m)!} \delta_{mm'}
\tag{1-71}
$$

$P_n^m(x)$ 的完备性：对于一定的 m，$\{P_n^m(x)\}(n \geqslant m)$ 是区间 $[-1, 1]$ 中的一个完备正交函数组。任意一个在区间 $[-1, 1]$ 中连续且在端点为 0 的函数 $f(x)$ 可以用任意阶（m）的连带勒让德芒函数 $P_n^m(x)$ 在平均收敛的意义下展开为

$$
f(x) = \sum_{n \geqslant m} a_n P_n^m(x)
\tag{1-72}
$$

其中

$$
a_n = \frac{2n+1}{2} \frac{(n-m)!}{(n+m)!} \int_{-1}^{1} f(x) P_n^m(x) \, dx
\tag{1-73}
$$

因而，亥姆霍兹方程（1-31）在球坐标系下的解的形式就可写成

$$\varphi(r,\theta,\phi)=j_n(kr)P_n^m(\cos\theta)\mathrm{e}^{in\phi} \tag{1-74a}$$

$$\varphi(r,\theta,\phi)=h_n^{(1)}(kr)P_n^m(\cos\theta)\mathrm{e}^{in\phi} \tag{1-74b}$$

在许多应用中常将 $Pm_n(x)$ 和 $\mathrm{e}^{in\phi}$ 合在一起，并取

$$Y_{nm}(\theta,\phi)=\sqrt{\frac{2n+1}{4\pi}\frac{(n-m)!}{(n+m)!}}\,P_n^m(\cos\theta)\mathrm{e}^{in\phi} \tag{1-75}$$

$Y_{nm}(\theta,\phi)$ 称为球面谐函数，且满足下列正交归一关系：

$$\int_0^\pi\int_0^{2\pi}Y_{nm}^*Y_{n'm'}\sin\theta\mathrm{d}\phi\mathrm{d}\theta=\delta_{mm'}\delta_{nn'} \tag{1-76}$$

其中，Y_{nm}^* 是 Y_{nm} 的共轭复数，$\delta_{nm}=\begin{cases}1 & n=m\\0 & n\neq m\end{cases}$。

由于 $P_n^m(\cos\theta)$ 是关于变量 θ 的完备函数组，而 $\mathrm{e}^{in\phi}(m=0,\pm1,\Lambda)$ 是变量 ϕ 的完备函数组，因而 $Y_{nm}(n=0,1,2,\Lambda;m=0,\pm1,\Lambda,\pm n)$ 就构成一个完备函数组。因此，任何一个在球面上连续的函数 $f(\theta,\phi)$ 都可用 $Y_{nm}(\theta,\phi)$ 展开为一平均收敛的级数。

$$f(\theta,\phi)=\sum_{n=0}^{\infty}\sum_{m=-n}^{n}A_{nm}Y_{nm}(\theta,\phi) \tag{1-77}$$

其中

$$A_{nm}=\int_0^\pi\int_0^{2\pi}Y_{nm}^*(\theta,\phi)f(\theta,\phi)\sin\theta\mathrm{d}\phi\mathrm{d}\theta \tag{1-78}$$

球面谐函数在单位球面上两两正交，构成了一组正交基函数。其中，独立的 n 阶球面谐函数共有 $2n+1$ 个，每个谐函数具有明显的方向性，如图1-6所示。

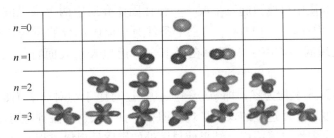

图1-6 各阶球面谐函数的方向性表示

1.4 声 场 分 布

亥姆霍兹方程描述了各向同性均匀介质中声波传播的规律及一般形式，而亥姆霍兹方程在给定边界条件下的解才描述有界区域中声场分布的特殊形式。也就是说，微分方程规定了物理问题的一般性，而微分方程加上边界条件才规定了具体问题的特殊性。势函数的方程式（1-25）和式（1-26）只有在一定边界条件下才能求得具体的声场分布。当处理边值问题时，自然会提出一个问题：在满足边界条件下求得的亥姆霍兹方程的解是否是唯一的？答案是肯定的，这就是唯一性定理。唯一性定理可叙述如下：不管采用什么方法，只要找到了满足亥姆霍兹方程及边界条件的解，则这个解就是唯一的解。唯一性定理是分析和计算边值型问题的理论基础。

1.4.1 边界的连续性条件

典型的声学问题是声辐射和声散射问题。辐射问题通常概括如下：已知某个表面上的振动速度或者声压（速度势），需要确定空间的辐射声场。而声散射问题则是在声波入射下需要求解障碍物的散射声场。实际上散射是一个比反射和衍射更加广泛的概念，它包括声场中除去声源直达声场外的所有声场分布。散射问题概括如下：声波 P_0 入射到一有界物体上，形成新的声场分布 P，而 P 包含了入射波场 P_0 和散射波场 P_s，即 $P = P_0 + P_s$。同样我们需要通过边界条件来求解 P_s。对于这些典型声学问题的求解，必须考虑边界条件。由于分界面两边的媒质处处保持恒定接触，一般有下列边界条件。在两种固体介质 I 和 II 的分界面上，位移向量 $\boldsymbol{u}$ 的法线方向分量和切线方向分量及正应力和切应力都应保持相等，即

$$u_n^{\mathrm{I}} = u_n^{\mathrm{II}}, u_\tau^{\mathrm{I}} = u_\tau^{\mathrm{II}}; \sigma_{nn}^{\mathrm{I}} = \sigma_{nn}^{\mathrm{II}}, \sigma_{n\tau}^{\mathrm{I}} = \sigma_{n\tau}^{\mathrm{II}} \tag{1-79}$$

式中：σ_{nn} 为垂直于分界面的应力（正应力）；$\sigma_{n\tau}$ 为切应力。

在两种介质中可能激起四个波，各有一个纵波和横波（弯曲波、剪切波和扭转波）。因此，式（1-79）四个条件对于确定声场是足够的。假如介质 II 是理想流体，则式（1-79）的边界条件应改写为

$$u_n^{\mathrm{I}} = u_n^{\mathrm{II}}; \sigma_{nn}^{\mathrm{I}} = -p^{\mathrm{II}}, \sigma_{n\tau}^{\mathrm{I}} = 0 \tag{1-80}$$

式中：p^{II} 为在介质 II 中界面上的声压。

第二条件中的负号，是由于在弹性理论中，介质伸长 $\frac{\partial u}{\partial x} > 0$，应力为正，而在介质 II 界面上如声压为正，则介质应当是压缩。因为假设在流体中没有黏滞力，只存在纵波，没有横波，所以在此两种介质中可能激起三个波——弹性固体介质中两个（纵波和横波），流体介质中一个（纵波）。因此，式（1-80）的三个条件对于流固耦合的声场计算应该是足够的。此外，为了便于处理问题，声学上还存在以下三种近似表示表面特征的极端的理想边界条件。

（1）声压在界面 S 上均为零，即 $p(r)|_S = 0$，这对应于绝对软表面的情况。指向边界面的入射波质点速度首先使这里的媒质呈现压缩相，直到入射波碰到绝对软分界面时，质点速度就好像经历完全塑性碰撞一样，结果使界面处的媒质呈现稀疏相，这就相当于反射波的声压与入射波的声压相位改变 $180°$，因而界面处声压为零。

（2）振动速度在界面 S 上均为零，即 $\left.\frac{\partial p(r)}{\partial n}\right|_S = 0$，这对应于绝对硬表面的情况。在这种情况下，入射波质点速度碰到分界面以后完全弹回，因而反射波的质点速度与入射波的质点速度大小相等、相位相反，结果在分界面上合成质点速度为零；而反射波声压与入射波声压大小相等、相位相同，所以在分界面上的合成声压为入射声压的两倍。

（3）混合边值问题，即 $\left.\left[\frac{\partial p(r)}{\partial n} + \sigma p(r)\right]\right|_S = 0$，其中在整个 S 面上系数 σ 是常数，这对应于阻抗型表面上的散射问题。

1.4.2 平板的声辐射特性

1. 无限大薄板在平面波斜入射时的声反射和透射系数

无限大薄板在平面波斜入射下会产生声反射和声透射，如图 1-7 所示，上空间的反射声场及下空间的透射声场在直角坐标系下的声场分布一定满足亥姆霍兹方程（1-43），并具有

式（1-44）的解形式。为简单起见，这里仅
考虑上下空间介质相同的情况。若只考虑薄
板中沿 x 方向的弯曲波，而薄板中的另一
方向（z 轴）没有波传播，则入射波、反射
波和透射波可分别表示为

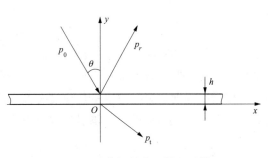

$$p_0(x,y) = \mathrm{e}^{\mathrm{i}k(x\sin\theta - y\cos\theta)} \qquad (1\text{-}81\mathrm{a})$$

$$p_r(x,y) = A\,\mathrm{e}^{\mathrm{i}k(x\sin\theta + y\cos\theta)} \qquad (1\text{-}81\mathrm{b})$$

$$p_t(x,y) = B\,\mathrm{e}^{\mathrm{i}k(x\sin\theta - y\cos\theta)} \qquad (1\text{-}81\mathrm{c})$$

图 1-7 薄板的声反射和透射

其中，A 和 B 分别为反射系数和透射系数。

根据薄板的振动理论可得到等厚薄板的振动方程为

$$D\,\nabla^4 W - \omega^2 \rho_m h W = f \qquad (1\text{-}82)$$

式中：D 为板的弯曲刚度；∇^4 为直角坐标下的双谐微分算符；$W(x,z)$ 为薄板上任一点
(x,z) 的振动位移；h 为薄板厚度；ρ_m 为板材料密度。

其中，$\nabla^4 = \nabla^2\nabla^2 = \dfrac{\partial^4}{\partial x^4} + 2\dfrac{\partial^2}{\partial x^2}\dfrac{\partial^2}{\partial z^2} + \dfrac{\partial^4}{\partial z^4}$，$D = \dfrac{Eh^3}{12(1-\nu^2)}$，$E$ 为板材料的杨氏模量，ν 为
泊松比。

对于图 1-7 所示的情形，将式（1-82）写成弯曲波波数的形式：

$$\frac{\partial^4 W}{\partial x^4} - k_x^4 W = P_0 + P_r - P_t \qquad (1\text{-}83)$$

其中，k_x 为弯曲波波数，$k_x = (\rho_m h\omega^2/D)^{1/4}$。

当平面波入射到薄板上时，声压随 x 坐标的变化关系为因子 $\mathrm{e}^{\mathrm{i}k x\sin\theta}$，从式（1-83）可知
薄板振动位移随 x 坐标的变化关系也应具有这种形式，从而可设

$$W(x) = C\mathrm{e}^{\mathrm{i}k x\sin\theta} \qquad (1\text{-}84)$$

对于时谐振动，薄板振动速度 $v = -\mathrm{i}\omega W$。现在再利用薄板上、下表面的边界条件，即

$$v\,|_{y=0} = \frac{1}{\mathrm{i}\omega\rho}\frac{\partial P_t}{\partial y} \qquad (1\text{-}85\mathrm{a})$$

$$v\,|_{y=h} = \frac{1}{\mathrm{i}\theta\rho}\frac{\partial(P_0 + P_t)}{\partial y} \qquad (1\text{-}85\mathrm{b})$$

通过式（1-83）和式（1-85）即可得到薄板在平面波斜入射下的声反射和透射系数。

2. 无限大薄板振动时的声辐射

无限大薄板振动时也会向空间辐射声场，其在直角坐标系下的声场分布也一定满足亥姆
霍兹方程（1-43），并具有式（1-44）的解形式。若只考虑薄板中沿 x 方向的行波，而薄板
中的另一方向（z 轴）没有振动，这样空间中由薄板振动所产生的声压分布就可表示为

$$p(x,y) = p_0 \mathrm{e}^{\mathrm{i}k_x x}\mathrm{e}^{\mathrm{i}k_y y} \qquad (1\text{-}86)$$

式中：p_0 为声压幅值；k_x、k_y 分别为薄板中弯曲波波数在 x、y 方向的分量；声空间中的
波数 $k = \sqrt{k_x^2 + k_y^2}$。

为了说明薄板结构的声辐射能力，引入结构辐射效率的概念。结构的辐射效率是反映结
构与周围介质相互作用的物理量，它与结构形状、几何尺寸及边界条件有关。结构的辐射效
率可表示为

$$\eta_{rad} = \frac{W_R}{\rho_0 c_0 S \langle \overline{v^2} \rangle} \tag{1-87}$$

式中：W_R 为单位时间内结构的辐射声能量；ρ_0 为空气密度；c_0 为空气中的波速；S 为结构的辐射面积；v 为结构表面振动速度，$\overline{v}$ 为对时间周期取平均，$\langle v \rangle$ 为对结构表面取平均。

可以看出辐射效率与时空平均速度有关，但这种平均只对振动速度几乎是均匀的情况才有意义。对于薄板声辐射，其辐射效率可由式（1-87）得到

$$\eta_{rad} = \frac{p \mid_{y=0}}{\rho_0 c_0 v_y \mid_{y=0}} = \frac{1}{\sqrt{1 - \left(\frac{k_x}{k}\right)^2}} \tag{1-88}$$

下面分三种情况来讨论式（1-88）：

（1）当 $k_x > k$ 时，η_{rad} 为纯虚数，这时板表面的声压和振动速度是不同相的，在板表面附近存在无功压力场，因而板不辐射噪声。由式（1-86）可知，声压是随距离沿 y 向下降的，不存在声压的波动起伏。

（2）当 $k_x < k$ 时，板表面的声压和振动速度是同相的，为有功辐射场，因而辐射噪声，且随着频率增加，η_{rad} 趋向于 1。

（3）当 $k_x = k$ 时，$\eta_{rad} \to \infty$，即当板表面弯曲波的传播速度等于声波传播速度时，声辐射达到极大值，这种现象就称为吻合效应，这时所对应的频率称为临界频率，其表示式可以由 k_x 表达式推出，$f_c = c_0^2 \sqrt{\rho_m h / D} / 2\pi$。

根据上述可知，薄板要产生声辐射的条件是 $k_x \leqslant k$，即板表面弯曲波的传播速度不小于空气中声波的传播速度，这样板表面弯曲波在一个周期内的传播距离不小于空气中声波波长，因而薄板的每一部分都看作一个独立的辐射元辐射声波而不相互影响。而在临界频率以下，空气中声波波长大于板表面弯曲波波长，板表面的每一辐射元不再是独立的，而是相互之间会发生能量完全相消。

3. 有限薄板的声辐射

对于有限薄板的声辐射，其辐射行为在临界频率以上时是与无限板相同的，即薄板的每一小部分的辐射都是独立的。但在临界频率以下，每一辐射元不再是独立的，相互之间会发生能量相消，这种相消的程度则取决于薄板材料、几何形状和边界条件等，而声辐射的大小取决于周界不能相消的总量。如果将振动弯曲波一个周期中的正半部分和负半部分分别看作相位相反的正辐射元和负辐射元，则它们就形成一个偶极子波形抵消区域。这样，有限薄板中不能相消的区域仅仅是沿着薄板边界的四角或边界。

1.4.3 圆柱壳内的声场特性

1. 薄壁圆柱壳的声波焦散面

直薄壁圆柱壳的声波焦散面首先研究圆柱壳体内的声场分布。选取柱坐标系，使柱壳的轴与坐标系的 z 轴重合。考虑声波垂直入射情况，则壳体沿柱轴方向的速度分量等于零，Kennard 提出的薄壳运动微分方程可写成如下形式：

$$\omega^2 \rho_M v_\varphi + \frac{E_1}{a^2}\left(\frac{\partial^2 v_\varphi}{\partial \varphi^2} + \frac{\partial v_r}{\partial \varphi}\right) + \frac{h^2}{8a^4}\frac{E_1 \nu}{1-\nu}\left(\frac{\partial^3 v_r}{\partial \varphi} + \frac{\partial v_r}{\partial \varphi}\right) = \frac{i\omega}{2a}\frac{v}{1-v}\frac{\partial(p_1 + p_2)}{\partial \varphi}$$

$$\tag{1-89a}$$

$$\omega^2 \rho_M v_r - \frac{E_1}{a^2}\left(\frac{\partial v_\varphi}{\partial \varphi} + v_r\right) - \frac{h^2}{24a^4}\frac{E_1}{1-\nu}\left[2(1-\nu)\frac{\partial^4 v_r}{\partial \varphi^4} + (4-\nu)\frac{\partial^2 v_r}{\partial \varphi^2} + (2+\nu)v_r\right]$$

$$= \frac{\mathrm{i}\omega}{h}\left[(p_2 - p_1) + \frac{(1-2\nu)h}{2(1-\nu)a}(p_1 + p_2)\right] \tag{1-89b}$$

式中：v_φ 和 v_r 分别为壳体微分元的振速的圆周分量和径向分量；ρ_M 为壳体材料的密度；a 为壳体中线半径；h 为壳体壁厚；ν 为泊松系数；E_1 为薄板的弹性模量，$E_1 = \dfrac{E}{1-\nu^2}$，E 为材料弹性模量；p_1 和 p_2 分别为壳体内、外的总声压。

图 1-8 所示为平面波入射到薄壁圆柱壳示意及柱壳内焦散面形成过程。设入射到圆柱壳上的是幅值为 1 的平面波 p_0，且其波阵面与柱壳轴平行。以圆柱壳轴心 O 为坐标原点建立二维柱坐标系 $Or\varphi$，薄壁柱壳的壁厚为 h，壳体中径 $r=a$。

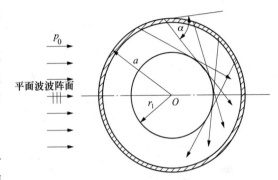

图 1-8 平面波入射到薄壁圆柱壳示意及柱壳内焦散面形成过程

如果壳体尺寸和声波波长相比大得多，壳体的各个区段在机械方面犹如平板。由于平板的弹性，使其本身有一定的弯曲振动频率，当激发频率大于平板的临界频率时，板中纵波行波向壳体内辐射声波，并且此声波的传播方向是在与壳体的切线呈角 α 的声线方向（$\cos\alpha = c_1/c_s$，c_s 是板中纵波传播速度，c_1 是柱壳内区域的声传播速度），这些射线簇在柱壳内部包络形成一声能集中的同轴柱面，此面称为焦散面。结果相当大的部分能量集中在与声线相切的焦散面圆周附近，使焦散面上产生声能集中和声压增高。将入射平面波 p_0 展开成柱面波的形式，可写成

$$p_0(r,\varphi) = \mathrm{e}^{\mathrm{i}k_2 r\cos\varphi} = \sum_{n=0}^{\infty}\varepsilon_n \mathrm{i}^n J_n(k_2 r)\cos n\varphi, \varepsilon_n = \begin{cases} 1 & n=0 \\ 2 & n>0 \end{cases} \tag{1-90}$$

其中，k_2 为外区域的波数；J_n 为 n 阶第一类贝塞尔函数。

壳体外的总声场 p_2 可表示成入射波声场 p_0 和散射波声场 p_s 叠加的形式，壳体内的声场 p_1 是振动表面向内区域声辐射的结果。p_s 和 p_1 可写成下面级数形式：

$$p_s(r,\varphi) = \sum_{n=0}^{\infty}A_n H_0^{(1)}(k_2 r)\cos n\varphi \tag{1-91}$$

$$p_1(r,\varphi) = \sum_{n=0}^{\infty}B_n J_n(k_2 r)\cos n\varphi \tag{1-92}$$

式中：k_1 为内区域的波数；$H_n^{(1)}$ 是 n 阶第一类 Hankel 函数。

因为壳体是薄壁的（$h \ll \lambda$，λ 是壳体材料中传播声波的波长），壳体内外表面（$r = a \pm h/2$）的介质振速可换成壳体中线 $r=a$ 处的振速。考虑到 v_φ 是 φ 角的奇函数，v_r 是 φ 角的偶函数，壳体振动速度的分量可以表达成傅里叶级数形式：

$$v_\varphi(\varphi) = \sum_{n=1}^{\infty}b_n \sin(n\varphi) \tag{1-93}$$

$$v_r(\varphi) = \sum_{n=0}^{\infty} a_n \cos(n\varphi) \tag{1-94}$$

把式（1-91）～式（1-94）代入微分方程组（1-89），并利用径向速度连续条件可得到关于待定系数 A_n、B_n、C_n、b_n 的代数方程组。这样，就可得到柱壳内部的声压为

$$p_1(r,\varphi) = \frac{2\rho_1 c_1}{\pi k_2 a} \sum_{n=0}^{\infty} \frac{\varepsilon_n \mathrm{i}^n J_n(k_1 r)\cos n\varphi}{H_n^{(1)'}(k_2 a) J_n'(k_1 a)[Z_n + Z_s^{(1)} + Z_s^{(2)}]} \tag{1-95}$$

式中：ρ_1 和 c_1 分别为内区域的介质密度和声传播速度；Z_n 是柱壳的机械阻抗；$Z_s^{(1)}$ 和 $Z_s^{(2)}$ 分别为柱壳向内、外区域的辐射阻抗；ρ_2 和 c_2 分别为外区域的介质密度和声传播速度；k_s 为壳体中纵波波数。

且 $Z_n = \frac{\mathrm{i}E_1}{\omega a} \frac{\alpha n - \gamma[n^2-(k_s a)^2]}{\beta n - \delta[n^2-(k_s a)^2]}, Z_s^{(1)} = -\mathrm{i}\rho_1 c_1 \frac{J_n(k_1 a)}{J_n'(k_1 a)}, Z_s^{(2)} = -\mathrm{i}\rho_2 c_2 \frac{H_n^{(1)}(k_2 a)}{H_n^{(1)}(k_2 a)}$

$$\alpha = n - \frac{h^2 \sigma(n^3-n)}{8a^2(1-\mu)}, \beta = \frac{-\mu n}{2(1-\mu)}, \delta = \frac{a}{h} - \frac{1-2\mu}{2(1-\mu)}$$

$$\gamma = 1 - (k_s a)^2 + \frac{h^2}{24a^2(1-\mu)} \times [2n^4(1-\mu)-(4-\mu)n^2+2+\mu]$$

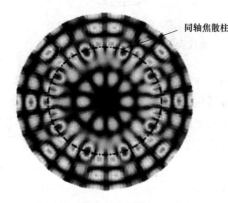

图 1-9　圆柱壳内部的声压分布云图

根据式（1-79）即可计算出柱壳内部的声压分布，如图 1-9 所示，计算时所采用的数据如下：壳体选用钢材料，$E = 2.09 \times 10^{11}\,\mathrm{N/m^2}$，$\mu = 0.29$，柱壳内外均为空气介质，$\rho_1 c_1 = \rho_2 c_2 = 438.6\,\mathrm{N \cdot s/m^3}$，半径 $a = 0.081\mathrm{m}$，厚度 $h = 0.005\mathrm{m}$，计算频率为 $\omega = 100\,000\mathrm{rad/s}$。从图 1-9 中可看出，在柱壳内部存在一声能集中的同轴焦散柱面。

2. 刚性圆柱壳的内部声模态

对于内半径为 a 的刚性圆柱壳，其内部声场分布具有式（1-92）的形式，而内部声模态则由刚性管壁的边界条件确定为

$$J_n'(k_{nm}a) = 0 \tag{1-96}$$

其中，(n,m) 第 n 阶模态具有 n 个径向节面和 m 个与圆柱轴同心的圆柱节面。刚性圆柱壳的前九个高阶声模态在圆柱壳横截面上的压力分布如图 1-10 所示，从图中可看出，圆柱壳的内部声模态除了平面波（$n=m=0$）以外，还有轴对称的高阶声模态（$n=0$，$m \geq 1$）和非轴对称的高阶"旋转"模态（$n \geq 1$，$m \geq 0$）。

1.4.4　薄壁球壳的声散射特性

对于薄壁球壳，选取球坐标系（r，θ，φ），使球壳中心和坐标原点重合，如图 1-11 所示。现假设在球壳内部点 $r_0(r_0,\theta_0,\varphi_0)$ 处存在一单位强度的点声源 q，由于 q 的作用，球壳将发生振动，并在球壳内部和外部分别产生声场 $p_1(r)$ 和 $p_2(r)$，其中 $p_1(r)$ 由两部分组成：一部分是由 q 产生的自由声场 $p_0(r)$；另一部分是球壳的内部散射声场 $p_s(r)$。

$$p_0(r,\theta,\varphi) = -\frac{\mathrm{i}\omega\rho}{4\pi} \frac{\mathrm{e}^{\mathrm{i}kR_1}}{R_1} \mathrm{e}^{-\mathrm{i}\omega t} = \sum_{n=0}^{\infty} \sum_{m=-n}^{n} \frac{\mathrm{i}\omega\rho}{4\pi}(2n+1)k \frac{(n-m)!}{(n+m)!} p_n^m(\cos\theta)$$

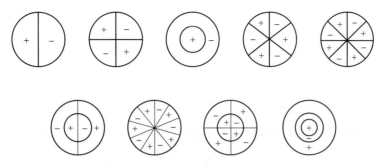

图 1-10 刚性圆柱壳的内部声模态

$$p_n^m(\cos\theta_0)\mathrm{e}^{im(\varphi-\varphi_0)}J_n(kr_0)H_n^{(1)}(kr)\mathrm{e}^{-i\omega t} \quad (1\text{-}97)$$

外部辐射声场及内部散射声场与球壳振动有关，可设其为

$$p_2(r,\theta,\varphi)=\sum_{n=0}^{\infty}\sum_{m=-n}^{n}B_nH_n^{(1)}(kr)p_n^m(\cos\theta)\mathrm{e}^{im\varphi}\mathrm{e}^{-i\omega t}$$
$$(1\text{-}98)$$

$$p_s(r,\theta,\varphi)=\sum_{n=0}^{\infty}\sum_{m=-n}^{n}C_nJ_n(kr)p_n^m(\cos\theta)\mathrm{e}^{im\varphi}\mathrm{e}^{-i\omega t}$$
$$(1\text{-}99)$$

$$R_1=\sqrt{r^2+r_0^2-2rr_0\cos\beta}$$

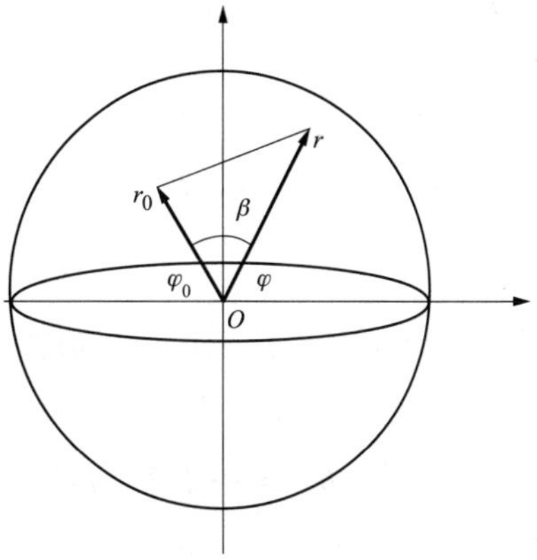

式中：β 为向量 r 和 r_0 之间的夹角；B_n、C_n 为待定系数；k 为波数，$k=\omega/c$，c 为声速；$H_n^{(1)}(\cdot)$ 为第一类球汉克尔函数；$J_n(\cdot)$ 为球贝塞尔函数；$p_n^m(\cdot)$ 为第一类连带勒让德函数。球壳径向位移 ω 满足下列六阶方程：

图 1-11 薄壁球壳内部声散射示意

$$\varepsilon\nabla^6\omega+r_1\nabla^4\omega+r_2\nabla^2\omega+r_3\omega+W=0 \quad (1\text{-}100)$$

其中

$$\varepsilon=h^2/12R^2$$
$$k_t=1+\varepsilon$$
$$k_r=1+\frac{3h^2}{20R^2}$$

$$K_S=\frac{2\mu_s}{1-\nu}$$

$$r_1=\varepsilon[3-\nu-2(1+\nu)\mu_s]+\varepsilon[k_t+k_r+k_tK_S](kR)^2$$

$$r_2=1-\nu^2-k_t(kR)^2+2\varepsilon[1-\nu-(3+2\nu-\nu^2)\mu_s]+\varepsilon[(1-\nu)k_t+2k_r-$$
$$2(1+\nu)k_r\mu_s-4\nu k_tK_S](kR)^2+\varepsilon k_t[k_r+(k_t+r)K_S](kR)^2\cdot\omega^2$$

$$r_3=[2(1-\nu^2)+(1+3\nu)k_t(kR^2)-k_t^2(kR)^2\omega^2]-4\varepsilon(1-\nu^2)\mu_s-2\varepsilon\mu_s[(1+3\nu)k_t+$$
$$2(1+\nu)k_r](kR)^2+\varepsilon k_t[2k_t\mu_s-(1+3\nu)k_rK_S](kR)^2\omega^2+\varepsilon k_t^2k_rK_S(kR)^2\omega^4$$

$$W=-[1-\varepsilon K_s(\nabla^2+1-\nu+k_r(kR)^2)]H$$

$$H=\frac{(1-\nu^2)R^2}{Eh}[\nabla^2+1-\nu+k_t(kR)^2](p_1-p_2)$$

$$\nabla^2 \equiv \frac{\partial^2}{\partial\theta^2} + \cot\theta\,\frac{\partial}{\partial\theta} + \frac{1}{\sin\theta^2}\,\frac{\partial^2}{\partial\varphi^2}$$

式中：h 为球壳厚度；R 为封闭球壳半径；μ_s 为平均剪切系数。

这里可设

$$\omega = \sum_{n=0}^{\infty}\sum_{m=-n}^{n} A_n p_n^m(\cos\theta)\,\mathrm{e}^{im\varphi}\,\mathrm{e}^{-i\omega t} \tag{1-101}$$

另外，球壳与周围介质的交界面上应满足边界条件：

$$\frac{1}{i\omega\rho}\,\frac{\partial P_1}{\partial r}\bigg|_{r=R-\frac{h}{2}} = \frac{1}{i\omega\rho}\,\frac{\partial P_2}{\partial r}\bigg|_{r=R+\frac{h}{2}} = \frac{\partial\omega}{\partial t} \tag{1-102a}$$

因为球壳是薄壁的（$h \ll \lambda$，此处 λ 是壳体材料中声波的波长），所以壳体内外表面（$r = R \pm h/2$）的介质振速可以换成壳体中线 $r=R$ 处的振速。在此情况，边界条件可写成

$$\frac{1}{i\omega\rho}\,\frac{\partial P_1}{\partial r}\bigg|_{r=R} = \frac{1}{i\omega\rho}\,\frac{\partial P_2}{\partial r}\bigg|_{r=R} = \frac{\partial\omega}{\partial t} \tag{1-102b}$$

则由式（1-100）、式（1-101）、式（1-102b）联立可求得

$$C_n = \frac{b_{n1}}{a_{n2}} \times \frac{i\theta}{2\pi c} \times (2n+1)\frac{(n-m)!}{(n+m)!} p_n^m(\cos\theta_0)\,\mathrm{e}^{-im\varphi_0} J_n(kr_0)$$

$$a_{n2} = -a_{n1}\frac{J_n'(kR)}{\rho c\omega} + b_n J_n(kR)$$

$$b_{n1} = \frac{a_{n1}}{c} H_n^{(1)'}(kR) - b_n\omega\rho H_n^{(1)}(kR)$$

$$a_{n1} = a_n + b_n\frac{H_n^{(1)}(kR)}{H_n^{(1)'}(kR)}\omega\rho c$$

$$a_n = -\varepsilon n^3(n+1)^3 + r_1 n^2(n+1)^2 - r_2 n(n+1) + r_3$$

$$b_n = \frac{(1-\nu^2)R^2}{Eh}\big[-n(n+1) + (1-\nu) + k_t(kR)^2\big]\cdot$$

$$\big[1 - \varepsilon K_S(-n(n+1) + (1-\nu) + k_r(kR)^2)\big]$$

这样就由式（1-99）得到了封闭薄球壳内部存在一单位强度点声源时的散射声场。

图 1-12 所示为在内半径为 0.5m、壁厚为 0.002m 的钢质球壳的球心处置一单位强度点声源时球壳内频率为 10 000Hz 下任一过球心截面上的散射声场分布。

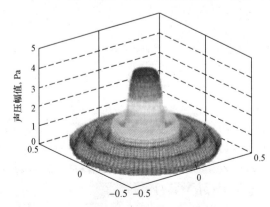

图 1-12　在球中心的点源作用下球壳内任一过球心截面上的散射声场分布

第2章　噪声及源识别

2.1　噪　声

声音种类不可胜数，人们生活在充满声音的环境里。有的声音悦耳动听使人心旷神怡，有的声音却使人感到心烦意乱。即使是同一种声音，人们在不同的情况下可以产生截然不同的感受。也就是说，在日常生活中，有的声音是人们所需要的，而另一些声音则是人们不需要的，这就是人们常说的噪声。噪声是声音的一种，具有声波的一切特性。按声强随时间的变化规律，噪声可分为稳态噪声和非稳态噪声；按噪声的频谱特性，噪声又可分为低频噪声、中频噪声、高频噪声。人们研究噪声的危害是从研究噪声对人体听觉器官的影响开始的。随着现代工业的迅速发展，噪声对人们的危害就显得更为突出。与此同时，人们对噪声危害的认识也从研究噪声对听力的影响扩展到研究噪声对身体其他方面的影响，而且陆续制定出相应的噪声标准。

2.1.1　人耳的构造及听觉特性

人耳的构造可分成外耳、中耳和内耳三部分，如图 2-1 所示。

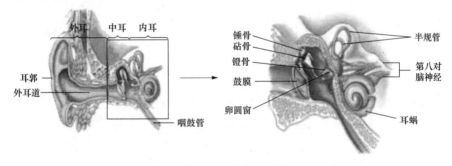

图 2-1　人耳构造示意

外耳包括耳郭和外耳道。耳郭的作用是帮助收集外来声音并辨别声音的方向。将手作杯状放在耳后，更容易理解耳郭的作用效果，因为手比耳郭大，能收集到更多的声音，所以这时听到的声音会感觉更响。当声音向鼓膜传送时，外耳道主要起传递声波的作用，并使声音增强。

中耳由鼓膜、中耳腔和听骨链组成。听骨链包括锤骨、砧骨和镫骨，悬于中耳腔。中耳的基本功能是把声波传送到内耳。声音以声波方式经外耳道振动鼓膜，鼓膜斜位于外耳道的末端呈凹型，正常为珍珠白色，振动的空气粒子产生的压力变化使鼓膜振动，从而使声能通过中耳结构转换成机械能。由于鼓膜前后振动使听骨链做活塞状移动，鼓膜表面积比镫骨足板大好几倍，声能在此处放大并传输到中耳。由于表面积的差异，鼓膜接收到的声波就集中到较小的空间中，声波在从鼓膜传到卵圆窗的能量转换过程中，听小骨使得声音的强度增加了 30dB。为了使鼓膜有效地传输声音，必须使鼓膜两侧的压力一致。当中耳腔内的压力与体外大气压的变化相同时，鼓膜才能正常发挥作用。耳咽管连通了中耳腔与口腔，这种自然的生理结构起到平衡内外压力的作用。

内耳包括三个独立的结构：半规管、前庭和耳蜗。前庭是卵圆窗内微小的、不规则开关的空腔，是半规管、镫骨足板、耳蜗的汇合处。半规管可以感知各个方向的运动，起到调节身体平衡的作用。耳蜗是被颅骨所包围的像蜗牛一样的结构，内耳在此将中耳传来的机械能转换成神经电冲动传送到大脑。耳蜗内充满着液体并被基底膜所隔开，位于基底膜上方的是螺旋器，这是收集神经电脉冲的结构。当镫骨足板在前庭窗处前后运动时，耳蜗内的液体也随着移动。耳蜗液体的来回运动导致基底膜发生位移，基底膜的运动使包埋在覆膜内的毛细胞纤毛弯曲，而毛细胞与听神经纤维末梢相连接，当毛细胞弯曲时神经纤维就向听觉中枢传送电脉冲，大脑接收到这种电脉冲时，我们就听到了"声音"。

人耳是灵敏的听觉器官，是声音的接收器，它能接收到的最低声压为 20μPa，能承受的最高声压为 20Pa，其声压幅值相差百万倍。它能分辨的频率范围是 20～20 000Hz。人耳不仅是个极端灵敏的感音器官，而且还具有频率分析器的作用，有辨别响度、音调和音色的本领。人体外耳还类似于一个具有方向选择性的滤波器，依据声音的频率和方向的不同，能够对声压进行－30～15dB 范围的滤波处理。

人耳的听觉就是声波先传到外耳，从耳郭经外耳道传到鼓膜引起鼓膜振动。由声波作用于鼓膜的力，通过锤骨、砧骨、镫骨，由前庭窗传入耳蜗，刺激耳蜗中的基底膜。基底膜不同部位的肌纤维有不同的共振频率。声波传到耳蜗后，基底膜上相应于激发频率的部位受激振动，由神经末梢把信息传到大脑，就产生听觉。从声波到听觉的传播途径，如图 2-2 所示。声能的上述传导方式称为空气传导。声能除通过气体传导外，还能通过颅骨传到内耳，这种传导称为骨传导。当空气传导部分有故障时，骨传导便成了声能的主要传播途径。

图 2-2　从声波到听觉的传播途径

听觉系统对任何听觉刺激进行谱像分析。耳蜗可看作一排滤波器，其输出按音调排序，从而实现不同频率和方位的转换。靠近耳蜗基点的滤波器对高频响应最大，而靠近顶点的部分对低频响应最大。听觉系统也可以说成是对一系列源于耳蜗的神经信号进行时间波形分析，这些神经信号是耳蜗响应听觉刺激而形成的。但一般来说，这个过程对 500Hz 以下的频率很重要，并一直作用到大约 1.5kHz。这也正是我们可以利用一个点电极装置嵌入耳蜗进行听声的原因。

2.1.2　噪声危害

一般，从生理学的角度来看，噪声就是人们不需要的声音，它可以使人烦恼、影响身体健康、干扰语言交谈等。噪声的危害范围随着工业化程度的提高而日益扩大。在工业比较集中、交通运输比较发达的大中城市，噪声已成为危害人们身心健康的主要公害之一。表 2-1 列出了噪声的声压级（dB）与人耳的主观感觉的关系。城市中对居民影响最广的是 60～85dB 的中高噪声。

表 2-1 各种声源的声压级与人耳的主观感受

声压级（dB）	影响	人耳的主观感受	声源、环境距离
≥0～20		很安静	刚好听到（0dB），郊区静夜，安静住宅轻声耳语（20dB）
>20～40	安全	安静	一般建筑（40dB）
>40～60		一般	一般办公室，1m 远谈话（60dB）
>60～80		吵闹	城市道路旁，交通干道旁，公共汽车内（80dB）
>80～100		很吵闹	1m 远大叫，纺织车间，钢铁厂（100dB）
>100～120	干扰语	难忍受	锅炉车间，球磨机旁（120dB）
>120～140	言交谈	痛苦	喷气飞机起飞（140dB）
>140～160		很痛苦	耳边步枪发射（160dB）
>160～180		极端痛苦	导弹发色（100 米远）

噪声对人体的危害分为两部分：其一是噪声对听力的影响；其二是噪声作用于机体的其他系统，主要表现在中枢神经系统、心血管系统等方面，引起不同程度的疾病。

1. 噪声对听力的影响

（1）暂时性听阈偏移。人们在较强噪声环境下暴露一定时间后会出现听力下降的现象，但在安静的环境里经过一段时间的休息，听觉会恢复原状，这种现象称为暂时性听阈偏移或称为听觉疲劳。

（2）噪声性耳聋。如果长年累月地在强噪声环境下工作，连续不断地受强噪声的刺激，听觉疲劳在经休息时间后也不能完全恢复正常，久而久之逐渐发展到病理状态。内耳听觉器官发生器质性病变，形成永久性听阈偏移，这称为噪声性耳聋，也称为职业性听力损失。

根据 WHO 有关规定，听力损失在 25dB 以内的为正常情况，听力损失在 26～40dB 为轻度噪声性耳聋，听力损失在 41～60dB 的为中度噪声性耳聋，听力损失在 61～80dB 的为重度噪声，听力损失在 81dB 以上的为极重度噪声。噪声性耳聋与声音的强度、频率有关，也与在强噪声下暴露的时间有关。一般，经常在 95dB（A）以上的噪声环境下工作，就有可能发生噪声性耳聋。因此，在高噪声工作环境下，如果不采取适当的噪声控制措施，噪声性耳聋的发病率就会增高。

2. 噪声引起其他疾病

噪声对人体的影响是多方面的。除了引起耳聋外，噪声对心血管系统、神经系统等也有明显的影响。

（1）噪声对神经系统的影响。中等强度的噪声就已能影响中枢神经系统，使大脑皮层的兴奋和抑制的平衡过程产生失调，导致注意力分散、条件反射异常，使人烦躁难耐、反应迟钝，且加速人的疲劳感觉，从而影响人们正常生活。噪声还可能影响人的脑血管张力，使神经细胞边缘出现染色质的溶解，细胞核发生畸变，树状突弯曲，轴状突变细，严重的还会引起渗出性出血灶等。一旦长期暴露在强噪声环境中，这些生理学变化就会形成牢固的兴奋灶，累及自主神经系统，导致病理学影响，引起神经衰弱症，产生头疼、耳鸣、多梦、失眠、记忆力减退和全身疲乏无力等现象。

由于噪声影响人的中枢神经系统，致使肠胃机能阻滞，消化液分泌异常，胃液酸度降低，胃收缩功能减退，造成消化不良、食欲不振，从而导致胃病的发病率增高。噪声还会影响自主神经系统，引起末梢血管收缩，导致心脏排血量减少、舒张压增高。还会引起心室组织缺氧，发生心肌损害。因此，现代医学认为噪声可以导致冠心病和动脉硬化。

（2）噪声对心血管系统的影响。强噪声可使神经紧张，会出现心跳加快、心律不齐、血压变化等现象。在噪声刺激下，血液成分也会发生变化，如白细胞增加，淋巴细胞数量上升，血糖增高。所以在强噪声下工作的人们，一般身体健康水平下降、抵抗力减弱，且容易导致某些疾病的发病率增加。

（3）噪声对内分泌机能方面的影响。噪声使肾上腺机能亢进，脑垂体前叶嗜酸性细胞增加，脑下垂体激素分泌过多，性腺受到抑制。在噪声环境下，女性容易性机能紊乱、月经失调、孕妇流产率增高。

（4）低频噪声对人体内脏器官的影响。所谓低频噪声是指频率范围在 20～200Hz 的声音，其中对人体影响较为明显的频率范围为 3～50Hz。低频声音在空气中传播时，空气分子振动小，摩擦比较慢，能量消耗少，所以传播比较远，通透力很强，能够轻易穿越墙壁、玻璃窗等障碍物。人体内脏器官固有频率基本上在低频和超低频范围内，很容易与低频噪声产生共振，因而低频噪声对内脏的影响很大。长期影响下会导致心脏、肺、脾、肾、肝等受到不可逆的损害。

当平常在室外或开门窗时，屋外噪声成分中的低频噪声部分被其他中高频噪声掩盖，但关了门窗后，中高频噪声会被门窗隔音而低频噪声会比较明显，因而通常在夜深人静或较为安静的时候容易感受到低频噪声的干扰。低频噪声可直达人的耳骨，会使人的交感神经紧张、心动过速、血压升高、内分泌失调。人被迫接收低频噪声，容易烦恼激动、易怒，甚至失去理智。如果长期受到低频噪声袭扰，容易造成神经衰弱、失眠、头痛等各种神经功能症，甚至会影响孕妇腹中的胎儿。

因此，长期在噪声环境下工作和生活，如果没有采取适当的防护措施，人们的健康水平要下降，对疾病的抵抗力减弱。这样，即使没有造成噪声性职业病，也容易诱发其他疾病。

（5）噪声影响正常生活及工作。人们从睡眠中被吵醒的概率与噪声级的大小、噪声的涨落、睡熟的深度，以及人的年龄、健康状况等有关。实验证明，当人们在睡眠状态中，40～50dB 的噪声就开始对正常人的睡眠产生影响；40dB 的连续噪声级使 10% 的人受到影响；70dB 的连续噪声级使 50% 的人受到影响；对于突然噪声，40dB 时可使 10% 的人惊醒，60dB 时则使 70% 的人惊醒。这样，如果经常受到噪声的干扰，就可能因睡眠不足而引起头痛、头昏、神经衰弱等。

此外，在一般场所交谈都受到环境噪声的干扰，评价噪声主要通过对交谈的影响程度，因为清楚而不费力地听懂对方的讲话是基本要求。不同噪声的干扰程度不同，见表 2-2。

表 2-2　　　　　　　　　　　　噪声对谈话干扰的程度

噪声级（dB）	主观感受	能进行正常交谈的最大距离（m）	电话通话质量
45	安静	10	很好
55	稍吵	3.5	好
65	吵	1.2	较困难
75	很吵	0.3	困难
85	太吵	0.1	不可能

2.2 声环境质量标准

制定噪声标准是噪声治理的首要问题。目前国内外出现的标准有两大类：一类是机械产品噪声标准；另一类是听力和环境保护方面的噪声标准。在各种情况下都可以根据噪声影响的大小来制定标准。由于人的活动性质主要有工农业生产、交谈思考、睡眠休息三种，所以基本的噪声标准也只需要三种：生产中的听力保护、交谈中保证语言清晰度和休息时不受干扰。表 2-3 是根据这三方面的要求提出的噪声标准，表中的值都是等效连续 A 声级。理想值是无任何干扰或危害的情况，可作为最高标准；极大值允许有一定干扰或危害（睡眠干扰 23%，交谈距离 2m，电话稍有困难，听力保护 80%），但不到严重程度。在实际应用中要根据环境和经济性选定这两者之间的具体值为噪声标准。

表 2-3　　　　　　　　　　　　　　　　　噪声标准

适用范围	理想值 [dB/(A)]	极大值 [dB/(A)]
睡眠	35	50
交谈、思考	45	60
听力保护	75	90

ISO（International Organization for Standardization，国际标准化组织）1971 年提出的噪声允许标准规定：每天工作 8h，允许连续噪声的噪声级为 85～90dB(A)；工作时间减半，噪声允许提高 3dB；工作时间越短，允许的噪声级越高，但最高不得超过 115dB，超过 115dB 时必须采取护耳措施。表 2-4 是 ISO 建议的以 85dB(A) 和 90dB(A) 两个标准下的随时间减半噪声级增加 3dB(A) 的列表，表中规定的噪声标准是指人耳位置的稳态 A 声级或间断噪声的等效连续 A 声级。

表 2-4　　　　　　　　　　　　　　ISO 建议的噪声允许标准

每天允许暴露时间（h）	噪声级 [dB(A)]	噪声级 [dB(A)]
8	85	90
4	88	93
2	91	96
1	94	99
0.5	97	102

2.2.1 声环境质量标准

(1) GB 3096—2008《声环境质量标准》。为保障城乡居民正常生活、工作和学习的声环境质量，GB 3096—2008 规定了五类声环境功能区的环境噪声限值及测量方法，适用于声环境质量评价与管理；不适用于机场周围区域受飞机通过（起飞、降落、低空飞越）噪声的影响。

GB 3096—2008 将声环境功能区按区域的使用功能特点和环境质量要求分为以下五种类型：

0 类声环境功能区：指康复疗养区等特别需要安静的区域。

1 类声环境功能区：指以居民住宅、医疗卫生、文化教育、科研设计、行政办公为主要功能，需要保持安静的区域。

2 类声环境功能区：指以商业金融、集市贸易为主要功能，或者居住、商业、工业混杂，需要维护住宅安静的区域。

3 类声环境功能区：指以工业生产、仓储物流为主要功能，需要防止工业噪声对周围环境产生严重影响的区域。

4 类声环境功能区：指交通干线两侧一定距离之内，需要防止交通噪声对周围环境产生严重影响的区域，包括 4a 类和 4b 类两种类型。4a 类为高速公路、一级公路、二级公路、城市快速路、城市主干路、城市次干路、城市轨道交通（地面段）、内河航道两侧区域；4b 类为铁路干线两侧区域。

各类声环境功能区适用表 2-5 规定的环境噪声等效声级限值。

表 2-5　　　　　　　　　　　　环境噪声限值　　　　　　　　　　dB（A）

声环境功能区类别（类）		时　段	
		昼间	夜间
0		50	40
1		55	45
2		60	50
3		65	55
4	4a	70	55
	4b	70	60

其中，表 2-5 中 4b 类声环境功能区环境噪声限值，适用于 2011 年 1 月 1 日起环境影响评价文件通过审批的新建铁路（含新开廊道的增建铁路）干线建设项目两侧区域；穿越城区的既有铁路干线和穿越城区的既有铁路干线改建、扩建的铁路建设项目的铁路干线两侧区域不通过列车时的环境背景噪声限值，按昼间 70dB（A）、夜间 55dB（A）执行。既有铁路干线指 2010 年 12 月 31 日前已建成运营的铁路或环境影响评价文件已通过审批的铁路建设项目。各类声环境功能区夜间突发噪声，其最大声级超过环境噪声限值的幅度不得高于 15dB（A）。

（2）GB/T 15190—2014《声环境功能区划分技术规范》。为执行 GB 3096—2008，指导声环境功能区划分工作，GB/T 15190—2014 规定了声环境功能区划分的原则和方法。

城市区域应按照 GB/T 15190 的规定划分声环境功能区，分别执行本标准规定的 0、1、2、3、4 类声环境功能区环境噪声限值。城市区域区域声环境功能区划分次序为宜首先对 0、1、3 类功能区进行确认划分，其余划分为 2 类声环境功能区，在此基础上划分 4 类声环境功能区。

0 类声环境功能区：适用于康复疗养区等特别需要安静的区域。该区域内及附近区域应无明显噪声源，区域界限明确。

1 类声环境功能区：城市用地现状已形成一定规模或近期规划已明确主要功能的区域，其用地性质符合 1 类声环境功能区规定的区域；I 类用地〔包括 GB 50137—2011 中规定的居住用地（R类）、公园绿地（G1类）、行政办公用地（A1类）、文化设施用地（A2类）、教育科研用地（A3类）、医疗卫生用地（A5类）、社会福利设施用地（A6类）]占地率大于70%（含70%）的混合用地区域。

2类声环境功能区：城市用地现状已形成一定规模或近期规划已明确主要功能的区域，其用地性质符合2类声环境功能区规定的区域；划定的0、1、3类声环境功能区以外居住、商业、工业混杂区域。

3类声环境功能区：城市用地现状已形成一定规模或近期规划已明确主要功能的区域，其用地性质符合3类声环境功能区规定的区域；Ⅱ类用地［包括GB 50137—2011中规定的工业用地（M类）和物流仓储用地（W类）]占地率大于70%（含70%）的混合用地区域。

4a类声环境功能区划分：将交通干线边界线外一定距离内的区域划分为4a类声环境功能区。距离的确定方法：相邻区域为1类声环境功能区，距离为50m±5m；相邻区域为2类声环境功能区，距离为35m±5m；相邻区域为3类声环境功能区，距离为20m±5m。当临街建筑高于三层楼房以上（含三层）时，将临街建筑面向交通干线一侧至交通干线边界线的区域定为4a类声环境功能区。

4b类声环境功能区划分：交通干线边界线外一定距离以内的区域划分为4b类声环境功能区。距离的确定方法同4a类声环境功能区划分。

乡村声环境功能的确定，按GB 3096的规定执行：①位于乡村的康复疗养区执行0类声环境功能区要求；②村庄原则上执行1类声环境功能区要求，工业活动较多的村庄及有交通干线经过的村庄（指执行4类声环境功能区要求以外的地区）可局部或全部执行2类声环境功能区要求；③集镇执行2类声环境功能区要求；④独立于村庄、集镇之外的工业、仓储集中区执行3类声环境功能区要求；⑤位于交通干线两侧一定距离（参考GB/T15190第83条规定）内的噪声敏感建筑物执行4类声环境功能区要求。

（3）GB 9660—1988《机场周围飞机噪声环境标准》。本标准规定了适用于机场周围受飞机通过所产生噪声影响的区域的噪声标准值。采用一昼夜的计权等效连续感觉噪声级作为评价量用Lwecpn表示，单位dB。各适用区域的标准值为特殊住宅区，居住、文教区≤70dB；除一类区域以外的生活区≤75dB；标准同时配有测量方法。

（4）GB 10070—1988《城市区域环境振动标准》。本标准规定了城市各类区域铅垂向Z振级标准值，适用于连续发生的稳态振动、冲机振动和无规振动，标准同时配有监测方法，单位dB。各适用地带在昼间和夜间的标准分别为特殊住宅区65、65dB；居民、文教区70、67dB；混合区、商业中心区75、72dB；工业集中区75、72dB；交通干线通路两侧75、72dB；铁路干线两侧80、80dB。

2.2.2　环境噪声排放标准

（1）GB 12523—2011《建筑施工场界环境噪声排放标准》。GB 12523—2011规定了建筑施工场界环境噪声排放限值及测量方法，适用于周围有噪声敏感建筑物的建筑施工噪声排放的管理、评价及控制。市政、通信、交通、水利等其他类型的施工噪声排放可参照本标准执行。不适用于抢修、抢险施工过程中产生噪声的排放监管。

GB 12523—2011规定建筑施工过程中场界环境噪声昼间不超过70dB（A），夜间不得超过55dB（A）。夜间噪声最大声级超过限值的幅度不得高于15dB（A）。当场界距噪声敏感建筑物较近，其室外不满足测量条件时，可在噪声敏感建筑物室内测量，并将相应的限值减10dB（A）作为评价依据。

（2）GB 22337—2008《社会生活环境噪声排放标准》。GB 22337—2008 根据现行法律对社会生活噪声污染源达标排放义务的规定，对营业性文化娱乐场所和商业经营活动中可能产生环境噪声污染的设备、设施规定了边界噪声排放限值和测量方法。该标准适用于对营业性文化娱乐场所、商业经营活动中使用的向环境排放噪声的设备、设施的管理、评价与控制。社会生活噪声排放源边界噪声不得超过表 2-6 规定的排放限值。在社会生活噪声排放源边界处无法进行噪声测量或测量的结果不能如实反映其对噪声敏感建筑物影响程度的情况下，噪声测量应在可能受影响的敏感建筑物窗外 1m 处进行。当社会生活噪声排放源边界与噪声敏感建筑物距离小于 1m 时，应在噪声敏感建筑物的室内测量，并将表 2-6 中相应的限值减10dB（A）作为评价依据。在社会生活噪声排放源位于噪声敏感建筑物内情况下，噪声通过建筑物结构传播至噪声敏感建筑物室内时，噪声敏感建筑物室内等效声级不得超过表 2-6 规定的限值。

表 2-6　　　　　　　　社会生活噪声排放源边界噪声排放限值　　　　　　　　dB（A）

边界外声环境功能区类别（类）	时段	
	昼间	夜间
0	50	40
1	55	45
2	60	50
3	65	55
4	70	55

（3）GB 12348—2008《工业企业厂界环境噪声排放标准》。GB 12348—2008 规定了工业企业和固定设备厂界环境噪声排放限值及其测量方法。该标准适用于工业企业噪声排放的管理、评价及控制，机关、事业单位、团体等对外环境排放噪声的单位也按其规定执行。

工业企业厂界环境噪声规定限值与表 2-6 等同。夜间频发噪声的最大声级超过限值的幅度不得高于 10dB（A）；夜间偶发噪声的最大声级超过限值的幅度不得高于 15dB（A）；工业企业若位于未划分声环境功能区的区域，当厂界外有噪声敏感建筑物时，由当地县级以上人民政府参照 GB 3096 和 GB/T 15190 的规定确定厂界外区域的声环境质量要求，并执行相应的厂界环境噪声排放限值。当厂界与噪声敏感建筑物距离小于 1m 时，厂界环境噪声应在噪声敏感建筑物的室内测量，并将相应的限值减去 10dB（A）作为评价依据。

当固定设备排放的噪声通过建筑物结构传播至噪声敏感建筑物室内时，噪声敏感建筑物室内等效声级不得超过表 2-7 和表 2-8 规定的限值。

（4）《关于发布〈铁路边界噪声限值及其测量方法〉（GB 12525—1990）修改方案的公告》。为防治铁路噪声污染，对国家环境噪声排放标准 GB 12525—1990《铁路边界噪声限值及测量方法》进行修改。修改方案自 2008 年 10 月 1 日起实施。其中，GB 12525—1990 规定了城市铁路边界噪声的限值及其测量方法。昼、夜间噪声限值均为 70dB（A）（等效声

表 2-7　　　　　　　　　结构传播固定设备室内噪声排放限值（等效声级）　　　　dB（A）

房间类型　　　　　　　　噪声敏感建筑物所处环境功能区别	A类房间		B类房间	
时段	昼间	夜间	昼间	夜间
0	40	30	40	30
1	40	30	45	35
2、3、4	45	35	50	40

注　A类房间指以睡眠为主要目的，需要保证夜间安静的房间，包括住宅卧室、医院病房、宾馆客房等；B类房间指主要在昼间使用，需要保证思考与精神集中、正常讲话不被干扰的房间，包括学校教室、会议室、办公室、住宅中卧室以外的其他房间等。

表 2-8　　　　　　　　　结构传播固定设备室内噪声排放限值（倍频带声压级）　　　　dB

噪声敏感建筑所处声环境功能区类别	时段	倍频带中心频率（Hz）　　　　　房间类型	室内噪声倍频带声压级限值				
			31.5	63	125	250	500
0	昼间	A、B类	76	59	48	39	34
	夜间	A、B类	69	51	39	30	24
1	昼间	A类	76	59	48	39	34
		B类	79	63	52	44	38
	夜间	A类	69	51	39	30	24
		B类	72	55	43	35	29
2、3、4	昼间	A类	79	63	52	44	38
		B类	82	67	56	49	43
	夜间	A类	69	51	39	30	24
		B类	72	55	43	35	29

级）。修改后昼、夜间噪声限值分别为 70、60dB（A）。测量应采用 GB 3785.1—2010 中规定的Ⅱ或Ⅱ型以上的积分声级计或其他相同精度的测量仪器，在无雪、无雨、小于四级风时，选择昼、夜间接近其机车车辆运行平均密度的某一小时进行测量。传声器置于铁路边界高于地面 1.2m，距反射物不小于 1m 处，测量时采用"快挡"。采样间隔为 1s。标准同时附有测量记录表。

（5）GB 4569—2005《摩托车和轻便摩托车定置噪声排放限值及测量方法》。GB 4569—2005 规定了摩托车（赛车除外）和轻便摩托车定置噪声限值（见表 2-9 和表 2-10）及测量方法。本标准适用于在用摩托车和轻便摩托。为防治摩托车噪声污染，促进摩托车制造行业的可持续发展和技术进步，GB 16169—2005《摩托车和轻便摩托车加速行驶噪声限值及测量方法》代替 GB 16169—1996 中的加速行驶噪声限值部分和 GB/T 4569—1996 中的加速行驶噪声测量方法部分。本标准规定了摩托车（赛车除外）和轻便摩托车加速行驶噪声限值及测量方法。本标准适用于摩托车和轻便摩托车的型式核准和生产一致性检查。

表 2-9　　　　　　　　摩托车和轻便摩托车定置噪声排放限值

发动机排量 V_h（mL）	噪声限值［dB（A）］	
	第一阶段	第二阶段
	2005 年 7 月 1 日前生产的摩托车和轻便摩托车	2005 年 7 月 1 日起生产的摩托车和轻便摩托车
≤50	85	83
>50 且≤125	90	88
>125	94	92

表 2-10　　　　　　　　摩托车和轻便摩托车加速行驶噪声限值

发动机排量 V_h（mL）	噪声限值［dB（A）］			
	第一阶段		第二阶段	
	2005 年 7 月 1 日前		2005 年 7 月 1 日起	
	两轮摩托车	三轮摩托车	两轮摩托车	三轮摩托车
>50 且≤80	77	82	75	80
>80 且≤175	80		77	
>175	82		80	

设计最高车速 v_m（km/h）	噪声限值［dB（A）］			
	第一阶段		第二阶段	
	2005 年 7 月 1 日前		2005 年 7 月 1 日起	
	两轮轻便摩托车	三轮轻便摩托车	两轮轻便摩托车	三轻轻便轮摩托车
>50 且≤80	73	76	71	76
>80 且≤175	80		66	

（6）GB 19757—2005《三轮汽车和低速货车加速行驶车外噪声限值及测量方法（中国Ⅰ、Ⅱ阶段）》。将"三轮农用运输车"更名为"三轮汽车"，将"四轮农用运输车"更名为"低速货车"。该标准规定了两个实施阶段的三轮汽车和低速货车型式核准和生产一致性检查试验的加速行驶车外噪声限值（见表 2-11）及其测量方法。适用于三轮汽车和低速货车的型式核准和生产一致性检查。

GB 16170—1996《汽车定置噪声限值》规定了汽车定置噪声的限值（见表 2-12），适用于城市道路允许行驶的在用汽车。所有汽车都必须符合 GB/T 18697—2002《声学 汽车车内噪声测量方法》和 GB 1495—2002《汽车加速行驶车外噪声限值及测量方法》。

表 2-11　　　　　　　三轮汽车和低速货车加速行驶车外噪声限值

实验性质	实施阶段	噪声限值［dB（A）］	
		装多缸柴油机的低速货车	三轮汽车及装单缸柴油机的低速货车
型式核准	第Ⅰ阶段	≤83	≤84
	第Ⅱ阶段	≤81	≤82
生产一致性检查	第Ⅰ阶段	≤84	≤85
	第Ⅱ阶段	≤82	≤83

注　型式核准执行日期第Ⅰ阶段，2005 年 7 月 1 日；型式核准执行日期第Ⅱ阶段，2007 年 7 月 1 日。

表 2-12 汽车定置噪声限值

车辆类型	车辆出厂信息 燃料种类		1998 年 1 月 1 日前	1998 年 1 月 1 日起
轿车	汽油		87	85
微型客车、货车	汽油		90	88
轻型客车、货车、 越野车	汽油	$n_r \leqslant 4300 \text{r/min}$	94	92
		$n_r > 4300 \text{r/min}$	97	95
	柴油		100	98
中型客车、货车、 大型客车	汽油		97	95
	柴油		103	101
重型货车	$N \leqslant 147 \text{kW}$		101	99
	$N > 147 \text{kW}$		105	103

2.3 噪 声 测 量

为了评价和控制噪声，必须对噪声源进行测量。声压、质点振动速度、阻抗、声强和声功率等都是主要的声学量。在这些量中，除了声压能直接测量且方法简单外，其他量的测量相对比较复杂，一般需由测得的声压通过计算求得，但这些计算结果只在理想条件下（即自由声场情况，如全消声室内）才成立。在现实声场中，这些量的关系往往比较复杂。由于用声功率来表征噪声源的特性比用声压更为确切，目前人们已研究出直接测量声强以测得声功率的方法，这是声学测量中的新发展，但测量声压仍然是声学测量中最基本和最主要的方式。

2.3.1 声压测量

如何接收声波并将其转换为特定的电学参量，是任何声学测量仪器或测量系统都要面临的一个基本问题。如前所述，描述声波特性最基本的物理量是声压，它是测量声强、声功率等物理量的基础。另外，测量声压比测量质点振动速度和位移更简单更直接。因此，声压测量是声学测量的基础，其测量的准确度关系到整个测量任务的成败。

声波的接收是声学测量的基础和首要环节。在空气介质中最常用的接收声波的传感器称为传声器（microphone，俗称麦克风）。传声器的振膜在声场中由于受到声波产生的力的作用而振动，然后通过某种力电换能方式将此振动转换为输出电信号。

为了测量声场中某一点的声压，必须将传声器置于该点。在声场中，传声器相当于一个弹性体障碍物，由于该障碍物的存在，入射声波在此会发生散射。因此，由于传声器的放置使原来的声场受到干扰而发生畸变，传声器实际接收到的声波是已经发生畸变的声波。为了了解发生畸变的原因和畸变后声场的规律，在研究声波接收原理时还必须掌握障碍物对声波散射的规律。障碍物引起的声波散射现象很复杂，通常先假定障碍物对声场不产生畸变，然后再考虑障碍物对声波接收特性的影响。利用散射引起的压强增量曲线可以对测量传声器引起的声场畸变作修正。

一般传声器常用来接收声场中某点的声波，接收声波的方式有四种：压强式、压差式、压强与压差复合式和多声道干涉式。在声学测量中测量精度较高的通常是压强式。因此，本书只讨论压强式传声器的声波接收原理。

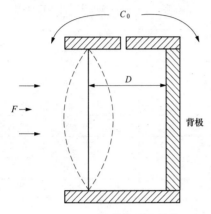

图 2-3　压强式传声器的结构

压强式传声器对声压的压强变化发生响应。它的结构很简单，如图 2-3 所示，在一密封腔上固定一个受声振膜。密封腔上有一小孔，它使腔内平均压强与周围大气压保持平衡，当此装置置于某空间时，如果该空间内不存在声场，则腔内外压强相同，作用在膜片上的合力为零；如果有声波入射，则振膜在腔外的一侧受到声压 p 的作用。假设振膜的面积为 S，接收时对声场扰动不大，而膜片上声压是均匀分布的，则振膜上就产生合力

$$F = [(p_0 + p) - p_0]S = pS \tag{2-1}$$

式中：p_0 为振膜周围大气静压强。

在此力的作用下振膜产生振动，通过力电换能器，振动转换为电信号输出。因此，测得这个输出信号就可以求出声场中对应的声压。

如果声波斜入射到振膜，且振膜尺度与声波波长相当时，则作用在振膜各部分的声压的振幅和相位也不相同，此时振膜受到的合力为

$$F = \iint_S p \, \mathrm{d}S \tag{2-2}$$

式中：p 为作用于振膜某点的声压。

假设振膜为圆形，其半径为 a。入射声波来自较远的点声源，则声压为

$$p = \frac{A}{r} \mathrm{e}^{\mathrm{j}(\omega t - kr)} \tag{2-3}$$

式中：A 为常数，与声源强度成正比；r 为振膜作用点与点声源的距离。

若声波以 θ 角斜入射，则

$$F = \frac{A}{r} S \mathrm{e}^{\mathrm{j}(\omega t - kr)} \frac{2 J_1(ka \sin\theta)}{ka \sin\theta} \tag{2-4}$$

式中：S 为膜片面积，$S = \pi a^2$，m^2；J_1 为一阶贝塞尔函数。

由式（2-4）可知，作用到传声器上的合力与声波入射方向有关，也就是说，传声器具有指向性。当 $ka = 2\pi a / \lambda < 1$ 时，式（2-4）近似为

$$F = \frac{A}{r} S \mathrm{e}^{\mathrm{j}(\omega t - kr)} \tag{2-5}$$

这时传声器没有指向性。因此，利用压强原理制成的传声器在低频率时常常是无指向性的。

一个理想的声学测量用的传声器应有如下特性：自由声场电压灵敏度高、频响特性宽、动态范围大、体积小，而且不随温度、气压、湿度等环境条件而变化。传声器的分类方法有多种，若按换能方式分类，可分为电动式、电容式和压电式等。压电传声器不需要用极化电压，能在湿度较高的环境下工作，并且具有平直的频响特性，但其灵敏度较低，与同尺寸的电容传声器相比，灵敏度要低 20dB 以上，一般用于普通声级计。目前，在声学测量中最常用的是电容传声器，它具有理想传声器所要求的各种特性。

　　如图 2-4（a）所示，电容传声器主要由紧靠着的后极板和绷紧的金属膜片组成，后极板和膜片相互绝缘，构成一个以空气为介质的电容器。当声波作用在膜片上时，膜片与后极板的间距发生变化，电容也随之变化，这就产生一个交变电压信号输送到前置放大器中去。电容传声器和前置放大器的电路如图 2-4（b）所示。其中，E_0 为极化电压，C_1 为传声器头的静态电容，C_i、R 为前置放大器的输入电容和电阻，C_s 为杂散电容，$\Delta C(t)$ 为声波作用后传声器头的电容变化，V_0 为开路输出电压。

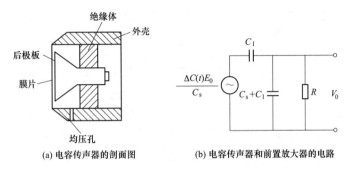

(a) 电容传声器的剖面图　　　　　　(b) 电容传声器和前置放大器的电路

图 2-4　电容传声器

　　由图 2-4（b）可知：

$$V_0 = \frac{\Delta C(t)}{C_1} E_0 \cdot \frac{\mathrm{j}\omega RC}{1 + \mathrm{j}\omega RC} \tag{2-6}$$

其中，$C = C_1 + C_i + C_s$。

　　当 R 很大时，可得

$$V_0 = \frac{\Delta C(t)}{C_1} E_0 \tag{2-7}$$

声波作用后，传声器头的电容变化与静态电容之比为

$$\frac{\Delta C(t)}{C_1} = \frac{d(t)}{D} - \left[\frac{d(t)}{D}\right]^2 + \cdots \tag{2-8}$$

式中：$d(t)$ 为声波作用后膜片的位移；D 为无外力作用时传声器头电容极板之间的距离。

　　通常情况下，$d(t) \ll D$，所以可略去高次项，将式（2-8）代入式（2-7），得

$$V_0 = \frac{d(t)}{D} E_0 \tag{2-9}$$

　　由式（2-9）可知，电容传声器的开路输出电压与极化电压及膜片的位移成正比，与膜片和后极板间的静态距离成反比。极化电压和静态距离可以保持恒定，只要膜片的位移振幅与频率无关，则传声器的输出可具有平直的频率响应。要达到这点，只要把膜片设计在弹性控制状态，即将膜片的固有频率设计为远超过工作频率范围，这时就可使膜片的位移振幅与频率无关。

　　电容传声器具有频率范围宽、频率响应平直、灵敏度变化小、稳定性好等优点，多用于精密声级计中。缺点是内阻高，需要用阻抗变换器与后面的衰减器和放大器匹配，而且要加极化电压才能正常工作。另外，其膜片容易损坏，故使用时要特别小心。电容传声器的灵敏

度单位为 V/Pa（或 mV/Pa），并以 1 V/Pa 为参考 0(dB)得到灵敏度级。

驻极体电容传声器近年来发展很快，其结构与普通电容传声器相似，也可直接用镀金属的驻极体薄膜，性能与电容传声器接近，并且不需要极化电压。

必须注意，当传声器置于声场中进行测量时，若作用声波的波长与传声器大小可比拟，传声器会对声场产生干扰并且有指向性。当声波正入射时，此干扰是由于声波入射到传声器上产生反射和衍射所造成的，因而使作用于传声器膜片上的实际声压不同于自由声场声压，即存在一个声压增量。实际作用于膜片的声压，随波长的减小而增加，极端情况下可为自由声场声压的两倍。这种反射效应与声波的波长、声波的入射方向、传声器的尺寸和形状有关。当波长大于传声器的尺寸（约 10 倍以上）时，这种效应可以忽略不计。因此，传声器的尺寸与测量的关系很大，是选择传声器时应考虑的重要因素之一，通常在频率范围满足测量基本要求的前提下，尽量选用大尺寸的传声器，以得到较大输出。

此外，传声器灵敏度随声波入射方向的变化而不同，这种特性称为传声器的指向性。对于不同类型的声场，传声器灵敏度频响特性也不相同。正对声源测量时，高频率声波的衍射现象使膜片上有效声压加大。利用此现象，使传声器频率响应平直，这就是声强型传声器。声压型传声器则不利用这种衍射现象，在使用时要使声传播方向与膜片平行，因此在混响声场中测量时最好用小型传声器。

2.3.2 频谱测量

在噪声测量中，只测量噪声的强度往往是不够的，因为这个数据是各种频率声音的平均结果。为了更好地了解噪声的特性，常常需要知道声压级与频率之间的函数关系，也就是说，需要将时间域中的数据转变为频率域中的数据，能完成这种转变的设备就是频率分析仪或称为频谱分析仪。

关于信号的时间域和频率域的数学处理是属于傅里叶变换领域的。对任意一个信号，若我们知道其时间函数 $f(t)$，则可以应用傅里叶变换，求得此信号的频谱函数 $f(\omega)$；反之，若知道信号的频谱函数 $F(\omega)$，则可以应用傅里叶逆变换，求得此信号的时间函数 $f(t)$。

1. 快速傅里叶变换（FFT）

在模拟信号的分析和处理中，广泛地应用傅里叶变换。随着计算机和数字化技术的迅速发展，随时间变化的连续信号经过采集系统，变成了离散的数字化信号，相应的处理方法也发展了，连续傅里叶变换发展成为离散傅里叶变换（DFT）。

离散傅里叶变换的定义是

$$A_n = \sum_{k=0}^{N-1}(X_k W^{-kn}) \tag{2-10}$$

式中：A_n 为离散傅里叶变换的第 n 个系数；X_k 为具有 N 次采样时间序列中的第 k 个采样值。

其中 $$W = e^{j2\pi/N}, \quad n、k = 0, 1, \cdots, N-1$$

同样可以导出离散傅里叶逆变换（IDFT）为

$$X_k = \frac{1}{N}\sum_{n=0}^{N-1}(A_n W^{kn}) \tag{2-11}$$

离散傅里叶变换的一个重要性质是采样序列的离散傅里叶变换和采样值所表示连续波形的傅里叶变换之间有直接对应的关系。

离散傅里叶变换是处理离散数字信号的一个方法，而快速傅里叶变换是一种计算离散傅里叶变换的高效方法。也就是说，快速傅里叶变换是一种快速的计算手段，应用计算机作功率谱分析和滤波器模拟时，它可以简化分析程序，提高效率。

快速傅里叶变换的基本原理是利用 W^N-1 的性质，把计算离散傅里叶变换系数所需要进行的乘法运算次数从 N^2 次压缩到 $(N/2)\log_a N$ 次，a 为任取的正整数，一般取 $a=2$。例如，$N=1024$，$N^2=1\,048\,576$，而 $(N/2)\log_2 N=5120$，运算次数减少约为原来的 1/205。在实际问题中，N 值都是很大的，N 值越大，压缩的次数越多。一般计算机中乘法计算需要的时间较长，加减法需要的时间较短，因此乘法运算次数的减少可以大大节省计算时间，同时还能适当地减少依附于这些计算的舍入误差。因此，采用快速傅里叶变换来计算离散傅里叶变换，推动了频谱、相关函数、功率谱等技术的实际应用。

2. 窗函数

在声信号处理中，窗函数是一种在给定区间之外取值均为 0 的实函数。例如，在给定区间内为常数而在区间外为 0 的窗函数被形象地称为矩形窗。任何函数与窗函数之积仍为窗函数，所以相乘的结果就像透过窗口"看"其他函数一样。但是，包括矩形窗在内的所有窗函数都会对待测频谱产生影响。

对于有限长信号样本进行傅里叶分析时，相当于加了一个矩形窗，会导致泄漏。在功率谱密度估计时会产生严重误差。从物理概念上讲，泄漏也可以看成是由于有限长信号样本在采样开始和末尾部分不连续而引起的。例如，当采样长度 T 是信号周期的整数倍时，两端连续，无泄漏；否则，两端不连续，产生泄漏。因此，抑制泄漏的一个常用方法就是采用特别设计的窗函数，又称时域加权或时域加窗，以消除采样始末端的不连续性。

目前使用的窗函数多达数十种，如汉宁窗、平顶窗、矩形窗、力窗、指数窗等，其中最普遍采用的是汉宁窗（Hanning window），汉宁窗函数的定义为

$$\omega_H(t)=\begin{cases}\dfrac{1}{2}\times\left(1-\cos\dfrac{2\pi t}{T}\right) & 0\leqslant t\leqslant T\\[2mm]0 & t\ \text{取其他值}\end{cases} \tag{2-12}$$

不同窗函数适用于不同的声信号，如汉宁窗主要用于随机信号分析，以减小功率泄漏；平顶窗适合于正弦信号分析，以保证幅值精度；矩形窗主要用于瞬态信号分析；在频率响应函数测试中对脉冲力信号使用力窗，以提高信噪比；在频率响应函数测试中对脉冲响应信号使用指数窗，以防止信号截断现象，减小功率泄漏，提高信噪比。

3. 滤波器

频率分析仪的核心是滤波器，图 2-5 所示为一个理想带通滤波器的频率响应关系图，带宽为 f_2-f_1。滤波器的作用是让 f_1 和 f_2 之间的所有频率通过，且不影响其幅值和相位，而不让 f_1 以下和 f_2 以上的任何频率通过。

滤波器可以是模拟的，也可以是数字的，可以制造得接近理想滤波器，但成本高且很耗时，实际上也没有必要。故大多数滤波器制成如图 2-5 所示图线的形状。频率 f_1 和 f_2 处输出比中心频率 f_0 小 3dB，称之为下限和上限截止频率。中心频率 f_0 与截止频率 f_1、f_2 的关系为

$$f_0=\sqrt{f_1 f_2} \tag{2-13}$$

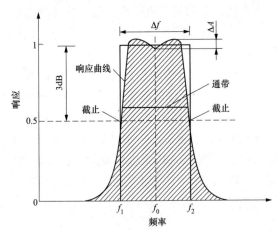

图 2-5 滤波器的频率响应

滤波器的边缘斜率对其输出影响很大，斜率越大则越接近理想滤波器。

频率分析仪通常分两类，一类是恒定带宽分析仪，另一类是恒定百分比带宽分析仪。恒定带宽分析仪用一固定滤波器，用外差法将信号频率移到滤波器的中心频率处，因此带宽与信号频率无关。一般噪声测量用恒定百分比带宽分析仪，其滤波器的带宽，是中心频率的一个恒定百分比值，故带宽随中心频率的增加而增大，即高频时的带宽比低频时宽。对于测量无规噪声或振动，这种分析仪特别有用。最常用的有倍频程和 1/3 倍频程频率分析仪。

上述分析仪都是扫频式的，即被分析的信号在某一时刻只通过一个滤波器，故这种分析是逐个频率逐点分析的，只适用于分析稳定的连续噪声，对于瞬时的噪声要用这种分析方法测量时，必须先用记录器将信号记录下来，然后连续重放，使之形成一个连续的信号再进行分析。

近年发展的实时频率分析仪，能将一个需要分析的声信号同时通过所有的滤波器，分析得到的数据以即时的速度输出，在屏幕上显示出整个频谱图，即可实时观察被测信号强度和频谱的变化情况。另外，还有采用快速傅里叶变换（FFT）技术的数字频率分析仪，计算出频率分量，为信号提供恒定带宽、窄带或比例带宽分析。这种分析仪适用于分析连续和瞬态信号，能显示出被测信号的即时频谱和平均频谱，同时能显示它们的时间函数。

4. 小波分析技术

小波分析源于传统的信号分析，它是 20 世纪 80 年代以来比较热门的一个国际前沿领域，被认为是常规傅里叶分析方法的一个突破性进展。原则上讲，传统的使用傅里叶分析的情况，现在都可以用小波分析取代。小波分析与窗口傅里叶分析都属于时频分析，然而它们在性质上还是颇有差异的。其中，最主要的是窗口傅里叶分析对不同的频率成分在时间域上的取样步长均相同，而小波分析则利用小波的伸缩和时移特性，对不同的频率成分在时间域上的取样步长是具有调节性的，高频者小，低频者大。因此，小波分析优于傅里叶分析的一个显著特点是小波分析在时间域和频率域上同时具有良好的局部化性质。由于对高频成分采用逐步精细的时间域或空间域取样步长，从而可以聚焦到对象的任意细节，因此它被誉为"数字显微镜"。目前，相对于傅里叶分析，小波分析正在甚至已经更为有效地应用于瞬态噪声信号分析、声信号分离、声信号特性提取、声源鉴别等领域，且在声信号分析中的应用领域正在不断拓宽。

2.3.3 声功率测量

声源的声功率是声源在单位时间内发出的总能量。它与测量点离声源的距离及外界条件无关，是声源的重要声学量。

国际标准化组织（ISO）先后颁布了一系列关于测量噪声源声功率方法的国际标准，部分见表 2-13。参考 ISO 标准，我国自 20 世纪 80 年代开始，先后制定了多种噪声源声功率测试标准，见表 2-14。

表 2-13   **ISO 颁布的部分噪声源声功率测试标准**

标准编号	精度分类	测试环境	声源体积	声源噪声特性	可获得声功率	可供选择的信息
3741	精密级	满足特殊要求的混响室	最好小于测试室体积的 1%	稳态、宽带	倍频程或 1/3 倍频程	A 计权声功率级
3742				稳态、窄带或离散概率		
3743	工程级	专用混响室	最好小于测试室体积的 1%	稳态、宽带、窄带或离散概率	A 计权、倍频程	其他计权声功率级
3744	工程级	户外或在大房间内	最大尺寸小于 15m	任意	A 计权、倍频程或 1/3 倍频程	指向性和声压级随时间变化
3745	精密级	消声室或半消声室	最好小于测试室体积的 0.5%	任意	A 计权、倍频程或 1/3 倍频程	指向性和声压级随时间变化
3746	简易级	没有专用的测试环境	只受现有测试环境限制	任意	A 计权	声压级随时间变化，其他计权声功率
3747	工程级或简易级	现场的近似混响声场符合规定要求	无限制，仅由可得到的测试环境决定	稳态、宽带、窄带或离散概率	由倍频程得到的 A 计权	声压级随时间变化

表 2-14   **我国颁布的噪声源声功率测试标准**

方法分类	标准号	精度分类	主要特点	声源体积	对应的 ISO 标准
声压法	GB/T 3767—2016	工程级	反射面上方近似自由声场的工程法	无限制，由有效测试环境限定	3744：2010
	GB/T 3768—2017	简易级	采用反射面上方采用包络测量表面的简易法	无限制，由有效测试环境限定	3746：2010
	GB/T 6881.1—2002	精密级	混响室精密法	小于混响室的 1%	3741：1999
	GB/T 6881.2—2017	工程级	混响场内小型可移动声源工程法、硬壁测试室比较法	小于混响室的 1%	3743-1：2010
	GB/T 6881.3—2002	工程级	专用混响室中工程法	小于混响室的 1%	3743-2：1994
	GB/T 16538—2008	简易级或工程级	使用标准声源消声室或半消声室	无限制	3747：2000
	GB/T 6882—2016	精密级	精密法	小于测试室体积的 0.5%	3745：2012
声强法	GB/T 16404—1996	精密级、工程级或简易级	离散点上的测量	无限制，测量表面由声源尺寸确定	9614-1：1993
	GB/T 16404.2—1999	工程级或简易级	扫描测量	无限制，测量表面由声源尺寸确定	9614-2：1996
	GB/T 16404.3—2006	精密级	扫描精密测量	无限制，测量表面由声源尺寸确定	9614-3：2002
振速法	GB/T 16539—1996	精密级	封闭机器测量	无限制	7849：2009

从测量参数分类，噪声源声功率的测量方法有声压法、声强法和振速法；从测量环境分类有自由声场法（消声室或半消声室）、混响室法（专用测试室或硬壁测试室）、户外声场法；从测量精度分类有精密法、工程法和简易法，又称1级、2级和3级精度，其特征由GB/T 14367—2006规定，见表2-15。

表 2-15 不同测量精度的特征

参量	精密法（1级）	工程法（2级）	简易法（3级）
测量环境	半消声室	室外或室内	室外或室内
评判标准	$K_2 \leqslant 0.5$dB	$K_2 \leqslant 2$dB	$K_2 \leqslant 7$dB
声源体积	最好小于测试室体积的0.5%	无限制，由测试环境限定	无限制，由测试环境限定
对背景噪声的限定	$\Delta L \geqslant 10$dB（如果有可能，大于15dB），$K_1 \leqslant 0.4$dB	$\Delta L \geqslant 6$dB（如果有可能，大于15dB），$K_1 \leqslant 0.4$dB	$\Delta L \geqslant 3$dB（如果有可能，大于15dB），$K_1 \leqslant 0.4$dB
测量数目	$\geqslant 10$	$\geqslant 9$	$\geqslant 4$

以上三种方法都适合各类噪声，如宽带、窄带、离散频率、稳态、非稳态、脉冲等；K_2是对A计权或频带的环境修正值，等于所测得的声功率级减去标准声源校准的声功率级；$K_1 = 10\lg(1 - 10^{-0.1\Delta L})$为背景噪声修正值，$\Delta L$等于被测声源工作期间的测量表面平均声压级减去测量表面平均背景噪声声压级。

1. 声压法

声压法是指通过测量声压值换算成声功率的方法。从声学环境来讲，总体上分为自由声场法和混响室法。

（1）自由声场法。产生自由声场的环境可以是消声室或半消声室，以及近似满足自由声场条件的室内或户外，根据所测量的精度不同，分为精密法、工程法和简易法三种。利用自由声场法可以测量无指向性声源和指向性声源的声功率。

1）无指向性声源辐射的声功率测量。若声源是放在自由空间中的无指向性声源，则在声源的声场处某个位置上，测量其声压级或频带声压级就可以计算出声功率级：

$$L_w = L_p + 20\lg r + 11 \qquad (2-14)$$

式中：r为声源与传声器的距离，m；L_p为距离声源r处的声压级，dB。

对于精密测量，要求测量在消声室内进行，消声室内各表面的吸声系数要大于0.99，传声器位置选择2～5倍于被测声源尺寸，通常不应小于1m，传声器位置离墙面的距离则不应小于被测信号波长的1/4。

2）指向性声源的声功率测量。对于指向性声源，当声源放在自由声场中时，必须测出声源周围固定距离处假想球面上各测量点的声压级，球的半径应该使测量点位于远场。测量点的数目不能太少，测得声压级之间的最大变化不得超过6dB，否则必须在更多的点上进行测量。

求声源的声功率时，应将假想球面分成与测量点数目相同的测量球。如果传声器测量点占有的测量球（或半球）的面积相等，可用式（2-15）求出表面平均声压级：

$$\overline{L}_p = 10\lg\left[\frac{1}{N}\left(\sum_{i=1}^{N} 10^{0.1 L_{pi}}\right)\right] \qquad (2-15)$$

式中：$\overline{L}_p$为表面平均声压级，dB；L_{pi}为第i次测量所得的频带声压级，dB；N为测量的次数。

如果传声器测量点占有的测量球（或半球）的面积不相等，则可应用式（2-16）求出表面平均声压级：

$$\overline{L}_p = 10\lg\left\{\frac{1}{S}\left[\sum_{i=1}^{N}(S_i 10^{0.1L_{pi}})\right]\right\} \tag{2-16}$$

式中：$\overline{L}_p$ 为表面平均声压级，dB；L_{pi} 为第 i 次测量所得的频带声压级；S_i 为第 i 次测量所属测量球（或半球）的面积；S 为测量球（或半球）的总面积。

这时，在自由声场中噪声的声功率级为

$$L_W = \overline{L}_p + 10\lg S_1 \tag{2-17}$$

式中：$\overline{L}_p$ 为测量球面上表面平均声压级。

在反射面上的自由声场中噪声的声功率级为

$$L_W = \overline{L}_p + 10\lg S_2 \tag{2-18}$$

其中，$S_1 = 4\pi r^2$，$S_2 = 2\pi r^2$。

为了使测量能有统一的规范，国际与国内标准规定了测量点位置。GB/T 6882—2016《声学　声压法测定噪声源声功率级和声能量级　消声室和半消声室精密法》中规定，为了获得测试球面（或半球面）的表面声压级，应使用下列四种规定的传声器排列之一，或采用满足要求的用户定义的传声器排列：采用固定传声器位置的阵列，这些位置分布在测试球面（或半球面）上，可以用单个传声器在相邻位置相继移动，也可以用许多固定传声器，相继采集或同时采集它们的输出信号；单个传声器沿测试球面（或半球面）上有规则间隔分布的几个圆形路径移动，也可将传声器固定，声源重复做 360° 的旋转；单个传声器沿测试球面（或半球面）上有规则间隔分布的几个子午弧线上移动；单个传声器围绕测试球面（或半球面）的垂直轴的螺旋形路径移动。

a. 固定的传声器位置：球面测试（自由声场、消声室测量）使用的阵列中 20 个传声器位置的坐标见表 2-16 所示的 1～20 个坐标点。通常，如果在所需考虑的任何频率中测得的最高和最低声压级分贝值之差在数值上小于测量点数的一半，则测量点数是足够的。如果采用 20 个测量点的阵列不能满足这个要求，则添加表 2-16 中的第 21～40 个坐标点。这两个阵列 40 个测量点在测试球面上占有相等的面积。

表 2-16　　　　　　　　　　　　　球面测试中传感器位置坐标

序号	x/r	y/r	z/r
1	−0.999	0	−0.050
2	0.494	−0.856	0.150
3	0.484	0.839	0.250
4	−0.468	0.811	0.350
5	−0.447	−0.773	0.450
6	0.835	0	0.550
7	0.380	0.658	0.650
8	−0.661	0	0.750
9	0.263	−0.456	0.850
10	0.312	0	0.950

续表

序号	x/r	y/r	z/r
11	0.999	0	−0.050
12	−0.494	0.856	−0.150
13	−0.484	−0.839	−0.250
14	0.468	−0.811	−0.350
15	0.447	0.773	−0.450
16	−0.835	0	−0.550
17	−0.380	−0.658	−0.650
18	0.661	0	−0.750
19	−0.263	0.456	−0.850
20	−0.312	0	−0.950
21	0.999	0	0.050
22	−0.494	−0.856	0.150
23	−0.484	0.839	0.250
24	0.468	0.811	0.350
25	0.447	−0.773	0.450
26	−0.835	0	0.550
27	0.380	0.658	0.650
28	0.661	0	0.750
29	−0.263	−0.456	0.850
30	−0.312	0	0.950
31	−0.999	0	−0.050
32	0.494	0.856	−0.150
33	0.484	−0.839	−0.250
34	−0.468	−0.811	−0.350
35	−0.447	0.773	−0.450
36	0.835	0	−0.550
37	0.380	−0.658	−0.650
38	−0.661	0	−0.750
39	0.263	0.456	−0.850
40	0.312	0	−0.950

如果用两阵列的 40 点不能满足测量点数的要求时，则应详细研究球面由声源的强指向性形成声束的声压级。这样的详细研究对测定测量所需频带内声压级的最高和最低值是必需的。按照该方法，传声器位置通常就不必在测量球面上占有相等的面积，而应按 GB/T 6882—2016 中的规定做适当的修正。

半球面测试（半自由声场、半消声室测量）使用的阵列中 20 个传声器的位置见表 2-17 和图 2-6 所示前的 20 个。相关考虑原则与球面测试（自由声场、消声室测量）相同。

表 2-17　　　　　　　　　半球面测试中传感器位置坐标

位置号	x/r	y/r	z/r
1	−1.000	0.000	0.025
2	0.499	−0.864	0.075
3	0.496	0.859	0.125
4	−0.492	0.853	0.175

位置号	x/r	y/r	z/r
5	−0.487	−0.844	0.225
6	0.961	0.000	0.275
7	0.000	0.947	0.320
8	−0.803	−0.464	0.375
9	0.784	−0.453	0.425
10	0.762	0.440	0.425
11	−0.737	0.426	0.525
12	0.000	−0.818	0.575
13	0.781	0.000	0.625
14	−0.369	0.639	0.675
15	−0.344	−0.596	0.725
16	0.316	−0.547	0.775
17	0.283	0.489	0.825
18	−0.484	0.000	0.875
19	0.000	−0.380	0.925
20	0.192	0.111	0.975
21	1.000	0.000	0.025
22	−0.499	0.861	0.075
23	−0.496	−0.859	0.125
24	0.492	−0.853	0.175
25	0.487	0.844	0.225
26	−0.961	0.000	0.275
27	0.000	−0.947	0.320
28	0.803	0.464	0.375
29	−0.784	0.453	0.425
30	−0.762	−0.440	0.475
31	0.737	−0.426	0.525
32	0.000	0.816	0.575
33	−0.781	0.000	0.625
34	0.369	−0.639	0.675
35	0.344	0.596	0.725
36	−0.316	0.547	0.775
37	−0.283	−0.489	0.825
38	0.484	0.000	0.875
39	0.000	0.380	0.925
40	−0.192	−0.111	0.975

　　b. 平行平面内同轴的圆形路径（消声室或半消声室测量）。单个传声器沿圆形路径连续移动，声压级做空间和时间的平均。在半自由声场情况，最少要 5 个路径，选择的路径见图 2-7，这样选择是为了使每个环形面积相等。对发射离散频率声波的特殊声源，至少要 20 个路径，每个路径的高度见表 2-17。在自由声场情况，这些路径依次增加到 10 个和 40 个，在

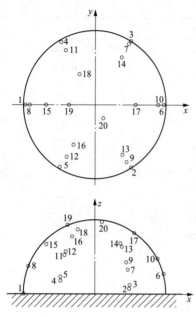

图 2-6　半球面测试中传声器位置示意

测量球面的上半球和下半球对称地选择高度。圆形路径可以均匀缓慢地旋转传声器或被测声源 360° 来完成。如果使用转台旋转声源，转台表面最好与反射面齐平。任何情况下，转台表面不能高出声源离反射面高度的 10%。

c. 子午线移动（消声室或半消声室测量）。获得球面或半球面表面声压级的第三个方法是用单个传声器围绕通过声源中心的水平轴做半圆形弧线移动，见图 2-8。垂直速度（$\mathrm{d}z/\mathrm{d}t$）保持恒定。传声器支架的角速度正比于 $1/\cos\varphi$，φ 为与水平轴的夹角。传声器输出由电子装置对球面或半球面的表面积做合适计权后的平方平均。另一种方法是用恒定的角速度并对 $\cos\varphi$ 做电子计权。这样的传声器移动线至少要 8 条，每条围绕声源的方位角有相等的递增量。这也可由放置声源来完成。

d. 螺旋线路径（消声室或半消声室测量）。获得球面或半球面表面声压级的第四个方法是用单个传声器按子午线移动中的一条子午弧线路径移动的同时，还缓慢

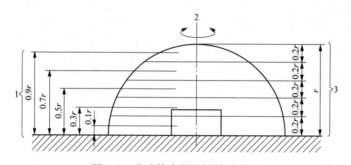

图 2-7　移动传声器的同轴圆路径
1—传声器路径高度；2—传声器路径机械装置旋转轴；3—半球面相应的高度

地经过至少 5 个整圆周路径，这样就形成了围绕测量表面垂直轴的螺旋线路径。另一种得到螺旋线路径的方法，是以恒定的旋转速度旋转声源，至少要完整地转 5 圈，而传声器沿子午弧线路径移动。移动传声器的螺旋线路径见图 2-9，角度计权如子午线移动中所述。

e. 其他传声器排列。上述要求并不排除可改进准确度的传声器排列和测量表面。然而，若用另一种传声器排列和测量表面，可以证明它与采用在上述几种方法中确定的那些特定排列之一相比，在所需频率范围内的任何频带，1/3 倍频程频带声功率级之间的差异不超过 ±0.5dB，采用的测量表面完全包围声源。

（2）混响室法。把噪声源放在混响室内，测得室内平均声压级后可以求出噪声源声功率级。在混响室内，除了非常靠近声源处，离开墙壁半波长的其他任何位置的声压级相差不大，这时声压和声源总声功率的关系为

$$W_A = \frac{aS}{4}\frac{p^2}{\rho_0 c} \tag{2-19}$$

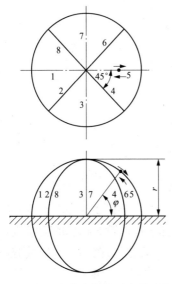

图 2-8　一定传声器的子午线路径

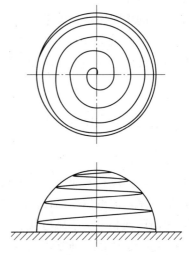

图 2-9　移动传声器的螺旋线路径

其声功率级为

$$L_W = \overline{L}_p + 10\lg(aS) - 6.1 \tag{2-20}$$

式中：$\overline{L}_p$ 为室内平均声压级，dB；aS 为室内总吸声量，m^2。

　　式（2-20）没有考虑空气吸收对高频声的影响，如做高频声空气吸收修正，则可改写为

$$L_W = \overline{L}_p + 10\lg(aS + 4mV) - 6.1 \tag{2-21}$$

式中：m 为空气吸收衰减系数；V 为混响室体积，m^3。

　　2. 声强法

　　传统的声压法测量，需要消声室、混响室等特殊的声学环境，然而建造一个不大的消声室，就需要耗资近百万元。同时，即便有了这些设施，很多机器因结构、重量、尺寸及运转、安装条件的限制，难以运进消声室内去测量。此外，对于声源定位、声源排队等工作，使用声压法将遇到很大的困难。由于受到测量距离、测量方位等因素的影响，单点的声压测量数据难以评价机器设备的噪声情况，即数据可比性差。为此，国际标准化组织制定了 ISO 3740—3746《机器噪声声功率级测量方法标准》，并于 1980 年公布实施，该标准建议用声功率级代替声压级。而采用声强法测量声功率具有明显的优越性，不论近场、远场或现场都可随意进行。

　　对于声源定位、声源贡献量排序和确定辐射声功率来说，用以测量声功率的声强测试技术是一个高效的工具，并已成为国际标准（ISO/DIS 9614-1，1992 年 5 月公布）。声强测量适于在很高的环境噪声下测量机器产生的声功率。相比之下，声强测量技术具有诸多优点：它受现场影响比较小，能够有效进行现场声功率测量，可以在普通环境下或生产现场准确地测定机器设备的声功率；声强测量及其频谱分析对噪声源的研究有着独特的优越性，不仅可以方便地进行声源排队、声源定位，还可以方便地进行声辐射效率、传递损失等方面的测试研究工作等。

　　声强是在声场中给定方向上的声能通量，因此既有量值又有方向，是矢量。严格说来，

声场是向量场。对于无黏性的流体介质，声场可以用一个标量势函数来完全表示，而由此势函数所表示的声压也是标量，即空间任何给定位置上的瞬时声压在所有方向是相同的；而由此势函数得到的微粒速度是矢量，即并不是在所有方向都一样。这样，根据声强的定义，在流体介质中，空间给定方向上某点的声强矢量 I 是该点的瞬时声压 $p(x,t)$ 与在该方向上对应的瞬时微粒速度 $v(x,t)$ 之乘积的时间平均，即

$$I = \frac{1}{T}\int_0^T p(x,t)v(x,t)\mathrm{d}t \tag{2-22}$$

当声压波动和微粒速度均为时谐变量时，式（2-22）可简化为

$$I = \frac{1}{2}\mathrm{Re}[p(x)v(x)^*] \tag{2-23}$$

一般来说，声压和微粒速度的乘积既有实部又有虚部。由于其虚部并不产生任何由声源发出的净能量流，即声强虚部在循环的正半周和负半周包含着相等而相反的能量流，其平均值为零，因而声强和声功率只与其实部有关。因此，在噪声和振动控制中，通常对声强的实部分量感兴趣，也就是声强方法只需测量声压和微粒速度的同相分量，而忽略其异相分量。声强测量要求测量瞬时声压和瞬时微粒速度。测量声压可以采用直接方法，而测量微粒速度可能会要求热线风速仪和激光器，当前采用 Euler 方程间接求出微粒速度的方法得到了广泛应用。Euler 方程（1-31）表示给定方向上的微粒加速度与声压梯度成比例。在一维流动情况下，微粒速度可通过积分表示为

$$v_x \approx -\frac{1}{\rho_0}\int_0^t \frac{\partial P}{\partial x}\mathrm{d}\tau \tag{2-24}$$

在实际测量中，当方向的空间间隔很近，沿 x 方向的声压梯度可由差分梯度来逼近，也就是通过使用两个距离很近的传声器同时测试瞬时波动声压来求得瞬时微粒速度 v_x，即

$$v_x \approx -\frac{1}{\rho_0\Delta x}\int_0^t [p_2(x+\Delta x,\tau) - p_1(x,\tau)]\mathrm{d}\tau \tag{2-25}$$

式中：p_1 和 p_2 分别是空间 x 和 $x+\Delta x$ 位置处的瞬时波动声压。

式（2-25）仅在两个测量传声器之间的间隔 Δx 比所研究频率的波长小得多（$\Delta x \ll \lambda$）时才有效。这时，在空间点 x 的 Δx 范围内瞬时波动声压可近似地写为

$$p \approx \frac{p_1 + p_2}{2} \tag{2-26}$$

因此，x 方向的声强矢量就为

$$I_x = -\frac{1}{\Delta x \rho_0 T}\int_0^T \left[\frac{p_1 + p_2}{2}\int_0^t (p_2 - p_1)\mathrm{d}\tau\right]\mathrm{d}t \tag{2-27}$$

实际的声强测量系统包含两个间隔很近的声压传声器，如图 2-10 所示。为了计算沿着

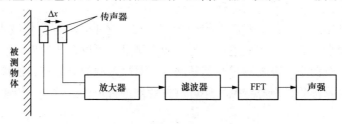

图 2-10　声强测量示意

传声器中心线连线上的压力梯度分量，两传声器之间的任何相位差都将引起误差，因此这两个传声器在相位匹配上的要求就非常高。

　　一种典型的声强传声器（面对面）配置如图 2-11 所示。声强传声器具有方向性，从传声器 1 指向传声器 2 的方向。两个传声器之间由隔离柱隔开，而且这两个传声器需要精心挑选，以保证相位匹配。在这种面对面构型下，两传声器的中心连线应垂直于任选的包围声源的测量表面 S，这样声源的声功率 W_S 可在此包络表面上对其法向声强分量 I_x 进行积分得到，即 $W_S = \int_S I_x \mathrm{d}S$。实际测试时，测量表面可选用半球包络面或矩形包络面，而在包络面上选取一定的测点个数，这点可参考室外或大房间内的自由场测试标准（ISO3744，GB/T 3767—2016）。这种面对面的构型是一般制造厂所推荐使用的。

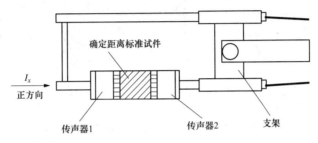

图 2-11　典型的声强传声器配置（面对面）

　　传声器的构型除了面对面外，还有并列式，其中算锥并列式用于高风速下测量，如图 2-12 所示。

　　为尽量减小对声场的影响，需要精确定义声强探头的两个传声器之间声学距离。表 2-18 给出了两个传声器间距与频率范围的关系，其中小间隔适合高频测试，而大间隔适合低频测试。为确保最高的测量精度，对于特定的测试条件，如强混响条件下，还要定义最合适的传声器之间的距离。由表 2-18 可知，声强测量方法也有其限制，有高频和低频的测试极限及近场的偏置误差。

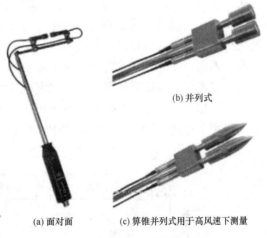

图 2-12　声强传声器的不同构型

表 2-18　　　　　　　　　　　声强传声器间距与频率范围的关系

间距（mm）	6	12	25	50
频率下限（Hz）	250	125	63	31.5
频率上限（Hz）	10 000	5000	2500	1250

　　因为声强是在垂直于测量表面的各位置上的平均值，具有方向性，而背景噪声在测量表面的两侧都存在，所以任何与附近背景噪声有关的声强就被消去了，这样就只检测到由声源方向传来的声强大小。这是声强测量方法的主要优点。

　　声强方法除用于测量声功率外，主要是用来识别发动机和机器上的声源。三维声强测量，可以逐个测点测量每个面的声强分布图，采用等高线方式绘制三维声强测量结果，从而反映结构各部位的噪声强弱，定位噪声源。相邻测点的间距针对不同的物体可以有所调整。近场声强测量适用于声强"热点"及声功率流方向的快速识别上。图 2-13 所示为某旅行车车外的声强等高线图，从等高线图可看出旅行车在行驶中的最大噪声源是出现在前轮和地面接触处，以及前轮和后轮之间的距地面较近的空间。

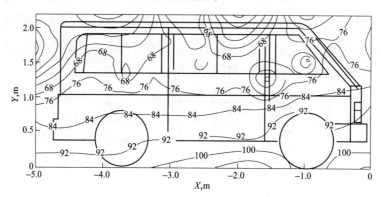

图 2-13　某旅行车车外的声强等高线

　　除了上述的声强方法，表面声强方法和振强方法也是确定复杂机器的声源贡献量排序的有效方法，如图 2-14 所示。表面声强方法需要使用一个传声器和一个加速度计，测量时把加速度计安装在振动结构的表面上，并把压力传声器固接在紧邻加速度计的位置上。这里假设声速大小从振动表面到传声器变化不大，即通过传声器测量声学质点速度从而得到振动表面的速度。表面声强方法的主要优点是不需要知道有关振动表面辐射比的信息，而且这种方法也适用于混响场非常接近机器表面的强混响空间。其主要缺点是必须准确计算传声器与加速度计之间的相位差。振强测量方法用于识别由固体中的弯曲波引起的自由场能量流，测量时需要使用两个加速度计。在实际应用中，振强方法须特别注意尽可能减小相位误差。

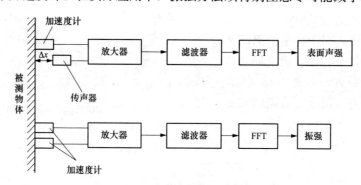

图 2-14　表面声强和振强测量示意

　　与上面的声压法相比，应用声强技术有两个优点：①不需要使用消声室或混响室等声学设施；②在多个声源辐射叠加的声场中能区分不同声源的辐射功率，这意味着声强技术能用于测量现场条件下各种实际噪声源的辐射功率。

　　理论上讲，任何情况下，任意形状声源（或功率吸收源）辐射（或耗散）的声功率都能用声强技术测量。只要封闭曲面唯一包围被测声源（或功率吸收源），测量结果就与曲面的形状和大小选择无关，同时与曲面外是否有其他声源存在也无关。但实际上并非如此，声强测量伴随有许多测量误差。测量曲面应根据实际声源形状和其辐射声场特性选择。一般情况下测量曲面应相对于声源对称，其形状应与声源形状相似。应用声强技术测量声源辐射声功率的方法有两种：定点式测量方法和扫描式测量方法。

（1）定点式测量方法。声源辐射声功率可以由在包围该声源的封闭曲面上多点处测量的声强法向分量值估算。很明显，声源辐射声功率的测量精度取决于测量点数目的多少和声强测量误差的大小。在声强测量误差一定的情况下，测量点数目越多，声源辐射声功率的测量精度应该越高。但事实上声功率测量精度不但与测量曲面上测量点数目成正比，而且与测量点位置选择有关，如果测量点位置选择恰当，即使测量点数目少，也能获得较高的声功率测量精度；如果测量点位置选择不当，增加测量点数目不一定能提高声功率测量精度。一般情况下曲面上测量点面密度每平方米不应少于 1 个。

（2）扫描式测量方法。测量曲面上各小曲面面积可分别表示为小曲面表面积 S_k 与其声强法向分量的空间平均值 $\bar{I}_{nk}$ 之积，因而测量曲面的声功率流可表示为

$$W_S = \sum_{k=1}^{N} (\bar{I}_{nk} S_k) \tag{2-28}$$

由声强探头在第 k 个小曲面上移动时采集的数据可以估算 $\bar{I}_{nk}$，它是时间和空间的平均结果。运动的声强探头采集的是非稳态信号，势必影响声功率测量精度。为抑制声强探头移动对声场产生的影响，声强探头移动速度应当很慢并且保持为常数。

3. 标准声源法

测量时已知标准声源的声功率级为 L_{W1}，使标准声源和待测声源在同样条件、同样测量点产生的声压级分别为 L_{ps}、L_{px}，则声源的声功率级 L_{Wx} 为

$$L_{Wx} = L_{Ws} - L_{ps} + L_{px} \tag{2-29}$$

使用标准声源的方法有三种：①置换法，把待测声源移开，用标准声源代替它做测量；②并摆法，若待测声源不便移动，可以把标准声源放在对称的位置；③比较法，把标准声源放在测试空间另一点，周围反射面位置和待测声源周围相似。

4. 振速法

在实际工作中，经常会遇到下列情况：①背景噪声比被测机器直接辐射的噪声还要高；②需要将结构噪声与空气动力噪声分开；③需要确定整个声源的结构噪声是来自机器还是来自机组的另一部分；④需要确定机器负载的噪声，同时又要排除被拖动负载及其他噪声的影响。

遇到上述情形就需要采用振速法测量声源声功率。目前国家标准中只有一项与振速法有关，即 GB/T 16539—1996《声学 振速法测定噪声源声功率级 用于封闭机器的测量》。

2.3.4 振动分析

声源本质上是产生机械振动的振源，声源产生的机械振动在空气中传播并为人耳听到即为可听声。因此，很多情况下，我们可以通过对振源振动的测量来分析研究噪声源辐射的噪声。振动测量中有三个重要的物理量：振动位移、振动速度和振动加速度。三者之间存在简单的关系：

振动位移 $\qquad\qquad\qquad x = A\cos(\omega t - \varphi) \tag{2-30}$

振动速度　　　　　　　　　$u = \dfrac{\mathrm{d}x}{\mathrm{d}t} = -A\omega \sin(\omega t - \varphi)$　　　　　(2-31)

振动加速度　　　　　　　$a = \dfrac{\mathrm{d}^2 x}{\mathrm{d}t^2} = -A\omega^2 \cos(\omega t - \varphi)$　　　　　(2-32)

对一般的时间平均测量而言,若忽略这三个物理量之间的相位关系,则对于确定的频率,三个物理量之间存在着以下的简单关系:将振动加速度除以正比于频率的系数而得到振动速度,将振动加速度除以正比于频率平方的系数而得到振动位移。在测量仪器中可通过积分过程来实现这种运算。

测量振动用的传感器可以是位移传感器、速度传感器或加速度传感器。使用最普遍的是压电加速度传感器。它具有体积小、质量轻、频响宽、稳定性好、耐高温、耐冲击、无需参考位置等优点。

振动测量系统与声学测量系统的主要区别是用加速度计及其前置放大器来代替电容传声器和传声器前置放大器,所以一般测量声信号的声级计和实时分析仪都可以非常方便地用来测量振动。

1. 加速度计

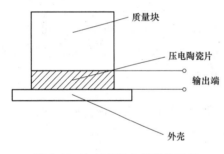

图 2-15　加速度计内部结构示意

加速度计是一种机电传感器,其核心是压电元件,通常是由压电陶瓷经人工极化制成。这些压电元件能产生与作用力成正比的电荷。图 2-15 所示为加速度计内部结构示意。压电陶瓷片以质量块为负载。当加速度计受到振动时,质量块把正比于加速度的力作用在压电陶瓷片上,则在输出端产生正比于加速度的电荷或电压。

加速度计的主要技术参数有频率特性、灵敏度、质量和动态范围等。在使用加速度计进行测量时应注意以下几点:

(1) 加速度计须稳定、牢固地安装在被测物体表面。

(2) 加速度计的引出电缆应贴在振动面上,不宜悬空。电缆离开振动面的位置最好选在振动最弱的部位。

(3) 应选用质量较轻的加速度计,以免影响被测物体的振动特性。

但要保证所选加速度计的动态范围应高于被测物体的最大加速度。常用加速度计允许的使用温度上限为 250℃。

2. 前置放大器

加速度计的输出阻抗较高,如将输出信号直接馈送负载,即使是高阻抗的负载,也会大大降低加速度计的灵敏度,并使它的频率特性受到限制。为了消除这种影响,加速度计的输出信号要先通过一个具有高输入阻抗和低输出阻抗的前置放大器,再同具有较高输入阻抗的测量分析仪器相连。除了阻抗变换功能外,大多数前置放大器还具有可变放大倍数及信号适调(微调)的功能。

由于集成电路技术的迅速发展,自 20 世纪 70 年代开始研制生产将压电传感器与电子线路安装在一起的集成式压电-电子传感器。加速度计内部装有微型电荷变换器,由测量仪提供恒定电流。集成式压电-电子传感器的优点是不需要外部的前置放大器，可使用长度为百米左右的连接电缆。缺点是测量范围和适用温度范围较窄，难以承受加速度大于 $5000g$ 的大冲击。

3. 灵敏度校准

加速度计的制造厂家均提供每只加速度计的校准卡，给出产品的灵敏度、电容和频率特性等数据。

如果在正常环境条件下保存加速度计，并在使用时不遭受过量的冲击、过高的使用温度和辐射剂量，加速度计的特性在长时期内变化极小。实验表明，数年之中的变化程度小于 2%。

但是如果保存或使用不当，例如跌落或受到强冲击，就会使加速度计的特性发生显著变化，甚至会造成永久性的损坏。因此，应定期进行灵敏度校准检验。

最方便的校准方法是使用校准激励器（加速度校准器）。它能提供频率确定的正弦振动，振动加速度的峰值精确地保持在 $10m/s^2(1.02g)$。校准激励器也可以用来准确测量系统振动信号的速度和位移的均方值及峰值。校准精度可在 $\pm 2\%$ 之内。

另一种校准方法是选用一只灵敏度已知的加速度计作为参照，与待校准的加速度计一起安装在振动台上。当振动台被激励时，两只加速度计的输出值正比于各自的灵敏度，从而可以确定待测加速度计的灵敏度。

4. 振动测量仪器

振动测量可以使用常用的声学测量仪器或专用的振动计。

(1) 声学测量仪器测量。使用声学测量仪器进行振动测量时，需通过各种适配器将加速度计的输出信号连接到仪器的传声器输入插孔，有些声学测量仪器本身带有 BNC 插孔，就可省去转接适配器。用声学测量仪器测量振动信号时需要注意：声学测量的下限截止频率大多置于 10Hz，而振动测量的下限截止频率需要置于 2Hz；振动的单位通常采用绝对值而不是相对值，两者之间需要进行换算；声学测量中所使用的 A、B、C、D 计权网络是根据人耳的特性确定的，是一种主观评价，而在振动测量中则需要另外的专用计权网络。

(2) 振动计测量。振动计是专门设计用于测量振动信号的。加速度计连接到输入阻抗为数千兆欧的电荷放大器输入端。电荷放大器的输出信号可直接馈送给高、低通滤波器，也可先馈送给积分器（测量速度或位移），再馈送给高、低通滤波器。仪器的典型频响范围为 $2\sim 20\ 000Hz$。振动计还配有振动测量专用的计权网络，具有外接滤波器、交流输出、直流输出等功能。

振动计的显示方式有表头指示、数字显示、打印输出等不同形式。根据需要可对振动信号应用 FFT 分析、相关分析和其他各种信号处理分析技术。

2.3.5 多通道实时动态信号分析仪

对噪声信号进行精确全面的分析，往往要用到许多不同的仪器，因此需要将噪声源置于实验室中进行。对于不便在实验室测量的噪声源，如城市交通噪声、已经安装好的大型机器设备的噪声等，则需要用精密录音设备，将声音信号采录下来到实验室进行分析。这种方法不但不方便、耗时长，而且也容易影响分析的精度，因此，噪声信号的实时分析就显示出其特有的优越性。

噪声实时分析系统是一种能立即把信号的各频率成分同时分析出来的仪器，它利用数字滤波器，可同时直接分析和输出各频率分析结果而不需要切换开关，输入信号的各频率成分能同时在屏幕上立即显示，其分析信号的频谱可以随输入信号动态变化，并且在变化过程中可以选择所需要信号的频谱，进行进一步的分析和存储；还可以通过外接计算机迅速进行分析处理，以获得所需要的正确结果。

1. 噪声实时分析系统的优点

（1）可实现多通道动态测试与分析。频谱分析仪一般只有两个输入通道（最多有四个输入通道），一个信号源。而基于计算机的多通道实测动态信号分析仪的输入可以达到 8～16 通道，信号源可以有 1～4 个，从而实现多输入/多输出测试与分析。

（2）硬件配置灵活可变。输入通道 2～16、输出（信号源）通道 1～4，可任意选配。

（3）测试、分析功能易于扩展。频谱仪器一旦发展定型，其功能也随之固定；而基于计算机软件的实时动态信号分析系统的功能却可以进一步开发（包括用户开发），可随测试技术的发展而不断增加新的内容。

（4）与二次分析软件一体化，扩大应用范围。实时动态信号分析系统中的计算机具有巨大潜力，可以在通用动态信号分析基础上与二次分析软件一体化，应用于振动测试与分析、声学测试与分析、控制系统动态分析、力学结构模态分析、机械动态监测与故障诊断等诸多领域。

从使用的观点看，实时动态信号分析仪器与系统主要用于：①时间波形与瞬态过程分析；②谱分析，包括线性分辨率谱分析、对数分辨率谱分析（如 1/3 倍频程谱分析）等，前者用于振动与电学信号，后者用于声学信号；③频率响应分析，用于分析动力学系统的动态特性，分为（随机或瞬态）激励 FFT 分析与正弦扫频激励积分傅里叶变换分析两类。

2. 实时动态信号分析仪器的数据采集参数设置

（1）输入参数：包括各输入通道量程，输入模式（电压、电荷），耦合方式（直流、交流），连接方式（接地、浮地）等。对于多通道实时动态信号分析系统，还需设置各通道测量点、方向、比例尺（传感器校准因子）及工程单位。

（2）触发参数：包括触发方式（输入触发、信号源触发、外触发）、触发电平与斜率、触发延时等。

（3）信号源参数：包括信号类型（随机、瞬态、正弦）和输出电平等。

测量分析参数设置包括记录长度与谱线数、窗函数和平均方式，平均方式主要有线性平均，用于时间波形和线性谱分析，可提高信噪比，线性平均必须使各记录信号同步；均方根（RMS）平均，用于功率谱分析，以提高统计精度；指数平均，强调"当前"的测量数据，对"过去"的数据加权，按指数规律衰减峰值保持平均，实质上并不是真正的平均，而是用来保持各次测量中频率的峰值，可获得频率峰值包络。

随着电子技术和计算机技术的不断发展，噪声与振动信号实时分析技术发展迅速，应用也越来越广泛，如目前开始应用于城市噪声地图的动态测量和分析。

2.4 噪 声 源 识 别

噪声源识别（noise source identification）是指在同时有许多噪声源或包含结构振动辐射的复杂声源情况下，根据各个声源或振动部件的声辐射性能及其对于声场的作用，对这些噪声源加以区别和分离，它是工程中一项重要的工作。

作为现代声学的一个重要工具，噪声源识别技术日益引起人们的重视。人的听觉器官就是非常好的识别噪声源的分析器，人耳具有方向性辨别、频率分析等能力。噪声源识别有很多实现的方法，测试工具不同，其原理与方法也不同。噪声源识别已成功应用于很多场所，解决了大量问题。本章主要阐述噪声源识别中常用的和新近发展的几种技术。

2.4.1 物理声源分离识别技术

物理声源的若干分离识别技术包括传统的分别运行法、频谱分析法、传递路径分析法。

1. 传统的分别运行法

在识别与排队复杂机器的各种噪声源时，除了人为主观评价不同的声音类型，还有传统的分别运行法，即先用铅、玻璃纤维、矿棉等把整个机器包扎/封包起来，然后对机器部件进行选择拆封并分别运行，通过测量相应的声压级以识别和排队机器的各种噪声源。这种方法在应用上有许多限制，而且非常耗时和昂贵。

2. 频谱分析法

机器的噪声和振动信号的时间历程是对声压、位移、速度或加速度等物理量在时域上波形变化的记录。频谱分析法就是将测得的时域信号通过（快速）傅里叶变换转换到频域进行分析，从而识别出不同的频率成分以及它们各自的幅值。这是因为，机器上各个部件各自对机器总的振动和总的噪声辐射的贡献在时域上一般很难识别，但在频域上信号的主要峰值频率能够容易地与诸如轴的转动频率、齿轮啮合频率等参数相联系，因而可以非常容易地识别哪个频率的噪声和振动是由哪个部件产生的。例如，在图 2-16 中，尽管由齿轮系辐射的时域噪声信号是杂乱无章的，但从经傅里叶变换后的频谱图中可以清楚识别出辐射噪声中与齿轮系各个齿轮相关的频率成分。

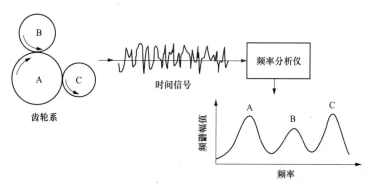

图 2-16 与啮合齿轮系相关的频率分量的识别

在频谱分析中，三个最常用的频域关系式为频率响应函数（简称频响函数）、互谱密度函数和相干函数。

（1）频响函数。

对于线性系统的任一输入信号 $x(t)$，系统的输出信号为 $y(t)$，则该线性系统的频响函数 $H(\omega)$ 就定义为输出信号的傅里叶变换 $Y(\omega)$ 与输入信号的傅里叶变换 $X(\omega)$ 之比，即 $H(\omega)=Y(\omega)/X(\omega)$。频响函数 $H(\omega)$ 的定义也适用于具有连续频率的系统，本身具有一定的物理意义，可以包括位移比力-敏纳、力比位移-动刚度、速度比力-导纳、力比速度-阻抗、加速度比力和力比加速度等。频响函数反映了系统对信号的传递特性（幅频特性和相频特性），取决于系统的本身固有特性，而与系统的输入无关。频响函数可应用于包括结构模态分析、结构阻尼估算、结构振动响应及波传播分析等方面。这里需指出，工程界常用另一术语传递函数和频响函数略有不同，系统的传递函数是由拉普拉斯变换而不是傅里叶变换来定义的。

根据振动力学中的杜哈梅积分，一个线性系统对于任意输入的输出响应为单位脉冲响应函数 $h(t)$ 与输入信号 $x(t)$ 的卷积，即

$$y(t) = \int_0^t x(\tau) * h(t-\tau) \mathrm{d}\tau \tag{2-33}$$

单位脉冲在噪声和振动研究中是很重要的概念，并得到广泛应用。对于时域上具有单位面积的矩形脉冲，令脉冲的持续时间趋于零而保持其单位面积不变，在极限情况下则可得到具有无限大高度和零宽度的理想单位脉冲。在单位脉冲激励下系统的响应就为单位脉冲响应函数。

对式（2-33）的两边进行傅里叶变换，可得到结论：线性系统的频响函数 $H(\omega)$ 就是其单位脉冲响应函数 $h(t)$ 的傅里叶变换，即 $h(t)$ 是系统频响函数的时域表达式。由于频响函数反映的是系统本身在频域上的固有属性，因此单位脉冲响应函数的一个特别重要的应用便是通过其傅里叶变换来识别结构振动模态。

理想单位脉冲的持续时间为零，在频域上则是频率范围 $-\infty \sim +\infty$ 的幅值为常数的直线。当持续时间非常短的脉冲（瞬态）信号作用于系统，其频谱范围则是有限的。脉冲宽度越小，激励力的频谱范围越宽，脉冲响应的频率范围也就越宽。典型的瞬态信号包括矩形脉冲和半余弦脉冲，如图 2-17 所示，图中还表示了它们对应的频谱。

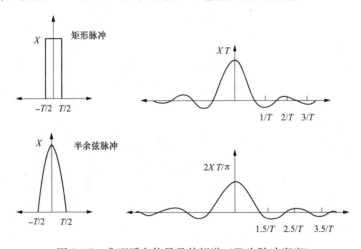

图 2-17　典型瞬态信号及其频谱（T 为脉冲宽度）

在工程实际中，锤击法就是给被测系统作用以瞬态激励，从而现场快速测量复杂结构或机器结构振动模态的一种有效方法，其应用十分广泛。如图 2-18 所示，用带有标定的力传感器的冲击锤给被测系统一个冲击性的输入，并监测瞬态响应输出，接着对该瞬态响应函数进行傅里叶变换得到系统的频响函数。

在进行力锤激励时，需要根据实际响应的频率范围要求来调整激励力脉冲宽度，因而需

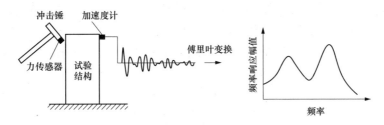

图 2-18 锤击识别结构模态示意

要考虑多方面的因素，如施力的大小、锤头硬度的选择、对输出响应加指数窗等。

在激出频带内各阶模态的前提下，施力的大小应根据具体试件而定：对小试件，用力不能过大，否则会产生非线性；而对大试件不能用力太小，否则不足以激起各阶模态。

锤头的选择对于测量结果有重要影响。锤头的材料硬度决定了力脉冲宽度及其频谱宽度。锤头越坚硬，脉冲宽度越窄，频谱就越宽，如图 2-19 所示。因而实验中应选择合适的锤头以激出所求频率范围内的所有模态。

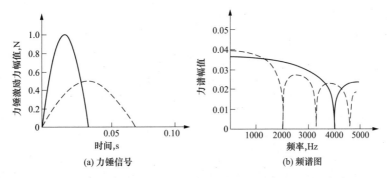

图 2-19 力锤信号及其频谱图

另一个要考虑的重要因素是对输出响应加指数窗。通常，对于小阻尼结构，在采样时间范围内，力锤激出的结构响应不会很快衰减到零。这种情况下，泄漏问题就很突出。为减小泄漏，需要对测得的数据进行加窗。对于力锤激励这种情况，最常使用的窗函数是指数衰减窗。

总的来说，锤击法的主要优点是设备简单、操作方便，特别是不需要激振器和功率放大器，只需一只带有力传感器的敲击锤，即可在现场快速完成测试。实验时除加速度传感器对试件有附加质量外，力锤对试件没有任何附加质量、附加刚度和附加阻尼。但锤击法的主要缺点是不适于识别高频结构模态，因为锤击作用总有一定的持续时间，力激励信号的频率响应限于 6000Hz 以下。最后，还需指出，虽然频响函数对快速识别结构的固有频率是非常有用的，但输入和输出信号之间好的相干性对于固有频率的识别同样是必不可少的。

（2）互谱密度函数。

在噪声和振动分析中，某些系统的输入信号在性质上是随机的，不能用明显的数学关系来描述，而需要用概率分布和统计平均来描述。对于这类有明显非确定性的随机信号，其振幅、相位及频率的变化具有随机性质，因而用传统的傅里叶分析得到其幅度谱和相位谱的效果并不好。这时需要从统计的角度出发引入适合具有随机性质时间序列的功率谱分析方法，这是把傅里叶分析法和统计分析法结合起来考虑的。功率谱分析是为了研究信号能量（功率）的频率分布，并突出信号频谱图中的主频率。

对于连续随机信号 $x(t)$，引进任意时间延迟 τ、$x(t)$ 的自相关函数定义为

$$R_{xx}(\tau) = \lim_{T \to \infty} \frac{1}{T} \int_0^T x(t)x(t+\tau)\mathrm{d}t \tag{2-34}$$

根据此定义，自相关函数总是 τ 的偶函数，而其最大值总是发生在 $\tau = 0$。当时间延迟 τ 值增大时，$R_{xx}(\tau)$ 总是衰减为零，因此可用自相关函数来识别是否有被随机本底噪声所掩盖的确定性信号。图 2-20 所示为应用自相关函数成功检测出淹没在随机噪声中的正弦谐波信号的例子。

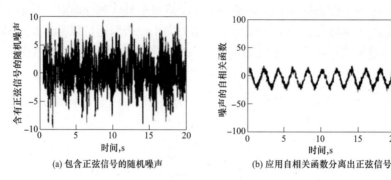

(a) 包含正弦信号的随机噪声　　　　　　　　(b) 应用自相关函数分离出正弦信号

图 2-20　自相关函数识别被随机噪声掩盖的确定性信号

两个不同的平稳随机信号［如输入 $x(t)$ 和输出 $y(t)$］之间的互相关函数定义为

$$R_{xy}(\tau) = E[x(t)y(t+\tau)] = \lim_{T \to \infty} \frac{1}{T} \int_0^T x(t)y(t+\tau)\mathrm{d}t \tag{2-35}$$

互相关函数表示两信号之间的相似性为时间移位 τ 的函数，给出输入（源）对于输出总贡献的信息。它在噪声和振动中有着广泛的应用，包括检测两信号之间的时间延迟、室内声学的传播路径延迟、噪声源识别、雷达和声呐应用等。互相关函数还可用于估算源与接收体之间的距离，用于确立噪声和振动信号的不同传播路径，将在传递路径分析方法中详细介绍。

对于随机信号，相关函数提供了其在时域的统计特性的信息，而功率谱密度函数提供了其在频域的统计特性的信息。连续随机信号的自谱密度函数和互谱密度函数分别定义为

$$S_{xx}(\omega) = \int_{-\infty}^{\infty} R_{xx}(\tau)\mathrm{e}^{-\mathrm{i}\omega t}\mathrm{d}\tau \tag{2-36}$$

$$S_{xy}(\omega) = \int_{-\infty}^{\infty} R_{xy}(\tau)\mathrm{e}^{-\mathrm{i}\omega t}\mathrm{d}\tau \tag{2-37}$$

互功率谱密度是互相关函数的傅里叶变换，是两信号之间互功率的度量，包含幅值和相位两个信息，表示了两个时域信号序列在频域中所得两种谱的共同成分及其相位差关系。式（2-36）和式（2-37）中的谱密度函数定义在所有正、负频率上，称为双边谱。虽然双边谱密度便于解析研究，但实际问题的频率范围都是从 0 至 $+\infty$，因此，采用物理上可测量的单边谱密度函数，且定义为 $G(\omega) = 2S(\omega)(0 < \omega < \infty)$，如图 2-21 所示。对应式（2-36）和式（2-37），则分别有 $G_{xx}(\omega) = 2S_{xx}(\omega)$，$G_{xy}(\omega) = 2S_{xy}(\omega)$。

这里需要特别指出，自相关函数和互相关函数之间以及自谱密度和互谱密度之间以的关

键区别是，互相关函数和互谱密度包含相移或时移信息，所以它们是检测并确定时间延迟的极有用工具。图 2-22 所示为应用互相关函数确定信号时间延迟的实例，图 2-22 (a) 为原始信号，图 2-22 (b) 为与原始信号之间有延迟 t_d 的信号，图 2-22 (c) 表示这两个信号之间的互相关函数，其中在 $t=t_d$ 处有明显的确定峰值。

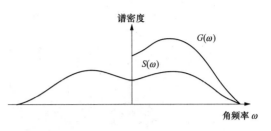

图 2-21 单边和双边谱密度函数的关系

互谱密度常用于分析两信号之间的相位差，并利用相位移位来识别在频域中互相非常靠近的结构模态。图 2-23 所示为图 2-22 中所示的原始信号与其延迟信号之间的互功率谱（幅值及相位）。从图 2-23 可以看出，时间延迟反映在互功率谱的相位上。由于时间延迟导致的相移为 $-2\pi t_d f (\text{rad})$，因此对于简单的时间延迟，互功率谱上的相位曲线是一系列斜率为 $-2\pi t_d (\text{rad/Hz})$ 的直线。

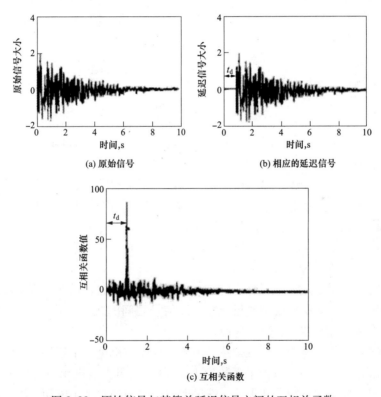

(a) 原始信号   (b) 相应的延迟信号

(c) 互相关函数

图 2-22 原始信号与其简单延迟信号之间的互相关函数

此外，互功率谱还通常用于计算两个信号之间的频响函数。在实践中发现，采用自功率谱和互功率谱来计算频响函数 $H(\omega)$ 更具优越性，即

$$H(\omega) = \frac{Y(\omega)}{X(\omega)} = \frac{Y(\omega)X^*(\omega)}{X(\omega)X^*(\omega)} = \frac{G_{yx}}{G_{xx}} \tag{2-38}$$

或

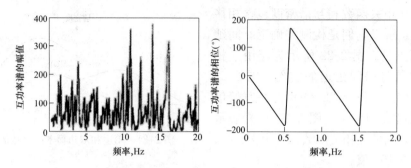

图 2-23　原始信号与其延迟信号之间的互功率谱（幅值及相位）

$$H(\omega) = \frac{Y(\omega)}{X(\omega)} = \frac{Y(\omega)Y^*(\omega)}{X(\omega)Y^*(\omega)} = \frac{G_{yy}}{G_{xy}} \tag{2-39}$$

在本底随机噪声存在的情况下，利用式（2-38）和式（2-39）计算频响函数可以减小与输入或输出信号不相关的噪声。实际上还常用自功率谱和互功率谱的多次平均来估算系统的频响函数。用一台机器整体噪声信号与各部件的振动信号进行互谱密度分析可用于寻找机器噪声源。

（3）相干函数。

相干函数是测量频域里信号间的相关程度，定义为

$$\gamma_{xy}^2(\omega) = \frac{|G_{xy}(\omega)|^2}{G_{xx}(\omega)G_{yy}(\omega)} \tag{2-40}$$

式中：$G_{xy}(\omega)$ 为输入信号的自功率谱密度；$G_{yy}(\omega)$ 为输出信号的自功率谱密度；$G_{xy}(\omega)$ 为输入和输出信号的互功率谱密度。

相干函数是输出谱密度中由输入按线性在输出中所引起的分数部分的估算，还可以给出个别频率分量之间的相关信息。当 $\gamma_{xy}(\omega)=1$ 时，表示输出信号与输入信号完全相干；当 $\gamma_{xy}(\omega)=0$，表示输出信号与输入信号完全不相干；当 $0<\gamma_{xy}(\omega)<1$ 时，则表明在测量中出现外部噪声，在谱估算中存在偏置误差，联系 $x(t)$ 与 $y(t)$ 的系统为非线性的，或者输出 $y(t)$ 是由于 $x(t)$ 以外的附加输入引起的。

相干函数的主要用途是测量两个信号之间频域的相关系数，反映了测量质量的好坏（噪声大小、泄露程度等）或所给模型的正确性（即信号之间的线性依赖性）。下面以某厂压缩机的声振特性为例来说明相干函数的应用。

为了解压缩机工作时是否存在机械性噪声源，对压缩机进行了近场声振特性及二者的相干分析。若声振相干性很好（即相干系数接近于1），说明压缩机噪声与压缩机结构振动的声辐射关系密切；反之，若相干性很差，就说明它们之间的关联不密切。因此，近场声振相干分析法是判别压缩机噪声源的一种主要手段。图 2-24 所示为压缩机声振相干特性测试系统框图，图 2-25 所示为压缩机声振相干系数。从图 2-25 中可以看出，声振相干系数在较宽频率范围内一般都在 0.6 以上，即高频噪声与高频振动不是相互独立的，噪声有可能是由于压缩机储液罐的振动产生的。

3. 传递路径分析法

传递路径分析方法是使用因果相关方法来识别传播路径，即把传声器分别置于各声源位置和接受体位置进行测量，求出各信号之间的相关系数，通过仔细检查与各个互相关的峰有

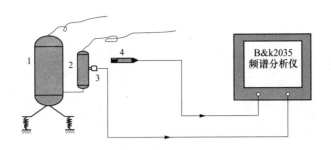

图 2-24　压缩机声振相干特性测试系统框图

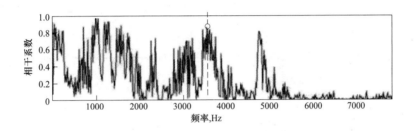

图 2-25　压缩机声振相干系数

关的时间滞后，便能容易地计算各个离散的相关效应。

互相相关函数在时间移位等于信号通道系统所需时间时将出现峰值，即系统的时间滞后直接可用输出/输入互相关函数中峰值的时间移位来确定。利用互相关函数中的时延和能量信息可对传输通道进行识别。为了说明这个原理，考虑图 2-26（a）中实验布局所示的不同路径的声传播问题，图中一个扬声器发出频率范围为 0~8000Hz 的噪声。从扬声器处的输入声信号 $x(t)$ 到输出话筒采集到的输出信号 $y(t)$ 之间的传播路径共有四种 [见图 2-26（b）]：路径 1 只沿直接路径传播，即直达信号；路径 2 传播路径只经过顶面反射；路径 3 传播路径只经过侧面反射；路径 4 传播路径既经过顶面反射又经过侧面反射。图 2-26（c）~（f）是对上述四种不同传播路径时的互相关函数的计算值，计算用的时间分辨率为 0.012ms，而平均数取为 256 次。图 2-26（c）为只沿直接路径传播时的互相关函数，图中的相关峰值产生 $\tau_1 = 2.0$ms 处，这正好对应于声传播以 $d_1 = 0.68$m（传播速度约为 340m/s）。图 2-26（d）给出的是只经过顶面反射的互相关函数，这时出现两个峰值，其中一个仍然出现在 $\tau_1 = 2.0$ms 处，这是由直接路径产生的；另一个峰值出现在 $\tau_2 = 3.9$ms 处，它准确地对应于有顶面反射时的传播距离 $d_2 = 1.32$m。为同时考虑沿直接路径和具有顶面反射时的互相关函数。图 2-26（e）表示只经过侧面反射传播的互相关函数，这时除了直接路径对应的相关峰值外，在 $\tau_3 = 5.0$ms 处增加了形状相似的第二个峰，它对应于有侧面反射时的总路径长度 $d_3 = 1.70$m。图 2-26（f）表示既经过顶面反射又经过侧面反射的传播路径的互相关函数，它对应于三个路径，按各自不同的时滞有三个明确分开的相关峰值。

这种利用互相关函数的方法还可以引申到多个独立源且每个源具有其自身传播路径的系统。

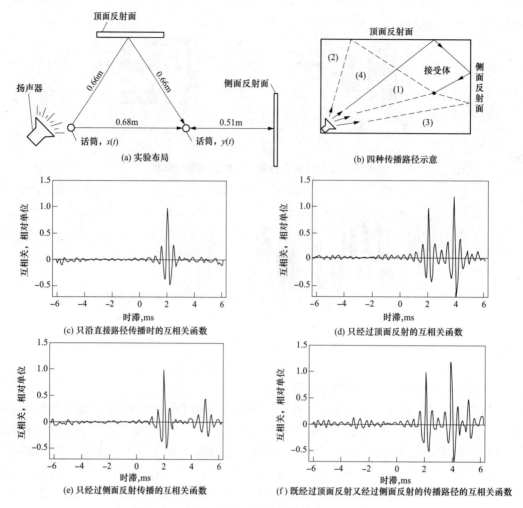

图 2-26　应用互相关函数进行传递路径分析的实例

2.4.2　基于声学成像的噪声源识别技术

相控阵广泛应用于无线通信的智能天线领域，它是由许多辐射单元排成阵列形式构成的走向天线，而各单元之间的辐射能量和相位关系是可以控制的。2001年秋，波音公司的研究人员把相控阵原理推广到音频，用数百个传声器在机场的跑道上布设了直径达150英尺的螺旋形的传声器阵列，成功记录了飞越上空的波音777发出的噪声。传声器阵列在波音飞机上的成功应用很快被传播到欧洲的空客和世界其他的飞机制造公司，而且不仅用来研究飞机、汽车上的噪声源，还应用在潜水、建筑和家电等行业的噪声研究中。

传声器阵列一般由许多高效率、高灵敏度和一致性较好的传感器构成。当阵列在辐射时，它能把声能尽可能地集中到某一指定方向上，而在其他方向上尽量减少声辐射；当阵列在接收时，它能增强待测信号能量和检测更远程的目标声源。这种阵列技术具有良好的指向性，具有抑制非主波束方向干扰和抑制各向同性噪声的能力。

由于传声器阵列的这种聚焦功能，传声器阵列再加上图像显示就形成了目前基于声学成像的噪声源识别技术，其技术核心即为基于传声器阵列测量技术，通过测量一定空间内的声波到达各传声器的信号相位差异，从而确定声源的位置和测量声源的幅值，并以图像的方式显示声源在空间的分布，即取得空间声场分布云图-声像图，其中以图像的颜色和亮度代表声音的强弱。这种声成像测量技术将声像图与阵列上配装的摄像头所实拍的视频图像以透明的方式叠加在一起，就可直观分析和确定被测物的声源位置和声音辐射的状态。这种利用声学、电子学和信息处理等将声音变换成人眼可见的图像的技术，可以帮助人们直观地认识声场、声波、声源，便捷地了解机器设备产生噪声的部位和原因，物体（机器设备）的声像反映了其所处的状态。

这种声成像测量技术也形象地称为声学照相机。不过普通照相机的镜头聚焦的是光波，声学照相机的传声器阵列聚焦的是声波。如图 2-27 所示，传声器相控阵列可以看作照相机镜头，把在相机镜头一定角度覆盖下的带有噪声源的汽车看作被摄物体，这样在相机镜头中就可以得到该汽车的指向性成像分布云图，从而可以可视化地精确定位汽车的噪声源位置及噪声源的幅值大小。声学照相机其实就是一个小巧的、模式化的、非常灵活的噪声源定位和分析系统。

图 2-28 所示为声学照相机的主要功能组成部分，即由多通道传声器组、数据记录仪、标定测试仪和装在计算机上的一套分析软件组成。

在声学照相机问世之前，人们用声全息技术测试噪声强度在空间的分布。

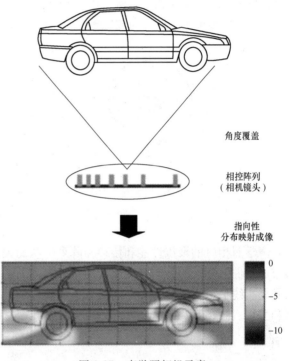

图 2-27　声学照相机示意

虽然也使用传声器阵列，但声全息技术通常要求传声器阵列的面积至少和被测物体的表面一样大，而且要求传声器和被测物体间的距离足够小（通常在 10cm 以内）。然而，在波音公司的应用中，被测飞机通常在传声器阵列上方 150m 左右，所以声全息技术无法满足波

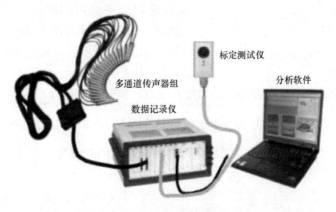

图 2-28　声学照相机的主要组成部分

音的需求。声全息技术的优点是它在低频段的分辨率是固定的，不随频率而变。声学照相机图像的分辨率是与传声器的数量和阵列的形状密切相关的，传声器越多，分辨率越高；而频率越低，分辨率就越差。

从传声器阵列的布放形式上，声学照相机可分为平面阵列、星型阵列和球面阵列技术，如图 2-29 所示。图 2-29（a）所示为平面环形阵列，其中许多传声器分布在一平面环形圈上，而中心处置一照相机以获得被测物体的光学覆盖；图 2-29（b）所示为星形阵列是用于远距离测试和低频分析的多通道测量系统；图 2-29（c）所示为球面阵列，其中许多传声器均匀分布在一球面上，而球面上不同方向放置多个照相机以获得球面周围最完整的光学覆盖。

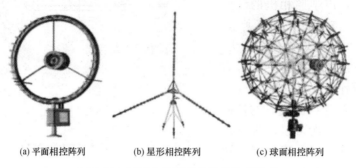

(a) 平面相控阵列   (b) 星形相控阵列   (c) 球面相控阵列

图 2-29 不同布放形式的相控阵列示意

声学照相机的聚焦性能和传声器阵列形状的关系比较复杂。为了得到在不同形式的传感器布放条件下阵列的方向特性图，通常假定阵列的方向性是定义在远场区域内的，即认为声信号是直线平行入射的远场平面波。下面先以最简单的典型直线均匀点源阵列为基础进行介绍和分析。

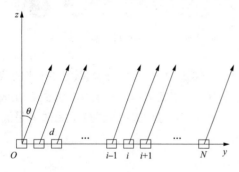

图 2-30 均匀间隔直线点源阵列示意

1. 直线均匀点源阵列的波束形成原理

先考虑最简单、最基本的点源均匀直线阵列。若有 N 个强度为 P_0 的相同点源等间距地分布在 Oy 轴上，相邻两点源的距离为 d，如图 2-30所示。由于声场对称于 Oy 轴，即在垂直于 Oy 轴的平面上声场不随方向改变，因而这里只需讨论 Oyz 平面内的声场。设这 N 个无方向性点源阵元的直径远远小于波长 λ，且阵元之间的相互作用可忽略不计，则总声场是由各点源声场的叠加组成。

在远场（$r \gg Nd$）中，当各阵元沿角度 θ 发射声波时，以坐标原点为参考点，各发射波因声程差不同而产生的相位差为 $\Delta\varphi_i = \frac{2\pi}{\lambda}(i-1)d\sin\theta$，当 $\theta = 0°$，$\Delta\varphi_i = 0$ 时，显然此为极大值主波瓣方向。这样，这 N 个点源线列阵的方向特性函数就为

$$f(\theta) = \frac{\sum\limits_{i=1}^{N} P_0 \mathrm{e}^{-\mathrm{j}\frac{2\pi}{\lambda}(i-1)d\sin\theta}}{NP_0} = \frac{1}{N}\sum\limits_{m=0}^{N-1} \mathrm{e}^{-\mathrm{j}m\frac{2\pi}{\lambda}d\sin\theta} \tag{2-41}$$

利用几何级数求和公式，可得

$$f(\theta) = \frac{1}{N} e^{-j\frac{(N-1)\pi}{\lambda}d\sin\theta} \frac{\sin\left(\frac{N\pi d\sin\theta}{\lambda}\right)}{N\sin\left(\frac{\pi d\sin\theta}{\lambda}\right)} \tag{2-42}$$

最后取绝对值，得归一化方向特性函数为

$$f(\theta) = \frac{\sin\left(\frac{N\pi d\sin\theta}{\lambda}\right)}{N\sin\left(\frac{\pi d\sin\theta}{\lambda}\right)} \tag{2-43}$$

从式（2-43）可以得到点源阵列的许多辐射特性：

（1）当声程 $\xi = d\sin\theta = 0, \lambda, 2\lambda, \cdots, (N-1)\lambda$ 等值时，$f(\theta) = 1$。在这些方向上，各点源声场同相叠加，声压振幅出现极大值。从以 $d\sin\theta = i\lambda (i=1,2,\cdots,N-1)$ 可以求得辐射声场为极大值的方向为

$$\theta_i = \arcsin\left(\pm\frac{i\lambda}{d}\right) \quad i=0,1,2,\cdots,N-1, i\lambda \leqslant d \tag{2-44}$$

其中 $i=0$，所对应的 $\theta=0$ 方向为主极大值（主波束）方向；$i=1$ 对应的 θ 方向为第一个副极大值方向……以此类推。如果不希望这些点源阵列发射的声场中出现次极大值，则必须满足 $d<\lambda$ 的条件。

（2）当 $Nd\sin\theta = \frac{2i+1}{2}\lambda (i=1,2,\cdots,N-1)$ 时，式（2-43）的分子等于 1，这时声压近似取极值，但 $\left|\oint(\theta)\right| \neq 1$，因而这些方向就是次极大或旁瓣方向。事实上，这些次极大方位角也可以通过对式（2-43）求极值得到，即要满足方程

$$\frac{d}{d\theta}\left[f(\theta)\right] = 0 \tag{2-45}$$

这样就有

$$\tan\left(N\frac{\pi d}{\lambda}\sin\theta\right) = N\tan\left(N\frac{\pi d}{\lambda}\sin\theta\right) \tag{2-46}$$

这是一个超越方程，难以严格求解，但其近似解为

$$\theta = \arcsin\left(\frac{2i+1}{2}\frac{\lambda}{Nd}\right) \quad i=1,2,\cdots,N-1 \tag{2-47}$$

因而，次极大的幅值为

$$f(\theta) = \frac{1}{N\sin\left[(2i+1)\pi/2N\right]} \tag{2-48}$$

根据式（2-47），靠近主极大值的第一个次极大值方向为 $\theta = \arcsin\left(\frac{3\lambda}{2Nd}\right)$。第一次极大声压与主极大声压之比等于 $\frac{1}{N\sin\left(\frac{3\pi}{2N}\right)}$，该比值随点声源个数增加而减少。当 N 很大时，比值近似等于 $\frac{2}{3\pi} = \frac{1}{4.7}$，也就是说，均匀点源直线阵列的主极大值声压最多等于次极大值声

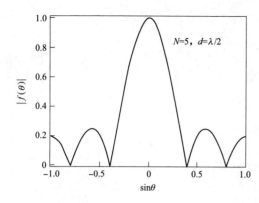

图 2-31　均匀五元直线阵列
的归一化方向特性函数

压的 4.7 倍,即相差 13.4dB。图 2-31 所示为 $N=5$ 和 $d+\lambda/2$ 时的归一化方向特性函数 $|f(\theta)|$,其中显示了主极大和各个旁瓣方向的方向特性大小。

(3) 若要保证任何旁瓣的高度都不超过第一次极大的高度,即应满足 $\sin(2i+1)\dfrac{\pi}{2N}\geqslant\sin\dfrac{3\pi}{2N}$,$i=2,\cdots,N-1$。此外,在式 (2-43) 中应有 $\dfrac{2i+1}{2}\dfrac{\lambda}{Nd}\leqslant1$,考虑到正弦函数在第一、第二象限的性质,因此有 $\dfrac{(2i+1)\pi}{2N}\leqslant\dfrac{d}{\lambda}\pi\leqslant\pi-\dfrac{3\pi}{2N}$,即应满足 $d\leqslant(N-3/2)\dfrac{\lambda}{N}$。同理,若要保证旁瓣一个比一个低,则必须有 $\dfrac{d}{\lambda}\pi\leqslant\dfrac{\pi}{2}$,即应满足 $d\leqslant\dfrac{\lambda}{2}$。

(4) 当 $Nd\sin\theta=i\lambda$($i\geqslant1$ 且不是 N 的整数倍)时,式 (2-43) 的分子等于零,分母不为零,这时 $f(\theta)=0$,即在这些方向 $\left(\theta=\arcsin\dfrac{i\lambda}{Nd}\right)$ 上各点声源的辐射声场相互抵消,总声压为零。

虽然上述只研究了直线均匀点源阵列的发射过程,但由于布阵传感器为线性、被动和无源的,根据声学互易原理(详见第 5 章),只要声传播介质是线性均匀的,则声学系统无论是作为发射阵列还是作为接收阵列,其方向性、阻抗都是一样的。因此,在下面的讨论中也可将传声器阵列作为接收阵列来分析。类似于上述分析过程,十字形和矩形阵列的方向特性函数也可以解析表示出来,而其他形状阵列的方向特性函数就比较复杂了。

2. 平面相控阵列技术

(1) 平面相控阵列技术的原理。当使用由 N 个传声器组成的传声器阵列对辐射物体上的声源进行定位时,可使用波束形成算法。从原理上来说,波束形成适合于在中、远距离下对中高频段声源进行定位。如图 2-32 所示,假设辐射平面上任意点 Q 处存在一个声源,使用传声器阵列对该点进行聚焦,则各传声器测得的来自声源点 Q 的信号之间发生相干,这样就可通过波束形成得到 Q 点声源的声压值。使用这种处理方法遍历整个辐射平面,则可以找到这个平面的主要声源。由于传统的"延时求和"波束形成算法具有实现简单、计算高效的优点,这里采用延时求和波束形成进行声源定位。

(2) 延时求和法对声源定位。假定图 2-32 所示的辐射平面上 Q 点处存在一个窄带声源,中心圆频率为 ω,现采用由 M 个传声器组成的平面相控阵列接收声压信号。声源发出的声波到达传声器阵列中第 i 个传声器的时间设为 τ_i,则 $\tau_i=\dfrac{r_i}{c}$,其中,r_i 为声源 Q 点和第 i 个传声器之间的距离,c 为介质声速。传声器位置不同,这样不同距离 r_i 导致对每个传声器的不同延时 τ_i,如图 2-33 左上角所示。延时求和波束形成的原理是根据选定的聚焦方

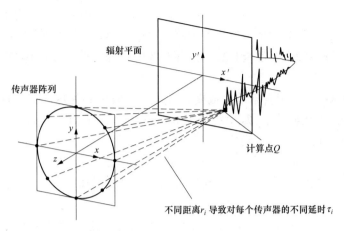

图 2-32　声源定位示意

向，对每个传声器测量的声压值分别设置相应的延时 τ_i，以使所有通道的相位一致，然后对延时后的结果进行叠加。这样就可以得到聚焦点的声压为

$$p(r,\omega)=\frac{1}{M}\sum_{i=1}^{M}W_i p_i(\omega)\mathrm{e}^{-\mathrm{j}\omega\tau_i} \tag{2-49}$$

式中：W_i 为权值，可取为矩形窗滤波系数，即 $W_i=1$。

叠加和除以 M 是为了得到归一化的阵列输出值。相控阵列的指向性图如图 2-33 右上角所示，主瓣表示传声器阵列的聚焦方向，也称为波束。而在非聚焦方向出现的主瓣附近较小的波瓣称为旁瓣。对于辐射平面上的确定点，根据式（2-49）就可以得到在所关心的频率下该点的声压聚焦值。遍历辐射平面上的离散点，从而可以找到其主要声源。注意，延时 τ_i 一般不是整数值，需要根据采样间隔进行插值，因而，提高采样率能显著地提高时延估计精

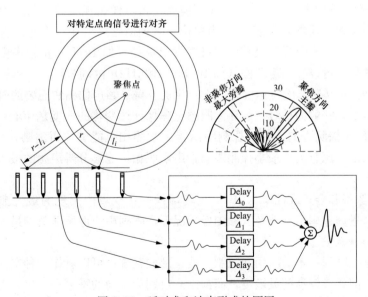

图 2-33　延时求和波束形成的原因

度。根据香农采样定理，选择采样频率至少为信号最高频率的两倍。为了提高时延估计精度，应选择尽可能高的采样频率。这里一般将采样频率设定为信号最高频率的 10 倍。

（3）平面相控阵列的主要性能指标。平面相控阵列的指标很多，其主要性能指标有以下几方面：

1）指向特性函数。在以发射阵（或接收阵）的等效中心为球心的大球面上（在远场），不同方位 (θ,φ) 处的声压幅值 $p(\theta,\varphi)$ 与最大响应方向上的声压幅值 $p(\theta_0,\varphi_0)$ 之比，称为该发射阵（或接收阵）的指向特性函数。

2）方向锐度角。方向锐度角也称为角分辨率，是描绘阵列指向性图上主波瓣所张的角度。通常定义为主瓣的两个零点之间的角度范围，或主瓣半功率点之间的角度范围。较小的主瓣宽度给出更好的角分辨率。

3）波束宽度角。波束宽度角是表示波束图中主瓣尖锐程度的参数。通常用波束图中的半功率点或主瓣的零点之间的对应角度量度。3dB 指向角指在以发射阵的指向性函数从最大值降低 3dB（幅值降低一半）所对应的方位角和仰角 (θ_1,φ_1) 范围，对于具有对称性能的阵列通常以 $(\pm\theta_1,\pm\varphi_1)$ 表示。波束宽度角也可以用 6dB 指向角或者 12dB 指向角来表示。

4）旁瓣抑制。由于主瓣以外的第一个旁瓣是所有旁瓣中幅度响应最大的一个，因此，用第一个旁瓣的相对于主瓣的高低差来定义其旁瓣级。旁瓣级决定了发射阵对观测方向以外方向上到达干扰信号的抑制能力。

5）频率范围（上限频率、下限频率）。声学照相机上限频率由阵列阵元最小间距决定，定义为在摄像头视角范围内不出现声源虚像的最高频率，其理论值是最小半波长应大于最小阵元间距。声学照相机下限频率由阵列的分辨能力决定，定义为当两个声源位置处于摄像头视角边缘，阵列所能够分辨出两个声源的最低频率，其理论值是最大半波长应小于阵列孔径。

6）声像与视频偏离度（°）。声像与视频偏离度指摄像头视频图像与阵列计算所得出的声像图重叠时的偏差，通常以角度（°）为单位。阵列通常需要用一个标准源来校验，该标准源为无限小声源，且声音强度足够大，可以发出单频（如 1kHz）正弦声音和较高亮度的光，声音的频率最好可以在一定范围（如 100Hz～10kHz）内调节。

7）响应速度（s/帧）。响应速度指声学照相机取得一帧声像图所需要的时间，反映声相仪的信号处理速度，一般为秒级，能让人眼感觉图像连续变化的速度是 40ms。

8）最大和最小探测距离。最大探测距离指声学照相机能够取得清晰声像的最远距离，与声源的强度和信噪比有关；最小探测距离指声学照相机能够分辨声源的最小距离，与阵列的结构有关。

9）视场虚像率和全景虚像率（dB）。视场虚像率指视场内出现的最大虚像相对于主声源的衰减量。全景虚像率指不涉及视频图像情况下，阵列声成像所涉及的最大范围内的虚像相对于主声源的衰减量。

（4）平面相控阵列技术的应用和限制。波束形成系统也可以看作一种空间滤波器，使得阵列只在某一方向具有较高的灵敏度，而抑制来自别的方向的噪声和干扰。对噪声和干扰的抑制能力的一个直观表征就是波束的旁瓣级，低旁瓣级可以有效地抑制来自旁瓣区域的噪声和干扰，因此，低旁瓣波束形成一直是阵列信号处理的研究热点之一。

图 2-34 所示分别用矩形和螺旋形传声器阵列计算得到的声强空间分布，螺旋形传声器阵列［见图 2-35（d）］的结果明显比矩形传声器阵列［见图 2-35（a）］好。螺旋形阵列准确无误地检测到三个声源，而矩形阵列在检测到三个真实声源的同时掺杂了多个真实世界中不存在的虚假声源，也称为"鬼影"虚像。对于平面相控阵列技术，较大的旁瓣必然造成主瓣成像中的"鬼影"虚像。为了减小"鬼影"虚像的影响，可以采用不同的平面阵列形式来抑制旁瓣，如图 2-35 所示。在这六种阵列形式中，抑制旁瓣的能力从（a）～（f）逐渐增加。也就是说，在图 2-35（f）所示的陈列，有由五块完全相同的单元，且每个单元由 12 个基元随机分布组成，具有最好的抑制旁瓣的能力。这与 1961 年 John 和 Allen 在研究基元布放随机化对波束旁瓣的影响时所得结论是一致的，即基阵在稀释过程中，基元位置的随机化可以抑制旁瓣。

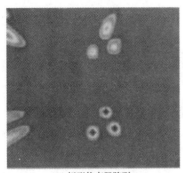

(a) 矩形传声器阵列　　(b) 螺旋形传声器阵列

图 2-34　矩形和螺旋形传声器阵列计算得到的声强空间分布

但平面相控阵列技术也有其局限性：仅能分析在平面传声器阵列前方的一个受限声场区域，而不能定位其他方向的声源，且这些声源将会使相控阵列的结果发生混淆。球面相控阵列技术则可以很好地克服这些限制。

3. 球面阵列技术

球面阵列技术可以通过"缝合"图片很容易地识别声源，是唯一能够在所有方向进行声源定位的技术，而且能够适用于任意的声场环境（消声室或者非消声室），能够和其他成像系统相结合形成一个稳定、快速的相控系统。图 2-36 所示为球面相控阵列技术应用于识别汽车驾驶舱内的噪声源。

（1）球面阵列技术的理论基础。

在第 2 章中曾介绍过球面谐函数及其完备性，即任何一个在球面上连续的函数 $f(\theta,\varphi)$ 都可用球面谐函数 $Y_{mn}(\theta,\varphi)$ 展开为收敛级数

$$f(\theta,\varphi)=\sum_{n=0}^{N}\sum_{m=-n}^{n}\frac{A_{mn}}{R_n(a,r_0)}Y_{mn}(\theta,\varphi) \tag{2-50}$$

其中，A_{mn} 为展开系数，Y_{mn} 为球面谐函数，且

$$A_{mn}=\int_0^\pi\int_0^{2\pi}Y_{mn}^*(\theta,\varphi)\sin\theta\,\mathrm{d}\varphi\,\mathrm{d}\theta \tag{2-51}$$

根据球面谐函数的上述完备性，声空间中任一点的声场能够描述为球谐函数的线性组合。但在实际由有限 M 个传声器在某一半径为 a 的球面上组成的球型相控阵列中，如图

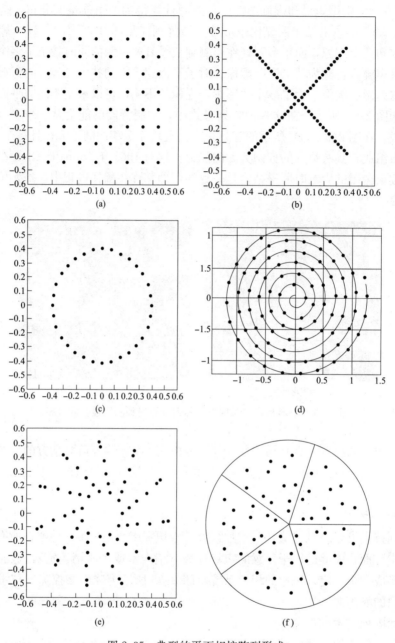

图 2-35　典型的平面相控阵列形式

2-37所示，我们仅知道球面上各个传声器位置处的声压，因此式（2-51）中求解分解系数 A_{mn} 的上述积分即为相应的离散数值积分。此外，虽然理论上式（2-50）的求和需要做到无限次，但在实际计算中其级数 n 只能取到有限值，再考虑计算中所采用的近似声源模型（平面波模型或球面波模型），实际的球面阵列输出则可表示为

$$f(\theta,\varphi) = \sum_{n=0}^{N} \sum_{m=-n}^{n} \frac{A_{mn}}{R_n(a,r_0)} Y_{mn}(\theta,\varphi) \tag{2-52}$$

式中：$R_n(a,r_0)$ 为相关于声源模型（平面波模型或球面波模型）的校正因子；r_0 为空间计

算点到阵列的距离。

图 2-36 球面相控阵列在汽车舱内的应用

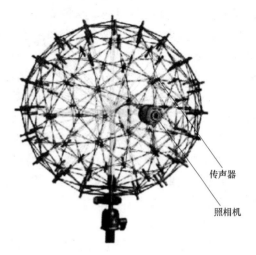

传声器

照相机

图 2-37 有限个传声器组成的球面阵列

式（2-52）中的级数 n 只取到有限值 N，再加上球面阵列中传声器位置的离散化，这些就限制了球面阵列的分辨率和声源定位精度。球面阵列的分辨率 θ 主要和球谐函数的最大级数 N 相关，根据瑞利准则，分辨率 θ 可以用弧度表示为

$$\theta \approx \frac{\pi}{N} \qquad (2\text{-}53a)$$

从式（2-53a）可以看出，最大级数 N 越大，其分辨率越高。实际上，对各个频率而言，总存在一个最优级数 N，而且最优级数 N 随频率增加而增加。一般情况下，最大级数可取为 $N=K=ka=2\pi fa\, C_0$（k 为波数，a 为球面半径，f 为频率，c_0 为声速），这样该分辨率的经验公式则为

$$\theta \approx \frac{C_0}{2fa} \qquad (2\text{-}53b)$$

从式（2-53b）可以看出，球的半径 a 越大，分辨率越好；频率 f 越高，分辨率越好。因此，为了提高球面阵列的分辨率，第一个可以考虑的改进参数便是球面半径，但球面传声器阵列一般要求紧凑，以便操纵和安装，因而对球面半径就有一定的限制。对十一个可接受的球面半径，通常通过改进传声器分布来改进分辨率。在确定传声器位置时，一般需要考虑这些因素：尽可能降低最大旁瓣水平；能够得到常数 A_{IOR} 的最精确计算；为了"缝合"图片，在传声器位置间隙处布放的照相机要能获得球周围最为完整的光学覆盖，如图 2-36 中所示的球面阵列。

（2）球面阵列技术的精度限制。

球面阵列可以定位任意方向的声源，但在定位某一方向声源时其存在对焦距离方面的限制。为了检验球面阵列对噪声源的计算精度，在一由 48 个传声器组成的直径为 35cm 的球型阵列（表示为 Sph_M48_D35）前某个方向上放置一个宽带白噪声源，通过球面相控阵列技术的反求运算可以得到噪声源的声压值，并和实际放置的白噪声源的声压值进行比较检验。由于白噪声源位置和球面阵列中心的距离对计算结果影响较大，这里采用相应的频率滤波器给出不同带宽时实测和计算结果的声压差异值随不同对焦距离的变化曲线，如图 2-38

所示。事实上，在利用式（2-52）计算声源声压时，对于不同对焦距离，式（2-52）中的校正因子 $R_n(a,r_0)$ 是不同的。从图 2-38 可以看出，在 0.5～1kHz 频率范围内对焦距离为 0.2～2m 时实测结果和计算结果完全一致，而在 1～2kHz 范围略微有差异，差异值分别在频率范围 2～4kHz、4～8kHz、0.1～20kHz、8～16kHz 内依次增大，即在高频范围内实测和计算结果的总声压差异较大，尤其是在对焦距离较小（0.2～0.8m）时。在对焦距离为 0.8～1.2m 时，所有频段上总声压的实测值和计算值几乎一致，而在对焦距离增大时总声压差异也慢慢增加。

图 2-39 所示为由 48 个传声器组成的直径为 35cm 的球面阵列（表示为 Sph _ M48 _ D35）对宽带白噪声源所进行的实测和计算结果之间的总声压差异在不同频段上随测试距离的变化，这里对焦距离为 0.5m。当对焦距离确定为 0.5m 时，总声压差异值在不同频段上只在测试距离为 0.5m 左右时几乎为零，而在其他测试距离时差异较大。通过比较图 2-38 和图 2-39 可以知道，在应用球面阵列技术进行声源定位时，确定声源和阵列之间的对焦距离是非常关键的。因此，实际测试中要多加注意相控阵列和被测噪声源之间的对焦距离。

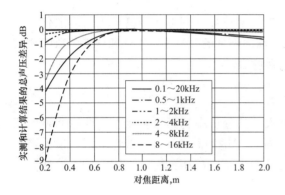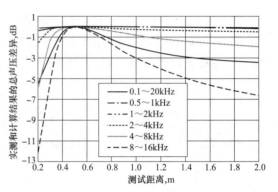

图 2-38　实测和计算值之间的总声压差异在
不用频段上随对焦距离的变化
（球面阵列 Sph _ M48 _ D35）

图 2-39　实测和计算值之间的总声压差异在
不用频段上随测试距离的变化
（球面阵列 Sph _ M48 _ D35，对焦距离为 0.5m）

图 2-40 所示为由 48 个传声器组成的直径为 70cm 的球面阵列（表示为 Sph _ M48 _ D70）对宽带白噪声源所进行的实测和计算结果之间的总声压差异在不同频段上随测试距离的变化，这里对焦距离确定为 1.0m。通过比较图 2-39 和图 2-40 可知，尽管对焦距离都已确定，但增大球面阵列半径可以减少实测和计算结果的总声压差异值。

（3）球面相控阵列技术的应用实例。

下面举例说明球面相控阵列技术用于识别车室内的噪声源。

1）当发动机运转时，车室内的发动机就是一主要声源，这时球面相控阵列得到的声压云图如图 2-41（a）所示。将此球面云图按球坐标系的角度 θ 和 φ 展开，并和车室空间对应起来，则云图上声压最大区域对应的就是车室内发动机这个噪声源，如图 2-41（b）所示。

2）对关门声的识别。关车门时，球面相控阵列得到的声压云图如图 2-42（a）所示，其按球坐标系的角度 θ 和 φ 的展开图如图 2-42（b）所示，图中声压最集中的位置明显地对应着关门声。

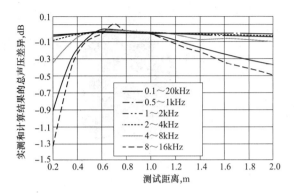

图 2-40 实测和计算值之间的总声压差异在不用频段上随测试距离的变化
（球面阵列 Sph_M48_D35，对焦距离为 1.0m）

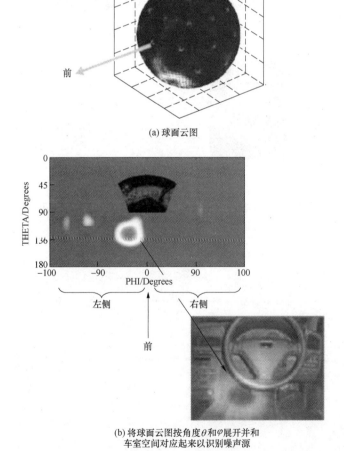

(a) 球面云图

(b) 将球面云图按角度 θ 和 $\wp$ 展开并和
车室空间对应起来以识别噪声源

图 2-41 在车室内应用球面相控阵列识别发动机运转时的噪声源

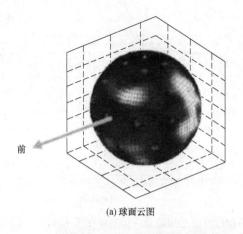

(a) 球面云图

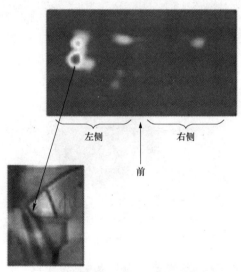

左侧　　　　右侧

前

(b) 将球面云图按角度 θ 和 φ 展开并和
车室空间对应起来以识别噪声源

图 2-42　在车室内应用球面相控阵列识别关门时的噪声源

第3章 噪声控制原理及技术

噪声是人们不需要的声音。超过一定标准的噪声存在，就会影响人的休息，降低工作效率，过量刺激人的交感神经，损伤人的听觉（严重者引起耳聋），诱发疾病（心脏病），破坏建筑物和仪器设备的正常工作。因此，对噪声要加以控制。噪声控制主要是研究使噪声降低到允许环境噪声的工程技术。对噪声的控制以一定量的分贝为标准，由声源、传递途径和接受者三个基本要素构成。对于噪声，则必须设法抑制它的产生、传播和对听者的干扰，根据以上三环节，分别采取措施控制噪声。在声源处抑制噪声是最根本的措施，包括降低激励力，减小系统各环节对激励力的响应，以及改变操作程序或改造工艺过程等。在声传播途径中的控制是噪声控制中的普遍技术，包括隔声、吸声、消声等措施。接收器的保护措施是指在某些情况下，噪声特别强烈，在采取上述措施后仍不能达到要求，或者工作过程中不可避免地有噪声时从接收器保护的角度采取措施。对于人，可佩戴耳塞、耳罩、有源消声头盔等；对于精密仪器设备，可将其安置在隔声间内或隔振台上。

3.1 吸 振

动力吸振是振动控制常用的方法之一，通过动力吸振器吸收主振动系统的振动能量，可以达到降低主振动系统振动的目的。

3.1.1 无阻尼动力吸振器

如图 3-1 所示的单自由度系统，质量为 M，刚度为 K，在一个频率为 ω、幅值为 F_A 的简谐外力的激励下，系统将做强迫振动。对于无阻尼系统，可以得到质量块 M 的强迫振动振幅为

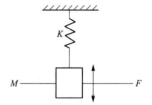

图 3-1 单自由度强迫振动系统

$$A_0 = \frac{X_{st}}{1 - (\omega/\omega_0)^2} \qquad (3\text{-}1)$$

式中：ω_0 为振动系统的固有频率，$\omega_0 = \sqrt{\dfrac{K}{M}}$；$X_{st}$ 为质量块在非简谐外力 F_A 作用下发生的静位移，$X_{st} = \dfrac{F_A}{K}$。

由式（3-1）可见，当激励频率 ω 接近或等于系统固有频率时，其振幅就变得很大。实际振动系统总是具有一定阻尼的，因此振幅不可能为无穷大。在考虑系统的黏性阻尼 c 之后，其强迫振动的振幅为

$$A = \frac{X_{st}}{\sqrt{[1 - (\omega/\omega_0)^2]^2 + [2(c/C_c)(\omega/\omega_0)]^2}} \qquad (3\text{-}2)$$

式中：C_c 为临界阻尼系数，$C_c = 2\sqrt{MK}$。

对于自由衰减振动系统，只有当系统阻尼小于临界阻尼时，才能够得到衰减振动解；而当系统阻尼大于临界阻尼时，就得到非振动状态的解。

图 3-2 给出了式（3-1）和式（3-2）代表的一族曲线。由图 3-2 可见，由于阻尼的存在，强迫振动的振幅降低了，阻尼比 c/C_c 越大，振幅的降低越明显，特别是在 $\omega/\omega_0 = 1$ 附近，阻尼的减振作用尤其明显。因此，当系统存在相当数量的黏性阻尼时，一般可以不考虑附加措施减振或吸振。

当系统阻尼很小时，动力吸振将是一个有效的办法。如图 3-3 所示，在主系统上附加一个动力吸振器，动力吸振器的质量为 m，刚度为 k。由主系统和动力吸振器构成的无阻尼二自由度系统的强迫振动方程的解为

$$\begin{cases} A = \dfrac{X_{st}[1-(\omega/\omega_b)^2]}{[1-(\omega/\omega_b)^2][1+k/K-(\omega/\omega_0)^2]-k/K} \\[4mm] B = \dfrac{X_{st}}{[1-(\omega/\omega_b)^2][1+k/K-(\omega/\omega_0)^2]-k/K} \end{cases} \tag{3-3}$$

式中：A 为主振动系统强迫振动振幅；B 为动力吸振器附加质量块的强迫振动振幅；ω_b 为动力吸振器的固有频率，$\omega_b = \sqrt{k/m}$。

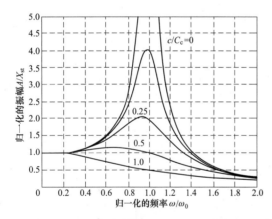

图 3-2 单自由度系统的强迫振动振幅

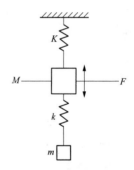

图 3-3 附加动力吸振器的强迫振动系统

这个二自由度系统的固有频率可以通过令式（3-3）的分母为零得到，即

$$\begin{aligned} \omega_{1,2}^2 &= \frac{1}{2}\left[\left(\frac{K+k}{M}+\frac{k}{m}\right)\pm\sqrt{\left(\frac{K}{M}-\frac{k}{m}\right)^2+2\frac{k}{M}\left(\frac{k}{m}+\frac{K}{M}\right)+\left(\frac{k}{M}\right)^2}\right] \\ &= \frac{\omega_0^2}{2}\left[1+\lambda^2+\mu\lambda^2\pm\sqrt{(1-\lambda^2)^2+\mu^2\lambda^4+2\mu\lambda^2(1+\lambda^2)}\right] \end{aligned} \tag{3-4}$$

式中：ω_0 为主振动系统的固有频率，$\omega_0 = \sqrt{\dfrac{K}{M}}$；$\mu$ 为吸振器与主振系的质量比，$\mu = \dfrac{m}{M}$；λ 为吸振器与主振系的固有频率之比，$\lambda = \dfrac{\omega_b}{\omega_0}$。如果激振力的频率恰好等于吸振器的固有频率，则主振系质量块的振幅将变为零，而吸振器质量块的振幅为

$$B = -\frac{K}{k}X_{st} = -\frac{F_A}{k} \qquad (3-5)$$

　　此时，激振力激起动力吸振器的共振，而主振动系统保持不动，这就是动力吸振器名称的由来。并非所有的振动系统都需要附加动力吸振器，动力吸振器的使用是有条件的。可简单归纳如下：①激振频率接近或等于系统固有频率，且激振频率基本恒定；②主振系阻尼较小；③主振系有减小振动的要求。

　　还有一个特殊情况就是动力吸振器的频率等于主振系固有频率的情况。此时，式（3-4）改写为

$$\omega_{1,2}^2 = \omega_0^2\left(1 + \frac{\mu}{2} \pm \sqrt{\mu + \frac{\mu^2}{4}}\right) \qquad (3-6)$$

　　实际情况往往比较复杂。根据式（3-4）的计算结果，图 3-4 所示为安装动力吸振器之后的系统固有频率与质量比的关系。由图 3-4 可见，系统具有两个固有频率，其中一个大于附加吸振器之前的固有频率，另一个小于附加吸振器之前的固有频率。吸振器质量相对主振系的质量比越大，则两个固有频率之间的差异越大。图 3-5 和图 3-6 所示分别为主振系和吸振器的振幅随频率变化的规律，图中横坐标为归一化的频率 ω/ω_0。

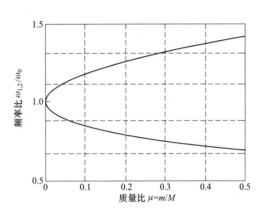

图 3-4　系统固有频率与质量比的关系曲线

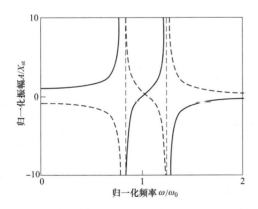

图 3-5　主振系的振幅与激励频率关系

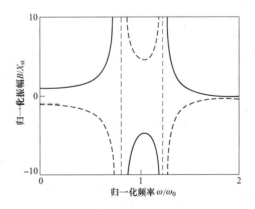

图 3-6　吸振器的振幅与激励频率关系

　　由图 3-5 可见，只有在主振系固有频率附近很窄的激振频率范围内，动力吸振器才有效，而在紧邻这一频带的相邻频段，产生了两个固有频率。因此，如果动力吸振器使用不当，可能不但不能吸振，反而易于产生共振，这是无阻尼动力吸振器的缺点。

3.1.2　阻尼动力吸振器

　　如果在动力吸振器中设计一定的阻尼，可以有效拓宽其吸振频带。如图 3-7 所示，在主

振系上附加一阻尼动力吸振器，吸振器的阻尼系数为 c，则可以得到主振系的质量块和吸振器的质量块分别对应的振幅为

$$
\begin{cases}
A = X_{st}\sqrt{\dfrac{(2\beta f)^2 + (f-\lambda)^2}{(2\beta f)^2\left[(1+\mu)f^2-1\right]^2 + \left[\mu\lambda^2 f^2 - (f^2-1)(f^2-\lambda^2)\right]^2}} \\
B = X_{st}\sqrt{\dfrac{(2\beta f)^2 + \lambda^2}{(2\beta f)^2\left[(1+\mu)f^2-1\right]^2 + \left[\mu\lambda^2 f^2 - (f^2-1)(f^2-\lambda^2)\right]^2}}
\end{cases}
\tag{3-7}
$$

式中：f 为归一化频率，$f=\dfrac{\omega}{\omega_0}$；$\beta$ 为临界阻尼比，$\beta=\dfrac{c}{2\sqrt{mk}}$；$\mu$ 为质量比，$\mu=\dfrac{m}{M}$。

　　吸振器阻尼对主系统振幅具有影响，如图 3-8 所示。图 3-8 中给出的调谐系统主要参数为 $\mu=0.1$，$\lambda=1$，阻尼比 β 变化范围为 $0\sim\infty$。

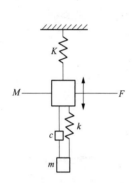

图 3-7　附加阻尼动力吸振器
的强迫振动系统

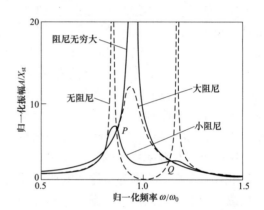

图 3-8　吸振器阻尼与主振系振幅的关系曲线

　　由图 3-8 可见，当吸振器无阻尼或阻尼无穷大时，主振系的共振峰为无穷大；只有当吸振器具有一定阻尼时，共振峰才不至于为无穷大。因此，必然存在一个合适的阻尼值，使主振系的共振峰最小。这个合适的阻尼值就是阻尼动力吸振器设计的一项重要任务。

　　由图 3-8 还可以发现：无论阻尼取什么样的值，曲线都通过 P、Q 两点。这一特点为阻尼动力吸振器的优化设计给出了限制，如果将主振系的两个共振峰设计到 P、Q 两点附近，则主振系的振幅将大大降低。

　　与无阻尼动力吸振器不同的是，阻尼动力吸振器不受频带的限制，因此被称为宽带吸振器。从动力吸振器设计步骤上看，无阻尼动力吸振器的设计比较简单，主要步骤如下：

　　（1）通过计算或测试，确定激振频率 ω，并估算激振力幅值大小。

　　（2）确定吸振器弹簧刚度 k，使吸振器振幅为空间许可的合理值，并且弹簧能够经受这一振幅下的疲劳应力。

　　（3）选择吸振器质量，满足 $\omega=\sqrt{\dfrac{k}{m}}$，且 $\mu=\dfrac{m}{M}>0.1$。选择一定质量比是为了使主振系能够安全工作，在两个新的固有频率之间应有一定的间隔频带。

　　（4）检验。将设计生产好的吸振器安装到主振系上，让主振系工作，检查吸振器的效果，若有问题就应修改设计。

阻尼动力吸振器的设计比较复杂，主要步骤如下：

（1）根据主振系的质量 M 和固有频率 ω_0，选择吸振器的质量，并计算质量比 μ。

（2）确定最佳调谐频率比。

$$\lambda = \frac{\omega_b}{\omega_0} = \frac{1}{1+\mu} \tag{3-8}$$

从而确定吸振器弹簧刚度

$$k = m\omega_b \tag{3-9}$$

（3）计算黏性阻尼系数 C_c 为临界阻尼系数。

$$\left(\frac{c}{C_c}\right)^2 = \frac{3\mu}{8(1+\mu)^3} \tag{3-10}$$

（4）计算主振系的最大振幅。

$$\frac{A_{max}}{X_{st}} = \sqrt{1 + \frac{\mu}{2}} \tag{3-11}$$

（5）检验。将设计生产好的吸振器安装到主振系上，让主振系工作，检查吸振器的效果，若有问题就应修改设计。

3.1.3　复式动力吸振器

如图 3-9 所示，在一个质量为 M、刚度为 K 的单自由度系统上附加一个复式动力吸振器。该复式动力吸振器的主要参数为质量 m_1 和 m_2，刚度 k_1 和 k_2，阻尼 c_1 和 c_2。在外力作用下，假设基座位移响应为 u，设 M、m_1 和 m_2 的位移响应分别为 x、x_1 和 x_2，则可以写出系统的运动微分方程为

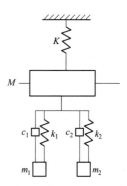

图 3-9　附加复式动力吸振器的强迫振动系统

$$\begin{cases} M\ddot{x} + Kx = Ku - m_1\ddot{x}_1 - m_2\ddot{x}_2 \\ m_1\ddot{x}_1 + c_1(\dot{x}_1 - \dot{x}) + k_1(x_1 - x) = 0 \\ m_2\ddot{x}_2 + c_2(\dot{x}_2 - \dot{x}) + k_2(x_2 - x) = 0 \end{cases} \tag{3-12}$$

将上述关系进行拉氏变换，得到位移传速率为

$$\frac{X}{U}(j\omega) = \frac{K}{K - \omega^2 M + \dfrac{m_1 k_1 - \omega^2 - j\omega^3 m_1 c_1}{k_1 + j\omega c_1 - \omega^2 m_1} + \dfrac{m_2 k_2 - \omega^2 - j\omega^3 m_2 c_2}{k_2 + j\omega c_2 - \omega^2 m_2}}$$

$$= A e^{j\alpha} \tag{3-13}$$

$$A = \frac{\sqrt{R_N^2 + I_N^2}}{\sqrt{R_D^2 + I_D^2}}, \quad \alpha = \arctan\frac{I_N}{R_N}\arctan\frac{I_D}{R_D}$$

其中

$R_N = K[m_1 m_2 \omega^4 - (c_1 c_2 + m_2 k_1 + m_1 k_2)\omega^2 + k_1 k_2]$

$I_N = K[-(m_1 c_2 + m_2 c_1)\omega^3 + (k_1 c_2 + k_2 c_1)\omega]$

$R_D = -Mm_1 m_2 \omega^6 + [m_1 m_2(K + k_1 + k_2) + M(m_1 k_2 + m_2 k_1) + c_1 c_2(M + m_1 + m_2)]\omega^4 -$

$\quad [(m_1 k_2 + m_2 k_1 + c_1 c_2)K + (M + m_1 + m_2)k_1 k_2]\omega^2 + Kk_1 k_2$

$I_D = [M(m_1 k_2 + m_2 k_1) + m_1 m_2(c_1 + c_2)]\omega^5 - [K(m_1 c_2 + m_2 c_1) + (k_1 c_2 + k_2 c_1)(M +$

$\quad m_1 + m_2)]\omega^3 + K(k_1 c_2 + k_2 c_1)\omega$

以上各式可以简写为

$$R_N = \left(\frac{1}{\lambda_1^2}\frac{1}{\lambda_2^2}\right)f^4 - \left(\frac{1}{\lambda_1^2} + \frac{1}{\lambda_2^2} + 4\frac{\beta_1\beta_2}{\lambda_1\lambda_2}\right)f^2 + 1$$

$$I_N = -2\left(\frac{\beta_1}{\lambda_1\lambda_2^2} + \frac{\beta_2}{\lambda_2\lambda_1^2}\right)f^3 + 2\left(\frac{\beta_1}{\lambda_1} + \frac{\beta_2}{\lambda_2}\right)f$$

$$R_D = -\left(\frac{1}{\lambda_1^2}\frac{1}{\lambda_2^2}\right)f^6 + \left[\frac{1}{\lambda_1^2}\frac{1}{\lambda_2^2} + \frac{1+\mu_2}{\lambda_1^2} + \frac{1+\mu_1}{\lambda_2^2} + 4(1+\mu_1+\mu_2)\frac{\beta_1\beta_2}{\lambda_1\lambda_2}\right]f^4 -$$

$$\left[\frac{1}{\lambda_1^2}\frac{1}{\lambda_2^2} + 4\frac{\beta_1\beta_2}{\lambda_1\lambda_2} + (1+\mu_1+\mu_2)\right]f^2 + 1$$

$$I_D = 2\left[\frac{\beta_1(1+\mu_1)}{\lambda_1\lambda_2^2} + \frac{\beta_2(1+\mu_2)}{\lambda_2\lambda_1^2}\right]f^5 - 2\left[\frac{\beta_1}{\lambda_1\lambda_2^2} + \frac{\beta_2}{\lambda_2\lambda_1^2} + (1+\mu_1+\mu_2)\frac{\beta_1\beta_2}{\lambda_1\lambda_2}\right]f^3 +$$

$$2\left(\frac{\beta_1}{\lambda_1} + \frac{\beta_2}{\lambda_2}\right)f$$

以上各式中符号含义如下：归一化频率 $f = \dfrac{\omega}{\omega_0}$，其中 $\omega_0 = \sqrt{\dfrac{K}{M}}$ 为主振系固有频率；固有频率比 $\lambda_i = \dfrac{\omega_i}{\omega_0}$，其中 $\omega_i = \sqrt{\dfrac{k_i}{m_i}}$ 为动力吸振器的固有频率，临界阻尼比 $\xi_i = \dfrac{c_i}{2\sqrt{m_ik_i}}$；质量比 $\mu_i = \dfrac{m_i}{M}$。

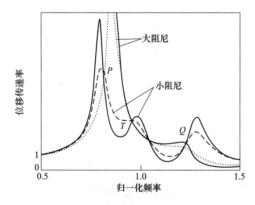

图 3-10　复式动力吸振器阻尼
与位移传递率的关系曲线

吸振器阻尼对主质量振幅具有很重要的影响，如图 3-10 所示。在质量比一定的情况下改变阻尼比，可以发现：无论阻尼取什么样的值，曲线都通过 P、Q 两点，这与单个动力吸振器是一致的；复式动力吸振器的另一个特殊点是 T 点，这是传递曲线中间峰值的极小值点，阻尼比过大或过小都将使传递曲线远离 T 点。复式动力吸振器的这些特点实际上为确定其最佳吸振效果提供了参考和限制，如果将主振系的三个共振峰设计到 P、Q、T 三点附近，则主振系的振幅将大大降低。

复式动力吸振器的一个显著优点就是吸振频带宽，可以想象：如果设计多组动力吸振器构成复式动力吸振器，只要各组的共振频率分布合理、参数设计恰当，将会取得明显的吸振效果。

对于单个动力吸振器，如果吸振器无阻尼，那么主振系原有的共振将被完全消除，同时在附近出现两个共振峰，这两个共振峰相距很近，使得吸振频带很窄；在动力吸振器上附加一定的阻尼可以有效降低这两个峰值，从而加宽其吸振频带。对于复式动力吸振器，如果中间的峰值降下来，动力吸振器的有效带宽将明显增大，这是很有意义的结果。同样它也面临着优化设计的问题，即如何降低三个峰值以达到最优吸振效果。

复式动力吸振器的优化与单个动力吸振器优化相似，首先使传递曲线必经的 P、Q 两点等高度，合理设计参数使得传递曲线的三个极值点分别在 P、Q、T 三点附近。这样，主振系在整个频带的性能是稳定的，动力吸振器达到了消除主振系共振、拓宽动力吸振器使用的有效带宽的目的。具体步骤如下：

（1）计算 P、Q、T 三点的坐标表达式。

（2）由 P、Q、T 三点等高列出两个独立的方程。

（3）根据传递曲线的三个极值点在 P、Q、T 三点列出三个独立的方程。

（4）以上五个独立方程包含六个独立参数，只要确定质量比就可以得到方程组的解。

步骤（1）中 P、Q、T 三点的坐标表达式可通过如下方法获得：P 点为式（3-14）与式（3-16）两曲线在低频的交点，Q 点为式（3-15）与式（3-16）两曲线在高频的交点，T 点为式（3-14）与式（3-15）两曲线的中心交点。

$$\beta_1=0，\beta_2=\infty 时 \quad \left|\frac{X}{U}(f)\right|=\frac{1-\dfrac{f^2}{\lambda_1^2}}{\dfrac{1+\mu_2}{\lambda_1^2}f^4+\left(\dfrac{1}{\lambda_1^2}+1+\mu_1+\mu_2\right)f^2+1} \tag{3-14}$$

$$\beta_1=0，\beta_2=0 时 \quad \left|\frac{X}{U}(f)\right|=\frac{1-\dfrac{f^2}{\lambda_1^2}}{\dfrac{1+\mu_1}{\lambda_2^2}f^4+\left(\dfrac{1}{\lambda_2^2}+1+\mu_1+\mu_2\right)f^2+1} \tag{3-15}$$

$$\beta_1=\beta_2=\infty 时 \quad \left|\frac{X}{U}(f)\right|=\frac{1}{1-(1+\mu_1+\mu_2)f^2} \tag{3-16}$$

在实际计算中，通过解析方法求解比较困难，一般采用数值分析的方法。经过优化设计的复式动力吸振器具有以下特点：

（1）复式动力吸振器中单个吸振器的固有频率不等于主振系的固有频率，当质量比 $\mu \geqslant 0.05$ 时，吸振器频率大于主振系频率；当质量比 $\mu < 0.05$ 时，频率一个大于主振系频率，一个小于主振系频率。质量比越大，吸振器频率与主振系频率偏离也越大。

（2）质量比越大，相应选择的阻尼比也应增大，并且两个阻尼比之间的差值也加大。

（3）增大吸振器质量是降低主振系振动的有效手段。

（4）从总体上来讲，复式动力吸振器比单个动力吸振器的吸振性能优越。

3.1.4　非线性动力吸振器

前面所讲的动力吸振器的刚度和阻尼都是线性的。严格地讲，这种假设并不是处处成立的，即存在非线性。非线性在振动控制中有着特殊的作用，利用刚度非线性和阻尼非线性设计的非线性隔振、吸振装置，往往能够达到比线性装置更好的效果。

在动力吸振器中如果使用非线性弹簧，则吸振器的固有频率与振幅有关。若振幅增大，弹簧刚度也增大，称之为硬弹簧；若振幅增大，弹簧刚度反而减小，则称之为软弹簧。线性弹簧、软弹簧、硬弹簧固有频率与振幅的典型关系如图 3-11 所示。

图 3-12 所示为典型的硬弹簧（或软弹簧）系统中力与变形之间的关系。对于非线性振动问题，除分段线性的情况外，一般难以得到精确解，而只能借助各种近似分析方法。为了分析带有非线性弹簧的动力吸振器装于主振系之后整个系统的反应，引入如下参数：

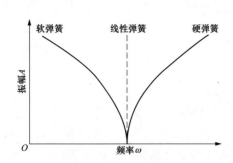

图 3-11　线性与非线性弹簧系统的
固有频率与振幅的典型关系

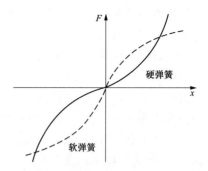

图 3-12　非线性弹簧的力与变形关系曲线

调谐参数 $\qquad\qquad\qquad\qquad a=\omega/\sqrt{k/m}$

频率参数 $\qquad\qquad\qquad\qquad f=\omega/\sqrt{K/M}$

阻尼参数 $\qquad\qquad\qquad\qquad \xi=c/\left(2\sqrt{km}\right)$

则主振系振幅为

$$\frac{A}{X_{st}}=\sqrt{\frac{(1-a^2)^2+(2\xi a)^2}{[(1-a^2)(1-f^2)-f^2\mu]^2+[2\xi a\times(1-f^2-f^2\mu)]^2}} \qquad (3\text{-}17)$$

　　非线性动力吸振器可以将非线性特征引入一个谐振系统中，与线性动力吸振器相比，在机器启动时增加速度通过共振区的过程更快，而在机器停止时减小速度通过共振区的过程更慢，从而实现对机器的保护。

3.2　隔　振

　　振动的产生一般是由运转的机械设备，如冲压机械、电动机、锻压、内燃机等机械及齿轮、轴承等机械部件之间力的传递而引起的。而隔振就是将振动源与地基等结构或机器设备之间装设隔振器或隔振垫层，用弹性连接代替刚性连接，以隔绝或减弱振动能量的传递，从而实现减振降噪的目的。振动能量常以两种方式向外传播而产生噪声，一部分由振动的机器直接向空中辐射，称为空气声；另一部分振动能量则通过承载的基础，向地层或建筑物结构传递。在固体表面，振动以弯曲波的形式传播，因而能激发建筑物的地板、墙面、门窗等结构振动，再向空中辐射噪声，这种通过固体传导的声称为固体声。图 3-13 所示为机械振动的传播途径。

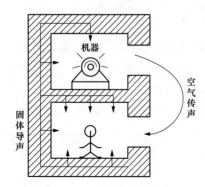

图 3-13　机械振动的传播途径

　　从噪声控制角度研究，隔振并不涉及结构固有振动而导致开裂、下沉、倒塌、破坏等现象，即不涉及强度的计算，只是研究如何降低固体声及空气声，如何将振源（即声源）与基础或其他物体的近于刚性连接改成弹性连接，以防止或减弱振动能量的传播。实际上振动不可能绝对隔绝，所以通常称为隔振减振。

3.2.1　隔振原理

1. 隔振分类

根据隔振的目的不同，隔振通常分为两类。将隔振器设在振源与基础之间，阻断从振源传到基础的振动，称为积极隔振（也称主动隔振）；在操作人员与振动器械之间，操作人员与振动的地板之间，精密机器或仪表与它们的基础之间设置隔振器，阻断从振动器械、楼板（基础）传到人的振动，以及精密机器或仪表上的振动，称为消极隔振（也称被动隔振）。

隔振前，若将一台设备直接安装在钢筋混凝土基础上，设备运转时存在一个周期性的作用于机组的合力 F（干扰力），使设备产生共振。由于设备与基础是刚性体，受力时不变形，因此，设备承受的干扰力几乎全部作用于周围的地层中，地层也发生振动。如此相互作用，便使振动的能量沿固体连续结构很快地传递出去。

若在设备与基础之间安置由弹簧或弹性衬垫（如橡胶、软木等）组成的弹性支座，变原来的刚性连接为弹性连接，由于支座受力可以发生弹性变形，起到缓冲作用，便减弱了对基础的冲击力，使基础产生的振动减弱；并且由于支座材料本身的阻力，振动能量消耗，也减弱了设备传给基础的振动，从而使噪声的辐射量降

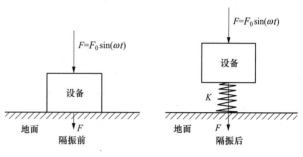

图 3-14　积极隔振装置

低，这就是隔振降噪的基本原理，如图 3-14 所示。这是为降低设备的扰动对周围环境的影响所采取的隔振措施。

如果要降低环境的振动对设备的影响，使设备的振动小于地基的振动，达到保护设备的目的，同样可以在地基与设备之间加装隔振装置，如图 3-15 所示。

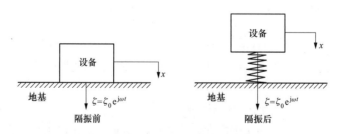

图 3-15　消极隔振装置

隔振时使用的弹性支座称作隔振器，相对于机械设备的质量可以忽略，看作只由弹性支承装置与能量消耗装置组成。

2. 隔振效果评价

描述和评价隔振效果的物理量很多，最常用的是振动传递系数 T。传递系数是指通过隔振元件传递的力与扰动力之间的比值，或传递的位移与扰动位移之间的比值，即 $T = \left| \dfrac{传递力幅值}{扰动力幅值} \right|$ 或 $T = \left| \dfrac{传递位移幅值}{扰动位移幅值} \right|$，使用时根据具体情况选用。$T$ 越小，说明通过隔振元件传递的振动越小，隔振效果也越好。如果 $T = 1$，则表明干扰全部被传递，没有隔振效果，在

地基与设备之间不采取隔振措施就是这类情形；如果地基与设备之间采用了隔振装置，使得 T < 1，则说明扰动只被部分传递，起到了一定的隔振效果；如果隔振系统设计失败，也可能出现 $T > 1$ 的情形，这时振动被放大了。在工程设计和分析时，通常采用理论计算传递系数的方法来分析系统的隔振效果，有时也采用隔振效率来描述隔振系统的性能，隔振效率的定义为

$$\varepsilon = (1 - T) \times 100\% \tag{3-18}$$

在研究单自由度系统的隔振时，对力激励，研究的力学模型为弹性元件与阻尼元件并联的隔振器。设振源质量 m 远小于基础质量，振源只有 x 向自由度，基础为绝对刚体，则可得质量 m 的运动方程：

$$m\ddot{x} + kx + c\dot{x} = F_0 \sin\omega t \tag{3-19}$$

式中：m 为质量，kg；x 为对平衡位置的位移；k 为隔振系统刚度；c 为阻尼系数。

式（3-19）中 x 的通解为

$$x = x_0 \sin(\omega t - \varphi) \tag{3-20}$$

其中，$x_0 = F_0 / \sqrt{[(k - m\omega^2)^2 + (c\omega)^2]}$，$\tan\varphi = c\omega / k - m\omega^2$。

简谐激振力通过隔振器传至基础的力：

$$P = kx + c\dot{x} = P_0 \sin(\omega t - \varphi + \alpha) \tag{3-21}$$

其中，$P_0 = x_0 \sqrt{k^2 + c^2\omega^2}$，$\tan\alpha = c\omega / k$。

传至基础的力幅 P_0 与激振力力幅 F_0 之比为力的传递效率，又称为隔振系数。引入临界阻尼系数 $C_c = 2m\omega_0$，阻尼比 $\xi = \dfrac{c}{C_c}$。其中，系统的固有频率 $\omega_0 = \sqrt{\dfrac{k}{m}}$，频率比 $z = \dfrac{\omega}{\omega_0}$。于是，这时的隔振系数 T_F 为

$$T_F = \frac{P_0}{F_0} = \frac{\sqrt{1 + (2\xi z)^2}}{(1 - z^2)^2 + (2\xi z)^2} \tag{3-22}$$

当阻尼忽略不计时，$\xi = 0$，$T_F = \dfrac{P_0}{F_0} = \dfrac{1}{|1 - z^2|}$。

当 $z \ll 1$ 时，$T \approx 1$，当系统的固有频率远大于激励频率时，隔振效果几乎没有。

当 $z < \sqrt{2}$ 时，$T > 1$，不但没有什么隔振效果，反而会将原来的振动放大。

当 $z = 1$ 时，系统还要产生较大的共振振幅。

当 $z > \sqrt{2}$ 时，$T < 1$，振动隔离才有可能。

对于运动激励，在与力激励相同的假设下，若基础运动方程为 $u = u_0 \sin\omega t$，则在建立坐标基础上，质量块 m 的运动方程为

$$m\ddot{x} + kx + c\dot{x} = ku + c\dot{u} \tag{3-23}$$

m 的受迫振动稳态响应为

$$x = x_0 \sin(\omega t - \varphi) \tag{3-24}$$

其中，$x_0 = [\sqrt{1 + (2\xi z)^2} / \sqrt{(1 - z^2)^2 + (2\xi z)^2}]u$；$\varphi$ 为位移 x 对激振力 P 的相位差，$\tan\varphi = 2\xi z^2 / [1 - z^2 + (2\xi z)^2]$。

质量块 m 的位移幅值与基础位移幅值之比为运动传递率，记为 T_D，又称为隔振系数，这时隔振系数 $T_D = x_0 / u_0 = T_F$。由此得出，力的传递率和运动的传递率是相同的。因此，隔力与隔振有着共同的规律，故把这两种传递率均用隔振系数 T 表示。

隔振系数 T 是频率与阻尼比的函数，有效的隔振设计应使简谐激励的频率与系统的固有频率之比大于 $\sqrt{2}$，这是隔振设计的一条重要原则。但是该比值不能过大，如果过大将使隔振效果变差，因此实际应用是应该选取兼顾两者的折中方案。

3. 影响隔振效果的因素

在隔振系统效果评价中，常用隔振系数 T 来表征隔振系统的隔振效果。传递系数 T 值越小，则相同激励条件下通过隔振系统传递过去的力就越小，隔振效果也就越好。隔振设计的目的就是选择并设计合适的隔振参数，使得 r 值较小。图 3-16 所示为振动传递系数 T 与 f/f_0、c/C_c 的关系曲线。

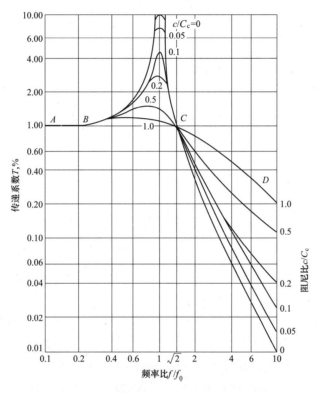

图 3-16　传递系数与频率比、阻尼比的关系曲线

振动传递系数 T 与 f/f_0 的关系主要表现在以下几点：

（1）当 $f/f_0 < 1$ 时，即干扰力的频率小于隔振系统的固有频率时，$T \approx 1$，说明干扰力通过隔振装置全部传给了基础，即隔振系统不起隔振作用。

（2）当 $f/f_0 = 1$ 时，即干扰力的频率等于隔振系统的固有频率时，$T > 1$，说明隔振系统不但起不到隔振作用，反而对系统的振动有放大作用，甚至会产生共振现象。这当然是隔振设计时必须避免的。

（3）当 $f/f_0 > \sqrt{2}$ 时，即干扰力的频率大于隔振系统的固有频率的 $\sqrt{2}$ 倍时，$T < 1$；f/f_0 越大，T 越小，隔振效果越好。通常需要隔振的设备的特性是给定的，因此，要想得到好的隔振效果，在设计隔振系统时就必须充分考虑系统的固有振动特性，使设备的整体振动频率

f_0 比设备干扰频率 f 小得多，从而得到好的隔振效果。从理论上讲，f/f_0 越大，隔振效果越好，但是在实际工程中必须兼顾系统稳定性和成本等因素，一般设计 $f/f_0=2.5\sim5$。这是因为通常 f 是给定的，要进一步提高 f/f_0，就只有降低 f_0，而设计过低的 f_0 不仅在工艺上存在困难，而且造价较高。

振动传递系数 T 与 c/C_c 的关系主要表现在以下几点：

（1）$f/f_0<\sqrt{2}$ 时，即隔振系统不起隔振作用甚至发生共振的区域，c/C_c 值越大，T 值越小，这表明在这段区域增大阻尼对控制振动是有利的。特别是在系统共振时，这种有利的作用更明显。

（2）在 $f/f_0>\sqrt{2}$ 时，即隔振系统起隔振作用的区域，c/C_c 值越小，则 T 值越小，表明在这段区域阻尼越小对控制振动越有利，也就是说此时阻尼对隔振是不利的。

以上分析表明：要取得比较好的隔振效果，首先必须保证 $f/f_0>\sqrt{2}$，即设计比较低的隔振系统频率。如果系统干扰频率 f 比较低，系统设计时很难达到 $f/f_0>\sqrt{2}$ 的要求，则必须通过增大隔振系统阻尼的方法以抑制系统的振动响应。此外，对于旋转机械（如电动机等），在这些机械的启动和停止过程中，其干扰频率是变化的，在这个过程中必然会出现隔振系统频率与机器扰动频率一致的情形，为了避免系统共振，设计这些设备的隔振系统时就必须考虑采用一定的阻尼以限制共振区附近的振动。通常隔振器的阻尼比 $c/C_c=2\%\sim20\%$，钢制弹簧 $c/C_c<1\%$，纤维垫 $c/C_c=2\%\sim5\%$，合成橡胶 $c/C_c>20\%$。

3.2.2 隔振设计

在隔振设计中，通常把 100Hz 以上的干扰振动定义为高频振动，6～100Hz 的振动为中频振动，6Hz 以下的振动为低频振动。常用的绝大多数工业机械设备所产生的基频振动都属于中频振动，部分工业机械设备所产生的基频振动的谐频和个别的机械设备（如高速转动备）产生的振动属于高频振动，而地壳的振动和地震等产生的振动都属于低频振动。在工业振动控制中，遇到最多的就是 6～100Hz 的中频振动。

从隔振原理和隔振性能分析结果来看，隔振设计可以分以下几步进行：

（1）测试分析，确定被隔振设备的原始数据，包括安装台座的尺寸、质量、重心和中心主惯性轴的位置，机器质量和转动惯量，以及激励振动源的大小、方向、频率、位置等。以上数据通常可以通过调查统计或查阅相关机器设备制造和安装图纸加以确定。

（2）由以上数据，按频率比 $f/f_0=2.5\sim5$ 的要求计算隔振系统的固有频率 f_0，也可以根据隔振设计的具体要求，例如设备所允许的振幅，来计算隔振系统的固有频率。在计算频率比时，如果有几个频率不同的振动源都需要隔离，则激励频率应该取激励频率中最小的那个为设计计算值。

（3）根据隔振系统所需要的固有频率，计算隔振器应该具有的劲度。

（4）计算设备工作时的振幅，核算是否满足隔振设计的要求。必要时通过降低隔振系统的劲度或增加机座的质量来达到要求的隔振指标。

（5）根据计算结果和工作环境要求，选择隔振器的类型及安装方式，计算隔振器的尺寸并进行结构设计。最后必须考虑隔振系统隔振效率和设备启停过程中通过共振区时的振幅，由此决定共振系统的阻尼。

表 3-1 提供了工程实践中常见机械设备的扰动频率。

表 3-1　　　　　　　　　　　　　　常见机械设备的扰动频率

设备类型	振动频率（Hz）
风机类	轴的转数；轴的转数×叶片数
电机类	轴的转数；轴的转数×电机极数
齿轮	轴的转数×齿数
轴承	轴的转数×滚珠数/2（轴转 2 圈，滚珠转 1 圈）
变压器	交流电频率×2
压缩机	轴的转数
内燃机	轴的转数；轴的转数×发动机缸数转数

在工程设计中，有时还会用到隔振系统固有隔振频率 f_0(Hz)与隔振系统弹性构件在机组重力作用下的静态压缩量 x(cm)之间的关系：

$$f_0 = \frac{5}{\sqrt{x}} \tag{3-25}$$

对于橡胶材料，则需要考虑其动态特性，此时有

$$f_0 = \frac{5}{\sqrt{x}} \sqrt{\frac{E_d}{E_0}} \tag{3-26}$$

式中：x 为隔振系统弹性构件在机组重力作用下的静态压缩量，cm；E_d、E_0 为橡胶材料的动态和静态弹性模量。

对于丁腈橡胶，$E_d/E_0 = 2.2 \sim 2.8$；对于胶合玻璃纤维板，$E_d/E_0 = 1.5$；对于矿渣棉，$E_d/E_0 = 1.5$；对于软木，$E_d/E_0 = 1.8$。

隔振器通常有成品可以选用，出厂时都附有相关测试数据，可以根据需要选择并计算其相关参数，有时也可根据试验直接测量其静态压缩量，以确定隔振器的固有频率。

隔振系统的固有频率越低，越有利于隔振。分析式（3-25）可以知道，要得到较低的固有频率，就需要有较大的静态压缩量 x。在条件允许并确保系统稳定性的情况下，加大设备的基础质量或选择劲度较小的弹性构件，都可以得到较大的静态压缩量。这样，对于给定的干扰系统和干扰频率，都可以得到较好的隔振效果。

设计隔振装置时，可以由扰动频率 f 和系统固有频率 f_0（或静态压缩量 x）计算系统的传递率 T，或根据需要的传递率和已知的扰动频率，求出固有频率（或静态压缩量 x）。

在工程实践中，凡是能够支撑运动设备动力载荷，具有良好弹性恢复性能的材料或装置，都可以作为隔振材料或隔振元件使用。常用的隔振材料有钢弹簧、橡胶、软木、毛毡类等，此外还有空气弹簧、液体弹簧等。常见隔振材料的性能比较见表 3-2。

表 3-2　　　　　　　　　　　　常见隔振材料的性能比较

性能	剪切橡胶	金属弹簧	软木	玻璃纤维	气垫
最低自振动频率（Hz）	3	1	10	7	0.2
横向稳定性	好	差	好	好	好
抗腐蚀老化	较好	最好	较差	较好	较好
应用广泛程度	广泛应用	广泛应用	不够广泛	手工部门应用	极少应用
施工与安装	方便	较方便	方便	不方便	不方便
造价	一般	较高	一般	较高	高

3.2.3 常用隔振器

1. 钢弹簧隔振器

钢弹簧隔振器是一种常用的隔振器，它有螺旋弹簧式隔振器和板条式钢板隔振器两种类型。

螺旋弹簧式隔振器应用非常普遍，如各类风机、空气压缩机、破碎机、压力机、锻锤机等都可以采用，如果设计合理，可以得到较好的隔振效果。

板条式隔振器由多根钢板叠加在一起构成，它在充分利用钢板良好的弹性的同时，还极好地利用了钢板变形时在钢板之间产生的摩擦阻尼，以达到一定的摩擦阻尼比。板条式隔振器多用于汽车的车体减振，在只有单方向冲击载荷的场合也可以使用板条式隔振器。

钢弹簧隔振器的优点：①可以达到较低的固有频率，如 5Hz 以下；②可以得到较大的静态压缩量，通常可以取得 20mm 的压缩量；③可以承受较大的载荷；④耐高温、耐油污、性能稳定。

钢弹簧隔振器的缺点：①由于存在自振动现象，容易传递中频振动；②阻尼太小，临界阻尼比一般只有 0.005，因此对于共振频率附近的振动隔离能力较差。为了弥补钢弹簧的这一缺点，通常采用附加黏滞阻尼器的方法，或在钢弹簧钢丝外敷设一层橡胶，以增加钢弹簧隔振器的阻尼。

2. 橡胶隔振器

橡胶隔振器也是工程中常用的一种隔振装置。橡胶隔振器最大的优点是本身具有一定的阻尼，在共振点附近有较好的隔振效果。橡胶隔振器通常采用硬度和阻尼合适的橡胶材料制成，根据承力条件的不同，可以分为压缩型、剪切型、压缩剪切复合型等。

橡胶隔振器一般由约束面与自由面构成，约束面通常和金属相接，自由面则指垂直加载于约束面时产生变形的那一面。在受压缩负荷时，橡胶横向胀大，但与金属的接触面则受约束，因此，只有自由面能发生变形。这样，即使使用同样弹性系数的橡胶，通过改变约束面和自由面的尺寸，制成的隔振器的劲度也不同。即橡胶隔振器的隔振参数，不仅与使用的橡胶材料成分有关，也与构成形状、方式等有关。设计橡胶隔振器时，其最终隔振参数需要由试验确定，尤其在要求较准确的情况下，更应如此。

橡胶隔振器的设计主要是选用硬度合适的橡胶材料，根据需要确定一定的形状、面积和高度等。在分析计算中，就是根据所需要的最大静态压缩量 x，计算材料厚度和所需压缩或剪切面积。

材料的厚度为

$$h = xE_d/\sigma \qquad (3-27)$$

式中：h 为材料厚度，m；E_d 为橡胶的动态弹性模量，Pa；σ 为橡胶的允许载荷，Pa。

所需面积为

$$S = M/\sigma \qquad (3-28)$$

式中：S 为橡胶的支撑面积，m^2；M 为机组质量，kg。

橡胶的材料常数 E_d 和 σ 通常由试验测得，常用橡胶的参数见表 3-3。

橡胶隔振器实质上是利用橡胶弹性的一种"弹簧"，与金属弹簧相比较，具有以下特点：

(1) 形状可以自由选定，可以做成各种复杂形状，有效地利用有限的空间。

表 3-3　　　　　　　　　　　　常用橡胶的参数

材料名称	许用压力 σ（MPa）	动态弹性模量 E_d（MPa）	E_d/σ
软橡胶	0.1～0.2	5	25～50
较硬橡胶	0.3～0.4	20～25	50～83
开槽或有孔橡胶	0.2～0.25	4～5	18～25
海绵状橡胶	0.03	3	100

（2）橡胶有内摩擦，即临界阻尼比较大，因此不会产生像钢弹簧那样的强烈共振，也不至于形成螺旋弹簧所特有的共振激增现象。另外，橡胶隔振器都是由橡胶和金属接合而成的，金属与橡胶的声阻抗差别较大，可以有效地起到隔声的作用。

（3）橡胶隔振器的弹性系数可借助改变橡胶成分和结构而在相当大的范围内变动。

（4）橡胶隔振器对太低的固有频率 f_0（如低于 5Hz）不适用，其静态压缩量也不能过大（如一般不应大于 1cm）。因此，对具有较低的干扰频率机组和重量特别大的设备不适用。

（5）橡胶隔振器的性能易受温度影响。在高温下使用，性能不好；在低温下使用，弹性系数也会改变。例如，天然橡胶制成的橡胶隔振器使用温度为 $-30\sim60$℃。

橡胶一般怕油污，在油中使用，易损坏失效。如果必须在油中使用，则应改用丁腈橡胶。为了增强橡胶隔振器适应气候变化的性能，防止龟裂，可在天然橡胶的外侧涂上氯丁橡胶。此外，橡胶减振器使用一段时间后，应检查它是否因老化而产生弹性变差，如果已损坏应及时更换。

3. 空气弹簧

空气弹簧也称气垫。这类隔振器的隔振效率高，固有频率低（1Hz 以下），而且具有黏性阻尼，因此，具有良好的隔振性能。空气弹簧的组成原理如图 3-17 所示。当负荷振动时，空气在空气室与储气室间流动，可通过阀门调节压力。

这种减振器是在橡胶空腔内充入一定压力的气体，使其具有一定弹性，从

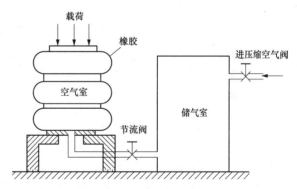

图 3-17　空气弹簧的构造原理

而达到隔振的目的。空气弹簧一般载荷附设有自动调节机构。当负荷改变时，可调节橡胶腔内的气体压力，使之保持恒定的静态压缩量。空气弹簧多用于火车、汽车和一些消极隔振的场合。例如工业用消声室，在几百吨混凝土结构下垫上空气弹簧，向内充气压力达 1MPa，固有频率接近 1Hz。空气弹簧的缺点是需要有压缩气源及一套复杂的辅助系统，造价昂贵，并且荷重只限于一个方向，故一般工程上采用较少。

还有一些专业生产厂家生产的专用隔振材料和装置，可用于不同条件下的隔振，在此不再详述。工程应用中除单独使用某种隔振材料外，也常将几种隔振材料结合使用，应用最多的有钢弹簧-橡胶复合式隔振器、软木-弹簧隔振装置及毡类-弹簧隔振装置等，这些隔振装置综合了不同材料的优点。

3.2.4　隔振沟

在振动波传播的途径上挖沟以阻止振动的传播，称为隔振沟。如果振动是以在地面传播的表面波为主，采用隔振沟的方法十分有效。一般来说，隔振沟越深，隔振效果越好，而沟的宽度对隔振效果影响不大。隔振沟中间以不填材料为佳。若为了防止其他物体落入沟内，可适当填些松散的锯末、膨胀珍珠岩等材料。

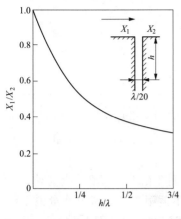

图 3-18　隔振沟的隔振效果

图 3-18 所示为由试验得出的结果。沟的宽度取振动波的地表波波长的 1/20，纵轴以沟前振幅 X_1 与沟后振幅 X_2 之比为刻度。由图 3-18 可以看出，当沟的深度为波长的 1/4 时，振幅减小为 1/2；当沟深度为波长的 3/4 时，振幅减小为 1/3。不同振动频率地表波的速度与波长见表 3-4。如果沟的深度再增加，不仅施工困难，隔振效果的提高也不明显。隔振沟可用在积极隔振上，即在振动的机械设备周围挖掘隔振沟，防止振动由振源向四周传播扩散；也可以用在消极隔振上，即在怕受振动的精密仪器附近，在垂直干扰振动传来的方向上挖掘隔振沟。

表 3-4　　　　　　　　　　　　不同振动频率地表波的波速与波长

振动频率（Hz）	地表速度（m/s）	波长 λ（cm）
10	140	1400
200	137	68.6
250	138	51.2
300	126	42.1
350	117	53.5

3.3　阻　尼　减　振

很多噪声和振动是由板结构产生的。对于大多数板结构，其本身所含阻尼很小，而声辐射效率很高。传统方法是通过加筋等措施，提高其刚性，降低噪声振动。这种方法的实质并不是增加阻尼，而是改变板件结构本身的固有振动频率。如果实际情况允许，采用此方法是有效的。但是，在大多数情况下，移动某一构件固有的频率是不可行的，或虽可行但又使得另一部分构件的振动加大。降低这种噪声振动普遍采用的方法是在振动构件上紧贴或喷涂一层高阻尼的材料，或者把板件设计成夹层结构，又使固体振动时能量尽可能多地耗散在阻尼层中。这种降噪措施习惯上称为阻尼减振。这种技术广泛应用于各类机械设备和交通运输工具的噪声振动控制中，如输氧管道、机器的防护壁、车体、飞机外壳等。

3.3.1　阻尼减振原理

阻尼是指阻碍物体的相对运动并把运动能量转化为热能或其他可以耗散能量的一种作用。当金属板壳上涂以高阻尼之后，若受激产生振动，阻尼层也随之振动，一弯一折使得阻尼层时而被压缩，时而被拉伸，阻尼材料内部的分子不断产生相对位移，由于其内摩擦阻力很大，导致振动量大大损耗，不断转化为热能，同时阻尼层的刚度总是力图阻止板面的弯曲振动，从而降低了金属板的噪声辐射。

通常用损耗因子来表示阻尼的大小，定义为在每单位弧度的相位变化的时间内，内损耗的能量与系统的最大弹性热能之比。损耗因子表征了板结构共振时，单位时间振动能量转变成热能的大小，η 越大，其阻尼特性越好。

损耗因子的测量多采用共振法，试验装置见图 3-19。测量时选用狭长的板，并在某振型的节点处，通过悬线挂在支架上，两端自由，采用电磁换能器，一端激发，一端接收。当振荡器由低频到高频连续扫描时，可在接收端记录到一个个共振峰响应，由电平记录仪记录共振峰的频率和共振峰半宽度，则 η 为

$$\eta = \frac{\Delta f}{f_\tau} \tag{3-29}$$

式中：Δf 为共振峰半宽度；f_τ 为共振频率。

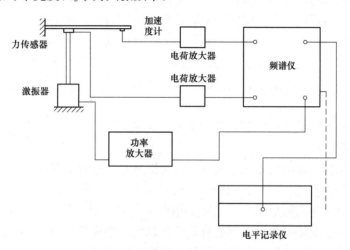

图 3-19　损耗因子的测量装置

也可以在某一共振频率处，令激发信号突然消失，试件将以某一简谐振动方式做自由振动，由于试件本身阻尼作用，振动指数规律衰减，用电平记录仪可记录振动衰减曲线从而计算出混响时间，损耗因子计算公式为

$$\eta = \frac{2.2}{T_{60} f_\tau} \tag{3-30}$$

式中：T_{60} 为试件振动衰减 60dB 所经过的时间，s；f_τ 为共振频率，Hz。

从工程应用的角度讲，阻尼的产生机理就是将广义振动的能量转换成可以耗损的能量，从而抑制振动、冲击、噪声。从物理现象区分，阻尼大致可分为以下六类：

（1）工程材料内阻尼。工程材料种类繁多，尽管其耗能的微观机制有差异，宏观效应却基本相同，都表现为对振动系统具有阻尼作用，因这种阻尼起源于介质内部，故称为工程材料内阻尼。

（2）液体的黏滞阻尼。在实际工程中，各种结构往往与流体相接触，而大部分流体都具有一定的黏滞性，当这些结构相对其周围流体介质运动时，后者给前者以运动阻力，对振动物体做负功，使其损失一部分机械能，这些机械能最终转变为热能。

（3）结构阻尼与库仑摩擦阻尼。相互压紧的两个表面有滑动趋势或者出现相对滑动时，这两个表面上立即产生一对方向相反的力，这就是干摩擦力，也称为库仑阻尼力。

（4）冲击阻尼。冲击阻尼是另一种结构耗能方式。工程中可以通过设置冲击阻尼器来获得冲击阻尼，例如砂、细石、铅丸或其他金属块以至于硬质合金等，均可用作冲击块，以获得冲击阻尼。

（5）辐射阻尼。当振动物体带动周围连续介质运动时，振动物体的一部分运动能量以波的形式传播出去。这些能量的绝大部分不再回到振动物体上，因此，振动物体损失了这部分能量，其宏观表现相当于存在做负功的阻尼力，这就是辐射阻尼。

（6）磁电效应阻尼。在机械能转变为电能的过程中，由磁电效应产生阻尼，如家用电度表中阻尼结构实质上就是机械能与电能的转换器，它产生的磁电效应可以称为涡流阻尼。

阻尼的作用主要有以下五个方面：

（1）减小机械结构的共振振幅，从而避免结构因动应力达到极限造成结构破坏。

（2）有助于机械系统在受到瞬间冲击后，很快恢复到稳定状态。

（3）减少因机械振动所产生的声辐射，降低机械性噪声。

（4）可以提高各类机床、仪器等的加工精度、测量精度和工作精度。各类机器尤其是精密机床，在动态环境下工作需要有较高的抗振性和动态稳定性，通过各种阻尼处理可以大大提高其动态性能。

（5）阻尼有助于降低结构传递振动的能力。

3.3.2　阻尼材料

阻尼可使沿结构传递的振动能量衰减，还可以减弱共振频率附近的振动。常用的阻尼材料是那些具有显著内损耗、内摩擦的材料，典型的如沥青、橡胶以及其他一些高分子材料。

常用的阻尼材料还有阻尼浆。阻尼浆是用多种高分子材料组成的，主要有基料、填料、溶剂三部分。其中，起阻尼作用的主要材料称作基料，如橡胶、沥青等；帮助增加阻尼、减少基料用量以降低成本的辅助材料称为填料，如膨胀珍珠岩、软木粉、石棉纤维等；溶解基料、防止干裂的辅料称为溶剂，如矿物质和植物油等。

由于阻尼材料是在发展中的新材料，所以其制造工艺、生产设备、原材料配制等还不成熟，成本较高，性能不稳定，使用寿命也正在受到考验。同时，防水、防油以及燃烧、毒性等方面的性能仍需改进。

大多数材料的损耗因子处于 $10^{-4} \sim 10^{-1}$ 范围内。常用材料的损耗因子见表 3-5。

表 3-5　　　　　　　　　　　　常用材料的损耗因子

材料	损耗因子	材料	损耗因子
钢铁	$1 \times 10^{-4} \sim 6 \times 10^{-4}$	木纤维板	$1 \times 10^{-2} \sim 3 \times 10^{-2}$
有色金属	$1 \times 10^{-4} \sim 2 \times 10^{-3}$	混凝土	$1.5 \times 10^{-2} \sim 5 \times 10^{-2}$
玻璃	$0.6 \times 10^{-3} \sim 2 \times 10^{-3}$	砂（干砂）	$1.2 \times 10^{-1} \sim 6 \times 10^{-1}$
塑料	$5 \times 10^{-3} \sim 1 \times 10^{-2}$	黏弹性材料	$2 \times 10^{-1} \sim 5$
有机玻璃	$2 \times 10^{-2} \sim 4 \times 10^{-2}$		

3.3.3　阻尼基本结构

阻尼减振技术是通过阻尼结构得以实施的。阻尼结构是指将阻尼材料与构件结合成一体以消耗振动量的结构，通常有以下几种基本形式：

（1）自由阻尼层结构，即在振动构件的基层板上牢固地黏合一层高内阻尼材料，见图 3-20（a）。这种结构的损失因数与阻尼层和基层板的厚度比及其弹性模量比有关。阻尼层的厚度一般以基层板厚度的 1～4 倍为宜。

（2）间隔阻尼层结构，是在阻尼层与基层板之间增加一层能承受较大剪切力的间隔层（一般用刚性蜂窝结构），目的是增加阻尼层的剪切变形。

（3）约束阻尼层结构，是在自由阻尼层的外侧再黏附一种弹性模量很大的薄层材料（如金属箔层），外侧薄层对阻尼层起约束作用，以增加其剪切变形。约束薄层、阻尼层与基层板的厚度比可以小到 1∶1∶10。

（4）间隔约束阻尼层，即在约束层与金属板之间再加一层间隔层，使间隔阻尼层结构和约束阻尼层结构的优点结合起来，见图 3-20（b）。除此之外，还有其他结构形式，但基本机理是相同的，共同的特点就是以最少的阻尼材料发挥尽可能大的阻尼作用，以达到减轻结构重量、节约材料的目的。

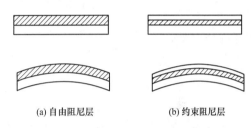

(a) 自由阻尼层　　　　　(b) 约束阻尼层

图 3-20　阻尼涂层结构示意

自由阻尼层结构和约束阻尼层结构是提高机械结构阻尼的主要结构形式之一。通过在各种结构件上直接黏附阻尼材料结构层，可增加结构件的阻尼性能，提高其抗振性和稳定性。

1. 自由阻尼层结构

自由阻尼层结构是将阻尼材料直接粘贴或涂敷在需要减振的金属板的一面或两面。当板振动和弯曲时，板和阻尼层可自由压缩和延伸，从而使部分机械能损耗。

自由阻尼层结构的损耗因子与阻尼材料的损耗因子、基板和阻尼材料的弹性模量比、厚度比等有关。图 3-21 所示为不同厚度比、弹性模量比、损耗因子之间的关系曲线。当阻尼材料的弹性模量比较小时，自由阻尼结构的损耗因子可以表示为

$$\eta = 14\eta_2 \frac{E_2}{E_1}\left(\frac{H_2}{H_1}\right)^2 \tag{3-31}$$

式中：η_2 为阻尼材料损耗因子；E_1、E_2 为基板和阻尼材料的弹性模量；H_1、H_2 为基板和阻尼材料的厚度。

如果 E_2/E_1 的值过小，降振效果就差。对于大多数情况，E_2/E_1 的数量级为 10^{-4}～10^{-1}，只有较高的厚度值，才能达到较高的阻尼。通常厚度比取 2～4 为宜，比值过小，降振效果差；比值过大，降振效果增加不明显，造成材料的浪费。

自由阻尼层结构多用于管道包扎及消声器、隔声设备等易振动的护板上。

2. 约束阻尼层结构

约束阻尼层结构是将阻尼材料涂在两层金属板之间，当金属板振动和弯曲时，阻尼层受金属板约束不能伸缩变形，主要受剪切变形，可耗散更多的振动能，与自由阻尼结构相比减振效果更好。

约束阻尼层结构通常选用阻尼层和金属板相等的对称性结构，它的施工复杂，造价高，

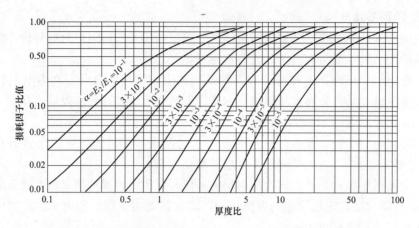

图 3-21　自由阻尼结构的损耗因子比值与厚度比的关系曲线

只用在减振要求较高的场合。

3.4　吸　　声

在降噪措施中，吸声是一种有效的方法。因而在工程中被广泛应用，采用吸声手段改善噪声环境时，通常有两种处理方法：一是采用吸声材料；二是采用吸声结构。吸声是一种有效的阻断与减少声传播的措施。与隔声、消声、隔振与阻尼等措施相比，吸声是一种最基本、最常用的措施，在噪声控制技术中占有重要地位。

3.4.1　吸声原理

一般未做任何声学处理的工厂车间内，墙壁的内表面往往使用坚硬的材料组成，如混凝土壁面、抹灰的砖墙、背面贴实的硬木板等。这些材料与空气的特征阻抗相差较大，对声波的反射能力较强。在房间中声源发射声波时，听者接收的声音有直接传来的直达声，也有由声波传播中受到壁面的多次反射而形成的混响声。直达声与混响声的叠加，增加了听者接收的噪声强度。实验证明，由于混响的作用，噪声源在车间内所产生的噪声级比在室外产生的噪声级要高近 10dB，这就是常感到室内机器噪声比室外响得多的直接原因。

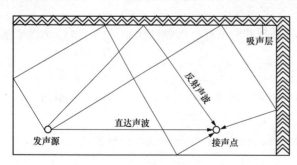

图 3-22　吸声降噪示意

为降低混响声，通常采用可以吸收声能的材料或结构设置在房间的壁面上。这些材料和结构的吸声降噪过程如图 3-22 所示，其吸声原理为噪声源发出的噪声声波遇到吸声材料或结构的壁面时，部分声能被吸收掉，使反射声减弱，这时听者接收到的是直达声和已减弱的混响声，总噪声级降低。利用能够吸收声能的材料或结构吸收声能以降低噪声的办法称为吸声降噪。值得强调的是，吸声处理只能减弱吸声面上的反射声，即只能降低车间内的混响声，对于直达声却没有什么效果。因此，吸声处理只有当混响声占主要地位时才有明显的降噪效果，而当直达声占主要地位时，吸声处理作用不大。在直达声影响较大的噪声源近处，吸声处理的减弱效果远不如在噪声源远处的效果。

目前在一般建筑和工业建筑中，广泛应用吸声材料或结构处理降噪。房间内墙面和天花板装饰合适的吸声材料或吸声结构，可以有效降低室内噪声。实践证明，经吸声处理后，室内混响声一般可以降低 5~10dB（A）。通常在 A 声级降低 5dB 时，人们便明显感觉噪声降低。最理想的效果是消声室，其表面采用尖劈吸声结构处理，每个墙面的吸收都达到 99% 以上。但是，消声室造价昂贵，一般厂房不采用尖劈吸声结构进行处理，只在特殊实验室使用，以达到较好的消声效果。

1. 吸声系数

声音以声波的形式在空气中传播遇到墙体时，由于介质特性阻抗的变化，一部分声能被屏障物反射回去，一部分被屏障物吸收，如图 3-23 所示。工程实际应用中通常采用吸声系数 α 表示吸声材料吸声能力的大小。吸声系数定义为被材料吸收的声能与入射到材料上的总声能之比，即

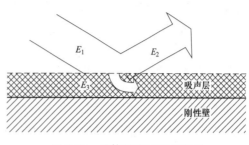

图 3-23　墙体吸声层吸声原理

$$\alpha = \frac{E_3}{E_1} = \frac{E_1 - E_2}{E_1} \tag{3-32}$$

式中：E_1、E_2、E_3 分别为入射声能、反射声能和吸收声能，dB。

从式（3-32）可以发现：当声波被完全反射时，吸声系数 $\alpha = 0$，说明此材料或结构不能吸收声能；当声波被完全吸收时，吸收系数 $\alpha = 1$，说明没有声波的反射。一般吸声材料的吸声系数都在 0~1 范围内，α 值越大，表明材料的吸声性能越好。

吸声系数的大小与吸声材料的结构、性质、声波入射的频率有关。各种材料的吸声系数通常由实验测得，也可以直接查阅有关声学手册或图书获得一些常用吸声和建筑材料的吸声系数。由于不同的材料或结构的吸声系数与频率密切相关，不同频率处吸声性能不同，因此，工程中通常采用 125、250、500、1000、2000、4000Hz 六个频率下的吸声系数来表征某一材料或结构的吸声频率特性。表 3-6 和表 3-7 列出了常用吸声材料和建筑材料的这六个频率下的吸声系数。只有在这六个频率处的吸声系数算术平均值都大于 0.2 的材料，才能作为吸声结构使用。表 3-6 列出的八种吸声材料的吸声系数算术平均值都大于 0.2，均是较好的吸声材料；而表 3-7 列出的八种建筑材料的吸声系数均较小。

表 3-6　　　　　　　　　　常用吸声材料的吸声系数

材料名称	密度（kg/m³）	厚度（cm）	吸声系数					
			125Hz	250Hz	500Hz	1000Hz	2000Hz	4000Hz
超细玻璃棉	20	10	0.25	0.60	0.85	0.87	0.87	0.87
矿棉	240	6	0.25	0.55	0.78	0.75	0.87	0.01
毛毡	370	7	0.18	0.35	0.43	0.50	0.53	0.54
聚氨酯泡沫	45	8	0.2	0.40	0.95	0.90	0.98	0.85
膨胀珍珠岩	350	8	0.34	0.47	0.40	0.37	0.43	0.55
木丝板		2	0.15	0.14	0.16	0.34	0.73	0.52

表 3-7   常用建筑材料的吸声系数

材料名称	吸 声 系 数					
	125Hz	250Hz	500Hz	1000Hz	2000Hz	4000Hz
清水砖墙	0.02	0.03	0.04	0.04	0.05	0.07
普通抹灰	0.02	0.02	0.02	0.03	0.04	0.04
混凝土	0.01	0.01	0.02	0.02	0.02	0.03
粉面砖墙	0.01	0.02	0.02	0.03	0.04	0.05
涂漆砖墙	0.01	0.01	0.02	0.02	0.02	0.03
混凝土砖	0.03	0.44	0.31	0.29	0.39	0.25
木板门	0.16	0.15	0.10	0.10	0.10	0.10
玻璃窗	0.35	0.25	0.18	0.12	0.07	0.04

　　根据声波入射角度的不同，吸声材料或结构的吸声系数也不同。在专门的声学实验室（混响室）中，使用不同频率的声波以相等概率从各个角度入射到材料表面，接近于实际声场。这时所测得的吸声系数称为混响室法吸收系数或无规入射吸声系数，通常记作 α_m。混响吸声系数反映了声波从不同的角度以相同概率入射时的综合吸声系数，与实际工程使用的情况比较接近，因此工程中多采用混响吸声系数来评价吸声特性，在声学设计和噪声控制中也采用此评价参数。若是用专门的声学仪器（驻波管）测得的系数，称为驻管法吸声系数，通常记作 α_0。α_0 是在声波垂直入射吸声材料时测得的，所以又称为垂直入射吸收系数。这种方法简便经济，因此在产品的研制和对比试验中经常使用，缺点是与一般实际入射情况不符，但可以与 α_m 进行换算。测量混响吸声系数需要在专门的混响室内进行，耗费比较大，工程中也经常使用混响吸声系数与垂直入射吸声系数之间的简单换算关系进行工程估算，见表 3-8。利用表 3-8，可以估算混响吸声系数与垂直入射吸声系数之间的关系。例如，某材料的垂直入射吸声系数为 $\alpha_0 = 0.55$，从表 3-8 中左列 $\alpha_0 = 0.50$ 与表中最上行 $\alpha_0 = 0.05$ 的交叉点得到 $\alpha_m = 0.80$。

表 3-8   驻波管与混响室法的吸声系数换算表

α_0	α_m									
	0.00	0.01	0.02	0.03	0.04	0.05	0.06	0.07	0.08	0.09
0.00	0.00	0.02	0.04	0.06	0.08	0.10	0.12	0.14	0.16	0.18
0.10	0.20	0.22	0.24	0.26	0.27	0.29	0.31	0.33	0.34	0.36
0.20	0.38	0.39	0.41	0.42	0.44	0.45	0.47	0.48	0.50	0.51
0.30	0.52	0.54	0.55	0.56	0.58	0.59	0.60	0.61	0.63	0.64
0.40	0.65	0.66	0.67	0.68	0.70	0.71	0.72	0.73	0.74	0.75
0.50	0.76	0.77	0.78	0.78	0.79	0.80	0.81	0.82	0.83	0.84
0.60	0.84	0.85	0.86	0.87	0.88	0.88	0.89	0.90	0.90	0.91
0.70	0.92	0.92	0.93	0.94	0.94	0.95	0.95	0.96	0.97	0.97
0.80	0.98	0.98	0.99	1.00	1.00	1.00	1.00	1.00	1.00	1.00
0.90	1.00	1.00	1.00	1.00	1.00	1.00	1.00	1.00	1.00	1.00

2. 吸声量

工程上评价一种材料的实际吸声效果时，通常采用吸声量进行评价。材料的吸声系数只能说明吸声材料的吸声性能，并不能表达使用该材料实际吸收声能的多少。吸声材料在使用过程中能够吸收的声能量称作该吸声材料的吸声量，记作 A。吸声量是吸声系数与所使用吸声材料的面积之乘积，不仅与吸声材料的吸声系数 α_0 有关，而且与该材料的使用面积有关。对于吸声系数为 α_0、面积为 S 的材料，其吸声量为

$$A = S\alpha_0 \tag{3-33}$$

式中：A 为吸声量，m^2；S 为吸声材料的表面积，m^2。

按定义，$1m^2$ 的吸声量等于 $1m^2$ 敞开窗户所引起的声吸收的吸声量。某材料的吸声系数为 0.5，该材料 $2m^2$ 时吸收的声能等于 $1m^2$ 敞开窗户所吸收的吸声量，才具有 $1m^2$ 的吸声能量。当评价某空间的吸声量时，需要对空间内各吸声处理面积与吸声系数的乘积进行求和。例如，厂房内各壁面具有不同吸声系数的材料时，该厂房内总吸声量为

$$A = S_1\alpha_1 + S_2\alpha_2 + \cdots + S_n\alpha_n = \sum_{i=1}^{n} S_i\alpha_i \tag{3-34}$$

厂房的平均吸声系数为

$$\bar{\alpha} = \frac{A}{S} = \frac{S_1\alpha_1 + S_2\alpha_2 + \cdots + S_n\alpha_n}{S_1 + S_1 + \cdots + S_n} = \frac{\sum_{i=1}^{n} S_i\alpha_i}{\sum_{i=1}^{n} S_i} \tag{3-35}$$

式中：A 为室内各壁面的总吸声量，m^2；S 为室内吸声面的总面积，m^2；S_1、S_2、$\cdots$、S_n 分别为相应吸声系数分别为 α_1、α_2、$\cdots$、α_n 的壁面面积，m^2。

【例 3-1】 某车间尺寸为 $50m \times 8m \times 10m$，两侧墙上挂 6cm 厚矿棉吸声板，两端墙为抹灰粉刷，顶棚挂贴 2cm 厚的木丝板，地面为混凝土，计算该车间的总吸声量和平均吸声系数。

解 以频率 1000Hz 为例计算。由吸声系数表查得，6cm 厚矿棉吸声板的吸声系数 $\alpha_1 = 0.75$，抹灰粉刷墙 $\alpha_2 = 0.03$，2cm 厚的木丝板 $\alpha_3 = 0.34$，混凝土地面 $\alpha_4 = 0.02$，则总吸声量为

$$\begin{aligned}
A &= S_1\alpha_1 + S_2\alpha_2 + S_3\alpha_3 + S_4\alpha_4 \\
&= 2 \times 50 \times 10 \times 0.75 + 2 \times 8 \times 10 \times 0.03 + 50 \times 8 \times 0.34 + 50 \times 8 \times 0.02 \\
&= 898.8 (m^2)
\end{aligned}$$

车间平均吸声系数为

$$\bar{\alpha} = \frac{A}{S} = \frac{A}{S_1 + S_2 + S_3 + S_4} = \frac{898.8}{1000 + 160 + 400 + 400} \approx 0.46$$

3.4.2 吸声材料

1. 吸声材料的选择

采用吸声材料进行声学处理也是最常用的吸声降噪措施。工程上具有吸声作用并有工程应用价值的材料多为多孔性吸声材料，而穿孔板等具有吸声作用的材料，通常被归为吸声结构。把多孔材料做成一定形状的结构装饰在房间的内表面，即可吸收室内中高频噪声。利用某些声学元件如薄板、穿孔板与墙面组合成一定深度的密封空腔，称为共振吸声结构。它可

吸收室内的低频噪声，为了展宽吸声带宽，近年来又研制了许多新的吸声材料和吸声结构。多孔材料主要吸收中高频噪声，大量的研究和实验表明：多孔性吸声材料，如矿棉、超细玻璃棉、聚氯酯泡沫塑料、毛毡、木丝板等，只要适当增加厚度和体积密度，并结合吸声结构设计，其低频吸收声性能也可以得到明显改善。

多孔吸声材料通常作为主要的吸声材料，种类很多，过去多以棉、麻、棕、丝、毛、发为主，属天然的具有一定弹性的动、植物纤维，现在按照材料种类可以分为玻璃棉、岩棉、矿棉等，按多孔性形成机理及结构状况又可分为三种：纤维状、颗粒状和泡沫塑料。纤维型材料是由无数细小纤维形状材料堆叠或压制而成的，如毛毡、木丝板、甘蔗纤维板等有机纤维与玻璃棉、矿渣棉等无机纤维材料。玻璃棉与矿渣棉分别是用熔融状态的玻璃、矿渣棉和岩石吹制成细小纤维状的吸声材料。泡沫型材料是由表面与内部都有无数微孔的高分子材料制成的，如聚氨酯泡沫塑料、微孔橡胶等。颗粒状材料主要有膨胀珍珠岩和其他微小颗粒状材料制成的吸声砖等，如膨胀珍珠岩是将珍珠岩粉碎、再急剧升温焙烧所得的多孔细小粒状材料，如陶土吸声砖等。

多孔吸声材料在结构上有一共同特征，就是在表面和内部都有无数微细的孔隙，微孔的孔径多在几微米到数十微米之间。这些微孔互相贯通，具有良好的通气性能，这些微孔总体积约占总体积的 95% 以上，如超细玻璃棉层孔隙率可大于 99%。个别材料（如膨胀珍珠岩等）虽然材料内部的孔为闭孔，即孔不与外界相通，但细小的颗粒与颗粒间却可形成无数的微细孔隙，多孔吸声材料正是由于具有这种特殊的结构，才具有良好的吸声性能。

当声波入射到多孔吸声材料表面时，一部分声波从多孔材料表面反射，另一部分声波透射进入孔隙，并衍射到材料内部的微孔内。进入多孔材料的这部分声波，会引起孔隙中的空气运动。从而引起多孔性吸声材料内空气和材料细小纤维的振动，由于空气分子之间的黏滞阻力，以及孔隙中的空气和孔壁与纤维之间的热传导，从而相当一部分能量转化为热能而被消耗掉。这就是多孔材料的吸声机理。特别是低频的吸收，主要依靠材料细纤维的振动来实现。此外，声波在多孔性吸声材料内经过多次反射进一步衰减，当进入多孔性吸声材料内的声波再次返回时，声波能量已经衰减很多，只剩下小部分的能量，大部分则被多孔性吸声材料损耗吸收掉。由以上吸声的机理可知，只有那种细孔对外敞开并且数量丰富，内部孔与孔之间互相连通的多孔材料，才可能使声能深入到材料内层。这样，声波才可以顺利地透入。而一些具有封闭微孔的整体材料，如聚氯乙烯和聚苯乙烯泡沫塑料，虽然也属于多孔材料，但吸声性能并不理想。

因此，在选用多孔吸声材料时要注意材料的多孔性：材料表面多孔、内部孔隙率高、孔与孔间相互连通等。超细玻璃棉具有这些特性，是比较好的吸声材料。它的纤维直径为 $4\mu m$，纤维长度为 $60\sim80mm$，体积密度为 $15\sim25kg/m^3$，由于它的直径细、纤维长、体积密度小、不燃、防蛀、无毒、耐热、抗冻、柔软不刺手，超细玻璃棉在噪声控制工程中得到广泛的应用，缺点是吸湿、吸水性较大，受潮后吸声性能下降。

有人常把吸声材料误认为是隔声材料。其实吸声材料质轻、柔软、多孔、透气性好，致使入射的声能不断深入材料中去，进而转化为热能而消耗。隔声材料是把声音隔绝开来，不让声波通过，它要求材料密实厚重，隔声材料的吸声能力是次要的，所以二者不可混淆。对于将轻质闭孔材料作为吸声材料也是一种误解。例如，聚苯乙烯是多孔轻质材料，由于表面无孔，内部互不连通，不能起吸声作用，故不是吸声材料；而聚氨酯泡沫塑料具有吸声材料的特性，所以是良好的吸声材料。另外，对于表面粗糙或凹凸不平的材料，如类似于水泥拉毛的构造，既没有内部连通的孔，也没有空腔，仅能在建筑中作为装饰使用。

一般多孔吸声材料吸收高频声能效果较好，吸收低频声能效果较差。低频声波入射时，微孔内空气与纤维（颗粒）振动频率低。而高频声波容易使孔中空气快速振动，从而消耗较多的声能。微孔中空气质点的振动速度快，也加快了空气与孔壁纤维（颗粒）间的热交换，增大了声能损耗量。孔径越细或频率越高，这种声能吸收的效果越显著。因此，多孔吸声材料通常用于中、高频噪声的吸收。改变多孔材料的物理性质与因素，可展宽多孔吸声材料的吸声带宽，提高材料的吸声性能。

2. 影响吸声材料性能的因素

影响材料吸声特性因素除入射声波的频率，还有多孔吸声材料本身的物性。多孔材料的吸声系数通常随着入射声波频率的增加而增大。大量的工程实践和理论分析表明，影响多孔性吸声材料吸声性能的主要因素有材料的流阻、厚度、体积密度或孔隙率、温度和湿度等。

（1）流阻。流阻 R_t 是评价吸声材料或吸声结构对空气黏滞性能影响大小的参量，即声波引起空气振动时，空气通过材料的难易程度，表示气流通过材料时空气阻力的大小。流阻的定义是微量空气流稳定地流过材料时，材料两边的静压差和流速之比，单位为 kg/（m² · s）：

$$R_t = \frac{\Delta p}{v} \tag{3-36}$$

流阻的大小一般与材料孔隙率、材料或结构的厚度、密度等有关。改变材料的密度，相当于改变材料的孔隙率（包括微孔数目与尺寸）和流阻等。对于一定厚度的同一多孔材料，松软、密度小时，孔隙率大、流阻小，有利于中高频噪声的吸收；反之，密实、密度大时，中低频噪声的吸收均有所改善。但密度过大时，中高频噪声的吸收会明显下降。在一般情况下，过大或过小的密度对吸声都不利。通常将吸声材料或吸声结构的流阻控制在一个适当的范围内，吸声系数大的材料或结构，其流阻也相对比较大，而过大的流阻将影响通风系统等结构的正常工作，因此在吸声设计中必须兼顾流阻特性。因此，对于一定的多孔吸声材料，都存在一个吸收性能最佳的密度范围，常用超细玻璃棉的密度为 $15\sim25\mathrm{kg/m^3}$。

（2）材料的厚度。吸声材料的厚度决定了吸声系数的大小和频率范围。同一种材料厚度一定，在低频范围吸声系数一般较低，随频率的增加而迅速提高，到高频范围起伏不明显。但增加厚度可以增大吸声系数，尤其是增大中、低频吸声系数。图 3-24 所示为四种不同厚度的材料吸声特性的比较，随材料厚度加大，高频吸收并不增加，只是低频吸声系数加大。当厚度增加一倍时，吸声频率特性曲线的峰值向低频方向近似移动一个倍频程。在实际应用中多孔吸声材料的厚度一般取 $30\sim50\mathrm{mm}$ 即可。如果要提高低频的吸声效果，厚度可取 $50\sim100\mathrm{mm}$，必要时也可以大于 $100\mathrm{mm}$，继续增大既不经济，而且吸声系数的变化量会逐渐减小。多孔材料的最佳吸声厚度：超细玻璃棉 $50\sim100\mathrm{mm}$，泡沫塑料 $25\sim50\mathrm{mm}$，木丝板 $20\sim50\mathrm{mm}$，软质纤维板 $13\sim20\mathrm{mm}$，毛毡 $4\sim5\mathrm{mm}$。

同一种材料，厚度不同，吸声系数和吸声频率特性也不同；不同的材料，吸声系数和频率特性差别也很大。工程应用上对于中高频噪声，一般可采用 $2\sim5\mathrm{cm}$ 厚的常规吸声板；吸声要求较高时，可采用 $5\sim8\mathrm{cm}$ 厚的吸声板。对于宽频带噪声，可以采用材料后留空腔或取 $8\sim15\mathrm{cm}$ 厚的吸声层。对于具体材料的频率和对应厚度的关系，选用时可以查阅相关声学手册。

（3）材料的体积密度或孔隙率。吸声材料的体积密度是指吸声材料加工成型后单位体积的质量，单位是 kg/m³。改变材料的内部微孔尺寸，可以改变材料的体积密度。图 3-25 所示为 5cm 厚超细玻璃棉不同体积密度时吸声频谱曲线，材料体积密度增加时，孔隙率相应降低，吸声频谱曲线向低频方向移动。理论分析与实践结果表明，在一定条件下各种材料的体积密度均存在最优值，例如，超细玻璃棉最优值为 $15\sim25$kg/m³，玻璃纤维 100kg/m³，矿渣棉 120kg/m³。

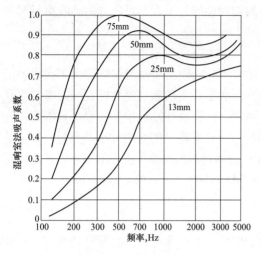

图 3-24　多孔材料吸声特性随厚度变化

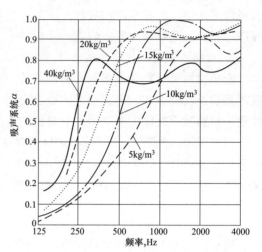

图 3-25　材料体积密度对吸声系数的影响

材料的体积密度有时也用孔隙率来描述，孔隙率是指多孔吸声材料中连通的空气体积与材料总体积的比值：

$$q=\frac{V_0}{V}=1-\frac{\rho_0}{\rho} \tag{3-37}$$

通常多孔吸声材料的孔隙率可以达到 $50\%\sim90\%$，如果采用超细玻璃棉，则孔隙率可以达到更高。同时要求这些孔隙尽可能细小且均匀分布，这样材料内的筋络总表面积大，有利于声能的吸收。对于复杂的结构和不均匀的材料，可由实验测量获得。

材料的体积密度或孔隙率不同，对吸声材料的吸声系数和频率特性有明显影响。在一般情况下，密实、体积密度大的材料，其低频吸声性能好，高频吸声性能较差；相反，松软、体积密度小的材料，其低频吸声性能差，而高频吸声性能较好。因此，在具体设计和选用时，应该结合待处理空间的声学特性，合理地选用材料的体积密度。

（4）温度和湿度。湿度对多孔性材料的吸声性能也有十分明显的影响，见表 3-9。随着孔隙内含水量的增大，多孔材料的孔隙被水分堵塞，吸声材料中的空气不再连通，孔隙率下降，吸声性能下降，吸声频率特性也将改变。因此，在一些含水量较大的区域，应合理选用具有防潮作用的超细玻璃棉毡等，以满足南方潮湿气候和地下工程等使用的需要。因此，对于湿度较大的车间或潮湿的矿井，应选用吸水量小的耐潮多孔材料，如防潮超细玻璃棉毡和矿棉吸声板等。

温度对多孔性吸收材料也有一定影响。温度升高，会使多孔材料的吸声性能向高频方向移动；反之，温度降低，吸声性能则向低频方向移动。在工程应用中，温度因素对吸声的影响也应该引起注意。

表 3-9　　　　　　　　　　　　玻璃棉含水量对吸声性能的影响

含水率（%）	吸声系数 α			
	250Hz	500Hz	1000Hz	2000Hz
0	0.25	0.65	0.92	0.98
5	0.25	0.63	0.89	0.82
20	0.20	0.58	0.50	0.70
50	0.05	0.15	0.40	0.30

（5）材料背后预留的空气层。在实际工程中，为了改善吸声材料的低频吸声性能，通常在吸声材料背后预留一定厚度的空气层。空气层的存在相当于在吸声材料后又使用了一层空气作为吸声结构。在材料与墙壁之间留有一定距离的空腔，可以改善对低频噪声的吸收，相当于增加了多孔材料的厚度，且更为经济有效。通常空腔越深，对吸收低频越有利，但当空腔距离近似于入射声波长的 1/4 时，吸声系数最大。例如，入射声波为 1000Hz 时，波长约等于 34cm，此时材料与墙壁的空腔最佳值为 9cm。在实际应用中对于宽频带噪声，可以在多孔材料后留 5～10cm 的空腔。至于天花板上的空腔深度可视厂房结构与生产具体情况而定。

（6）材料饰面。在实际工程中，为了防止多孔吸声材料变形及环境污染，通常采用金属网、玻璃丝布及较大穿孔率的穿孔板等作为包装护面。此外，有些环境还需要对表面进行喷漆等，这些都将不同程度地影响吸声材料的吸声性能。但当护面材料的穿孔率（穿孔面积与护面总面积的比值）超过 20% 时，这种影响可以忽略不计。在多孔吸声材料表面涂以油漆，粉刷对于材料吸声都有不利的影响。由于涂刷油漆后，将在多孔材料表面形成一层漆膜，使材料表面无孔隙，如图 3-26 所示，高频吸声系数将显著降低。

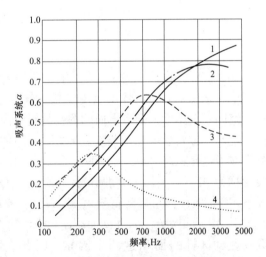

图 3-26　油漆对多孔吸声板吸声系数的影响
1—未涂油漆表面；2—喷涂一层油漆；
3—涂刷一层油漆；4—涂刷两层油漆

除以上情况外，还应考虑特殊的使用条件，如腐蚀、高温或火焰等情况对多孔材料的影响等。

3. 常见吸声材料

多孔吸声材料多呈松散状，一般常将它加工成各种形式的吸声结构，广泛应用于吸声处理、隔声、消声结构的内衬等。常见吸声材料有以下几种类型：

（1）多孔吸声板、毡与吸声砖。多孔吸声板、毡与吸声砖是用散射的各种多孔吸声材料加工而成的，如木丝板、矿棉板、甘蔗纤维板、玻璃棉毡、膨胀珍珠岩吸声砖等。使用时，可以整块直接吊在天花板或贴附在四周墙壁上。各种吸声砖可以直接砌筑在需要控制噪声的场合。

（2）罩面板的多孔吸声结构。有罩面的多孔材料吸声结构是吸声减噪工程中常用的吸声结构。它的构造主要由骨架、罩面层、吸声层等构成。骨架常用木筋、角钢或薄壁型钢，其规格大小视吸声结构面积大小而定。吸声层一般采用超细玻璃棉、矿棉毡等多孔材料。厚度取 5~10cm，由于多孔吸声材料多为松散材料，为防止其脱落，一般用玻璃布、细布等透气性好的织物把它包起来，做成棉胎状，这些织物本身是多孔的，对吸声基本没有影响，但它的强度一般较低，无承载能力。不便清洗，外观也比较差，故外表面须加罩面材料，不仅可以防止机械损伤，而且便于清扫，能起到美化室内装饰的作用。罩面板通常为木质纤维板或薄塑料板制作，特殊情况下用石棉水泥或薄金属板等，孔的形状大多为圆形。穿孔罩面的穿孔率在不影响板材强度的条件下尽可能加大，一般要求穿孔率不小于 20%，孔径宜取 4~8mm，孔心距为 11、13、18、20mm 等。若为美观而进行表面粉饰时，应用水溶性涂料喷涂，以保证材料表面的孔隙不被堵塞。吸声体结构示意见图 3-27。

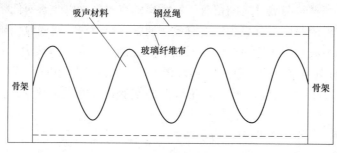

图 3-27　吸声体结构示意

（3）空间吸声体。为了充分发挥多孔材料的吸声性能，提高降噪效率，节省吸声材料，工程中可采用空间吸声体的吸声结构，其为室内吸声设计中有效、广泛采用的吸声结构之一。空间吸声体就是把有罩面的多孔材料吸声结构做成各种形状的单元体，空间吸声体彼此按一定间距排列悬吊在天花板下某处，吸声体朝向声源的一面可直接吸收入射声能，其余部分声波通过孔隙绕射或反射到吸声体的侧面、背面，各个面的声能都能被吸收，人们将这种装置称为空间吸声体。空间吸声体具有较高的吸声量。空间吸声体吸声系数较高，在一般情况下，空间吸声体可以降低噪声 6~10dB。实验和工程实践表明，当空间吸声体的面积比为 30%~40%（相对于治理车间面积比）时，其吸声效率最高。考虑到吸声降噪量取决于吸声系数及吸声材料的面积这两个因素，因此在实际工程中，空间吸声体的面积比一般取 40%~60%，就比全平顶式节省 50% 左右的材料和投资，而降噪效果基本相同。因此，只要较少的吸声面积（约为平顶面积的 40%）就能达到全部平顶用相同吸声材料饰面的减噪效果。而且空间吸声体省料、装拆灵活，工程上常把它做成固定产品，用户只要按需要购买成品悬挂起来即可。空间吸声体现场施工简单，不影响生产，是发展迅速的一种高效吸声结构。空间吸声体适用于大面积、多声源、高噪声车间，如织布车间、冲压钣金车间、冷作车间、总装试车车间及大型空气动力站房等场合。

空间吸声体宜用于已经建成却存在声学缺陷的建筑物，如空间比较高、混响时间长而需要大量吸声的厂房，车间内噪声过高而又无法隔绝，或布置吸声材料的面积受到限制（如房间容积太小、壁画凹凸不平）等场合。尤其对有"声聚焦"的壳体积建筑，使用效果更好。常用的有平板、圆柱、球、菱形和棱柱等形状的吸声体，如图 3-28 所示。

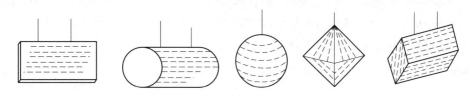

图 3-28　空间吸声体

3.4.3　吸声结构

　　吸声处理中较常采用的另一措施就是采用吸声结构。吸声结构的吸声机理是利用亥姆霍兹共振吸声原理。由于多孔吸声材料对吸收低频噪声的性能较差，只能通过增加吸声材料的厚度来提高低频噪声的吸收。为了增加对低频声能的吸收，

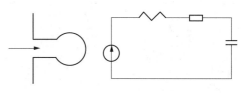

图 3-29　亥姆霍兹共振吸声器及其等效线路图

人们在实践中一般利用共振吸声原理把各种薄板材打上孔眼，并在其后面设置一定深度的密封空腔，组成共振吸声结构，以解决低频噪声的吸收问题。根据共振吸声原理，简单的亥姆霍兹共振吸声器及其等效线路图如图 3-29 所示。

　　当声波入射到亥姆霍兹共振吸声器的入口时，容器内的空气受到激励产生振动，使容器内的介质将产生压缩或膨胀变形，根据等效线路图分析，可以得到单个亥姆霍兹共振吸声器的等效声阻抗为

$$Z_a = R_a + \mathrm{j}\left(M_a\omega - \frac{1}{C_a\omega}\right) \tag{3-38}$$

式中：Z_a 为声阻抗；R_a 为声阻；M_a 为亥姆霍兹共振吸声器的声质量；C_a 为亥姆霍兹共振吸声器的声顺。

$$M_a = \rho_0 l/S\,; C_a = V_0/(\rho_0 c_0^2) \tag{3-39}$$

式中：ρ_0 为空气密度；l 为入口管长度；S 为入口管面积；V_0 为容器体积。

　　由式（3-38）得到亥姆霍兹共振吸声器的共振频率为

$$f_\tau = \frac{c_0}{2\pi}\sqrt{\frac{S}{V_0 l}} \tag{3-40}$$

　　亥姆霍兹共振吸声器达到共振时，其声抗最小，振动速度达到最大，对声的吸收也达到最大。工程中常用的共振吸声结构有空气层吸声结构、薄膜和薄板共振吸声结构、穿孔板吸声结构、微穿孔板吸声结构、吸声体和吸声尖劈及一些新型材料吸声结构等，其中最简单的吸声结构就是吸声材料后留空气层的吸声结构。

　　1. 空气层吸声结构

　　前面已经提到，在多孔材料背后留有一定厚度的空气层，使材料与后面的刚性安装壁保持一定距离，形成空气层或空腔，则其吸声系数有所提高，特别是低频的吸声性能可得到大幅改善，采用这种办法，可以在不增加材料厚度的条件下，提高低频的吸声性能，从而节省吸声材料的使用，降低单位面积的质量和成本。通常推荐使用的空气层厚度为 50～300mm，若空腔厚度太小，则达不到预期的效果；空气层尺寸太大，则施工时存在一定的难度。当

然，对于不同的吸声频率，空气层的厚度有一定的最佳值：对于中频噪声，一般推荐多孔材料距离刚性壁面 70～100mm；对于低频噪声，其预留距离可以增大到 200～300mm。空气层厚度对常用吸声结构吸声特性的影响见表 3-10。

表 3-10　　　　　　　　　　空气层对常用吸声结构吸声性能的影响

材料	穿孔板直径及板厚（mm）	空气层厚（mm）	吸 声 系 数					
			125Hz	250Hz	500Hz	1000Hz	2000Hz	4000Hz
穿孔板+25mm玻璃棉	$\phi6\sim\phi15$, 4～6	300	0.5	0.7	0.5	0.65	0.7	0.6
		500	0.85	0.7	0.75	0.8	0.7	0.5
	$\phi8\sim\phi16$, 4～6	300	0.75	0.85	0.75	0.7	0.65	0.65
	$\phi9\sim\phi16$, 5～6	300	0.55	0.85	0.65	0.8	0.85	0.75
		500	0.85	0.7	0.8	0.9	0.8	0.7
	$\phi0.8\sim\phi1.5$, 0.5～1	300～500	0.65	0.65	0.75	0.7	0.75	0.9
	$\phi5\sim\phi11.5$, 0.5～1	300～500	0.65	0.65	0.75	0.7	0.75	0.9
	$\phi5\sim\phi14.5$, 0.5～1	300～500	0.5	0.55	0.6	0.65	0.7	0.45

2. 薄膜、薄板共振吸声结构

在噪声控制工程及声学系统音质设计中，为了改善系统的低频特性，常采用薄膜或薄板结构，板后预留一定的空间，形成共振声学空腔；有时为了改进系统的吸声性能，还在空腔中填充纤维状多孔吸声材料。这一类结构统称为薄膜（薄板）共振吸声结构。

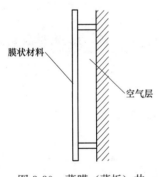

图 3-30 所示为薄膜（薄板）共振吸声结构示意。在该共振吸声结构中，薄膜弹性和薄膜后空气层弹性共同构成共振结构的弹性，而质量由薄膜结构的质量确定。在低频时，可以将这种共振结构理解为单自由度的振动系统，当膜受到声波激励且激励频率使薄膜产生较大变形时，在变形的过程中，由于膜本身的内摩擦及支点间的摩擦损耗，振动能量变为热能，从而消减声能。当声波频率与膜振动系统的固有频率相同时，便发生共振，振动最剧烈，声能消耗得也最多。薄膜共振吸声是通过薄膜的变形将消耗能量，起到吸收声波能量的作用。由于薄膜的刚度较小，因而由此构成的共振吸声结构的主要作用在于低频吸声性能。工程上常用式（3-41）预测系统的共振吸声频率：

膜状材料

空气层

图 3-30　薄膜（薄板）共振吸声结构示意

$$f_\tau = \frac{600}{\sqrt{mh}} \tag{3-41}$$

式中：f_τ 为系统的共振频率；m 为薄膜的面密度；h 为空气层的厚度。

通常单纯使用薄膜空气层构成的共振吸声结构吸声频率较低，在 200～1000Hz，吸声系数约为 0.35，频带也很窄。为了提高其吸声带宽，常在空气层中填充吸声材料以提高吸声带宽和吸声系数，填充多孔吸声材料后系统的吸声特性可以通过实验进行测试。

薄板共振吸声机构的吸声原理与薄膜吸声结构基本相同，区别在于薄膜共振系统的弹性恢复力来自薄膜的张力，而板结构的弹性恢复力来自板自身的刚性。薄板共振吸声结构的共振频率计算公式为

$$f_\tau = \frac{1}{2\pi} \times \sqrt{\frac{1.4 \times 10^7}{mh} + \frac{k}{m}}$$

式中：m 为板的面密度；h 为空气层的厚度；k 为板的刚度。

由此构成的吸声结构，一般设计吸声频率为 $80 \sim 300\text{Hz}$，共振吸声系数为 $0.2 \sim 0.5$。薄板共振吸声结构的吸声系数不高，吸声带宽也较窄。为改善这种结构的吸声性能，在薄板结构的边缘上（板与龙骨交接处）放置增加结构阻尼特性的软材料，如海绵条、毛毡等，或在空腔中适当挂些多孔吸声材料（如矿棉或玻璃棉毡等），或者改变吸声结构薄板的尺度及空气层的腔深，进而展宽吸声频带的宽度。在板后填充多孔吸声材料后，系统的吸声系数和吸声频带都会显著提高。

目前有关薄板共振吸声结构的吸声系数很难做到理论计算，因此某种材料的吸声系数和吸声带宽主要通过实验获得。因此使用时可以通过查找相关手册，获得实验数据。常用薄板共振吸声结构的吸声系数见表 3-11。

表 3-11　　　　　　　　　　常用薄板共振吸声结构的吸声系数

材料和构造（木龙骨间距 450mm×450mm）（mm）	吸声系数 α					
	125Hz	250Hz	500Hz	1000Hz	2000Hz	4000Hz
草纸板，板厚 20，空气层厚 50	0.15	0.49	0.41	0.38	0.51	0.64
草纸板，板厚 20，空气层厚 100	0.50	0.48	0.34	0.32	0.49	0.60
三合板，空气层厚 50	0.21	0.73	0.21	0.19	0.18	0.12
合板，空气层厚 100	0.59	0.38	0.18	0.05	0.04	0.08
五合板，空气层厚 50	0.08	0.52	0.17	0.06	0.10	0.12
五合板，空气层厚 100	0.41	0.30	0.14	0.05	0.10	0.16
木丝板，板厚 30，空气层厚 50	0.05	0.30	0.81	0.63	0.70	0.91
木丝板，板厚 30，空气层厚 100	0.09	0.36	0.62	0.53	0.71	0.89
刨花压轧板，板厚 15，空气层厚 50	0.35	0.27	0.20	0.15	0.25	0.39

3. 穿孔板吸声结构

由穿孔板构成的共振吸声结构称为穿孔板共振吸声结构，也是工程中常用的共振吸声结构，其结构如图 3-31 所示。工程中有时也按照板穿孔的多少将其分为单孔共振吸声结构和多孔共振吸声结构。

单孔共振吸声结构，本身就是最简单的亥姆霍兹共振吸声结构，其吸声原理是把它比拟为一个弹簧上挂有一定质量的物体，组成一个简单的

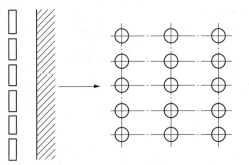

图 3-31　穿孔板吸声结构示意

共振系统。把开口径中的空气柱作为不可压缩的无摩擦的流体，比拟为振动系统的质量，声学上称之为声质量。把空腔中的空气比作弹簧，它能抗拒外来声波的压力，相当于劲度，称之为声顺。当外边声波作用于小孔时，小孔空气柱就像活塞一样地来回运动，在靠近孔壁的部分空气分子与孔壁摩擦，使声能变成热能被消耗掉，这相当于机械振动的摩擦阻尼，声学上称之为声阻。当共振器的尺寸和外来声波的波长相比显得很小的时候，在声波的作用下激发颈中的空气分子像活塞一样做往返运动，当共振器的固有频率与外界声波的频率一致时发

生共振，这时颈中的空气分子做最强烈的强迫振动，振动速度达到最大值，消耗的声能也最大，从而得到有效的声吸收。单腔共振器的共振频率可由式（3-40）求得。由式（3-40）可知，只要改变共振器的声质量和空腔的容积，就可以得到各种不同共振频率的共振器，而与空腔的形状无关，也可以通过在小孔径口部位增加薄膜透声材料或多孔性吸声材料，以改善穿孔板吸声结构的吸声特性。

对于多孔共振吸声结构，实际上可以看成单孔共振吸声结构的并联结构，因此，其吸声机理与单腔共振结构相同，但多孔共振吸声结构的吸声性能要比单孔共振吸声结构的吸声性能效果好。

对于多孔共振吸声结构，通常设计板上的孔均匀分布且具有相同的大小，因此，其共振频率同样可以使用式（3-40）进行计算。当孔的尺寸不相同时，可以采用式（3-40）分别计算各自的共振频率。需要注意的是，式（3-40）中的体积为每个孔单元实际分得的体积，如果用穿孔板的穿孔率表示，则可以改写成

$$f_0 = \frac{c_0}{2\pi}\sqrt{\frac{q}{hl}} \tag{3-42}$$

式中：q 为穿孔板的穿孔率；h 为空腔的厚度。

$$q = S/S_0$$

式中：S 为穿孔板中孔的总面积，m^2；S_0 为穿孔板的总面积，m^2。

由式（3-42）可知，多孔板的共振频率与穿孔板的穿孔率、空腔深度都有关系，与穿孔板孔的直径和孔厚度也有关系。穿孔板的穿孔面积越大，吸声频率就越高；空腔或板的厚度越大，吸声频率就越低。为了改变穿孔板的吸声特性，可以通过改变穿孔孔径、穿孔率、板厚、腔深及附加多孔吸声材料的数量等参数，以满足声学设计上的需要。

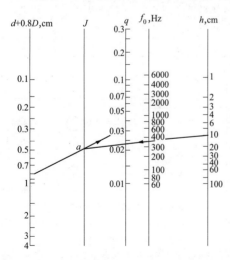

图 3-32　穿孔共振吸声结构列线图
d—板厚；D—孔径；q—穿孔率；
h—空气层厚；f_0—共振频率

在具体设计中，板厚、腔深和穿孔率的大小不是任意选取的，而应该进行实验和比较，选择一个比较合适的尺寸。穿孔板共振吸声结构的缺点是频率的选择性很强，在共振频率附近具有最大的吸声性能，偏离共振频率，即吸声效果就差。理论与实践证明：穿孔板的穿孔面积越大，吸收的频率越高；空腔越深或径口有效深度越长，吸收的频率越低。因此，在具体设计中，要合理选择板厚、腔深和穿孔率。

在进行穿孔板共振吸声结构的设计时，常用如图 3-32 所示的列线图进行估算，图中有效径深、穿孔率、共振频率与腔深（即空气层厚）四个参数轴与参考轴 J。若已知其中任意三个参数，可通过参考轴求得第四个参数。通常是根据对噪声源的频谱分析，先确定穿孔板的共振频率。再根据可获得材料及环境情况，由经验值选定孔径、腔深，最后求取穿孔率和孔间距，见［例 3-2］。此外，也可查找吸声材料手册，参考已有穿孔板共振吸声结构的吸声系数。

【例 3-2】　已知某车间内，设备噪声的频率特性在 360Hz 附近出现峰值，为降低车间内该频率的噪声，拟在车间天花板上安装一种穿孔板共振吸声结构，并选用 4mm 厚的三合板，试设计该吸声结构的其他参数。

解　（1）根据车间实际情况和具体条件，决定把穿孔板吸声结构悬吊在天花板下面 10cm 处，即 $h = 10$cm。

（2）在如图 3-32 所示的列线图上用直线连接 $h = 10$cm 与 $f_0 = 360$Hz 交 J 轴于点 a。

（3）已知三合板板厚 $d = 0.4$cm。根据孔径的经验数值选定孔径 $D = 0.5$cm，则可计算出有效径深。

$$l_k = d + \frac{\pi D}{4} \approx d + 0.8D = 0.4 + 0.8 \times 0.5 = 0.8(\text{cm})$$

（4）从图 3-32 上 $l_k = 0.8$cm 的点与参考轴口 a 点连直线，并延长与穿孔率 q 线相交于 0.035 处，则可得出穿孔板共振吸声结构的穿孔率 $q = 3.5\%$。

（5）设三合板穿孔排列为正方形，则由孔距与穿孔率计算公式，得出孔距 b 为

$$b = \sqrt{\frac{\pi D^2}{4q}} = \sqrt{\frac{\pi \times (0.25)^2}{4 \times 0.035}} = 2.4(\text{cm})$$

要消除该车间频率特性在 360Hz 峰值附近的噪声，其穿孔板共振吸声结构的设计方案为吸声结构吊离天花板下面 10cm，三合板的穿孔孔径 $\phi = 0.5$cm，穿孔率 $q = 3.5\%$，孔按正方形排列，孔距 $b = 2.4$cm。

穿孔板主要用于吸收中、低频率的噪声，穿孔板的吸声系数在 0.6 左右。多孔穿孔板的吸声带宽定义为吸声系数下降到共振时吸声系数的一半的频率宽度，穿孔板的吸声带宽较窄，只有几十赫兹到几百赫兹，为了提高多孔穿孔板的吸声性能与吸声带宽，可以采用如下方法：①空腔内填纤维状吸声材料；②降低穿孔板孔径，提高孔口的振动速度和摩擦阻尼；③在孔口覆盖透声薄膜，增加孔口的阻尼；④组合不同孔径和穿孔率、不同板厚度、不同腔体深度的穿孔板结构。然而，穿孔板的共振频率与结构主要尺寸多由经验确定。在工程中，常采用板厚度 2~5mm、孔径 2~10mm、穿孔率 1%~10%、空腔厚度 100~250mm 的穿孔板结构。尺寸超过以上范围的穿孔板，多有不良影响。例如，穿孔率在 20% 以上时，几乎没有共振作用，穿孔板不再是吸声结构，而近似为罩面板的作用。

4. 微穿孔板吸声结构

微穿孔板吸声结构是一种板厚度和孔径都小的穿孔板结构，其穿孔率通常只有 1%~3%，其孔径一般小于 3mm。将这种薄板固定在壁面上，并在板后凿以适当深度的空腔，这层薄板与其后的空腔便组成了微穿孔板吸声结构。微穿孔板吸声结构又有单层与双层之分，同样属于共振吸声结构，其吸声机理与穿孔板结构也基本相同。利用空气在小孔中的来回摩擦消耗声能，用腔深来控制吸声峰值的共振频率，腔越深，共振频率越低。由于板薄、孔小而密，声阻比普通穿孔板大得多，因而在吸声系数和带宽方面都有很大改善。

微穿孔板吸声结构的吸声系数可达 0.9 以上，吸声频带宽可达 4~5 个倍频程以上，因此其属于性能优良的宽频带吸声结构，混响室法测量的微穿孔板吸声系数见表 3-12。减小微穿孔板的孔径，提高穿孔率，可增大其吸声系数，拓宽吸声带宽。但若孔径太小，加工困难，且易堵塞，故多选 0.5~1.0mm，穿孔率则以 1%~3% 为好。微孔板结构吸声峰值的共振频率与多孔板共振结构类似，主要由腔深决定。如果以吸收低频声波为主，空腔宜深；

如果以吸收中、高频声波为主，空腔宜浅。腔深一般取 5～20cm。微穿孔板的吸声结构的双层微穿孔板的吸声特性远优于单层微穿孔板的吸声特性。

与普通穿孔板吸声结构相比，微穿孔板吸声结构的优点是结构简单，吸声频带宽，吸声系数高，吸声结构耐高温、腐蚀、潮湿，不怕冲击，可承受短暂的火焰。同时设计计算理论成熟、严谨，按照微穿孔板吸声结构的理论计算公式所获得的吸声特性值，与制成后实测值非常接近。微穿孔板吸声结构可用于特殊条件和环境中特别需要吸声措施的地方，包括高速气流管道中。缺点是孔小，易于堵塞，且加工困难，成本较高。

表 3-12   混响室法测量的微穿孔板吸声系数

材料	孔径、板厚及穿孔率	腔深 h（cm）	吸声系数 α								
			100Hz	125Hz	250Hz	500Hz	800Hz	1000Hz	2000Hz	4000Hz	5000Hz
单层微穿孔板	$\phi=0.8$mm $d=0.8$mm $q=2\%$	$h=15$	0.12	0.18	0.43	0.96	0.36	0.32	0.33	0.34	0.32
		$h=20$	0.12	0.19	0.50	0.55	0.27	0.35	0.36	0.19	0.36
双层微穿孔板	$\phi=0.8$mm $d=0.8$mm $q_1=2\%$ $q_2=1\%$	$h_1=8$ $h_2=12$	0.41	0.41	0.91	0.69	0.60	0.61	0.31	0.30	0.23

5. 吸声体和吸声尖劈

在工程中，也经常采用空间吸声体或吸声尖劈作为吸声结构。空间吸声体和吸声尖劈的结构如图 3-33 所示。

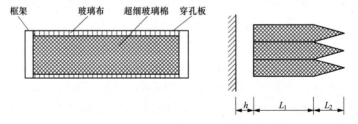

框架   玻璃布   超细玻璃棉   穿孔板

图 3-33   空间吸声体和吸声尖劈的结构示意

空间吸声体是一种分散悬吊于房间天花板下方的高效吸声结构。吸声体可做成板状、球状、圆柱状、棱柱体和多面体等形状。空间吸声体是一种高效的、自成体系的吸声结构，它主要由多孔性吸声材料加外包装构成，不需要壁板等结构一起形成共振空腔。其特点是吸声性能好、便于安装，要求是质量轻、便于施工等。因此，空间吸声体常采用超细玻璃棉作为填充材料，采用木架或金属框等为支撑结构，采用玻璃丝布作为外包装材料，有时也采用穿孔率大于 20% 的穿孔板作为外包装，但采用此包装时相对质量和价格比采用玻璃丝布要高。

吸声尖劈具有很高的吸声系数，常用于有特殊用途的声学结构的构造，例如消声室各墙的吸声。吸声尖劈是一种楔形吸声结构，如图 3-33 所示，由金属钢架内填充多孔吸声材料（超细玻璃棉、玻璃纤维等）组成。当尖劈的长度等于入射声波的四分之一波长时，它的吸声系数可达 0.98 以上，几乎可以吸收全部入射声能。把尖劈的尖部按尖劈部分长度去掉

$10\%\sim20\%$，基本不会影响它的吸声性能。如果要求在很宽的频率范围内，特别是包括低频在内都得到很大的吸声量，则可采用楔状的吸声尖劈。当声波从尖端入射时，由于吸声层的逐渐过渡性质，材料的声阻抗与空气的声阻抗能较好地匹配，使声波传入吸声体并被高效吸收，吸声尖劈的吸声性能与吸声尖劈的总长度 $L=L_1+L_2$ 和 L_1/L_2，以及空腔的深度 h、填充吸声材料的吸声特性等都有关系，L 越长其低频吸声性能越好。当尖劈的尺寸固定时，改变材料的密度，可以得到一个最佳的吸声系数频率曲线。选定一个密度值后，改变 L_1/L_2 的比值，又可以找到一个最佳值。空腔与尖劈基部形成共振吸声，调节空腔深度 h，使共振频率位置恰当，可以有效地提高尖劈结构的低频吸声性能。但是这几个参量的变化都不是互相独立的，因此为了得到最好的吸声性能，必须满足上述参数之间有一个最佳协调关系，需要在使用时根据吸声的要求进行优化，必要时还需要通过实验加以修正。

6. 其他新型材料吸声结构

(1) 微孔玻璃布吸声结构。微孔玻璃布吸声结构是根据微穿孔板吸声结构理论，经反复试验研制的一种新型吸声材料。这种微孔布是由玻璃纤维制成的，只要合理控制微孔布的微孔尺寸，孔径、穿孔率和空腔尺寸，可以在较宽的频率范围内获得较高的吸声系数，经测定孔径在 1.0mm 以下，穿孔率为 $1\%\sim2\%$。单层微孔玻璃布吸声结构，频率为 $125\sim4000\mathrm{Hz}$，平均吸声系数为 0.56。双层微孔玻璃布结构，频率为 $125\sim4000\mathrm{Hz}$，吸声系数为 $0.66\sim0.74$。微孔玻璃布结构内不装吸声材料，但与装相同厚度超细玻璃棉结构吸声系数相似。

微孔玻璃布吸声结构的特点是吸声性能好，防火、质轻、美观，不怕油污和粉尘，安装方便，价格低廉，可用于工厂车间和公共建筑等场所。

(2) 多孔陶瓷。多孔陶瓷是一种过滤材料，广泛应用于净化、化工等方面。它是以河砂、石英砂、碳化硅、刚玉等材料为骨料，以玻璃粉、瓷釉为熔剂，再添加一定量的可燃物（如焦炭粉、塑料粉）经成型煅烧而成。在高温下熔剂呈半熔状态，并包围骨料颗粒使其黏结在一起，可燃物质在高温下燃尽留下空隙形成互相连通的细孔。作为吸声材料，多孔陶瓷骨料颗粒要大于过滤材料颗粒，以便使多孔陶瓷有较大的孔径，才能满足声学要求，由于烧成的温度是 1350℃，因此它具有耐高温特性，同时具有足够大的耐压强度，故可使用在高压排气消声器上，比较安全。

(3) 薄型塑料盒式吸声体。也称硬质塑料薄膜吸声体（简称薄塑吸声体），是我国近年来仿制成功的一种新型吸声体，采用硬质 PVC 材料真空成型高频焊接而加工成多层盒体，利用封闭式盒体的共振，达到吸声的作用，可广泛应用于厂矿企业车间、矿井、码头、车站等场所的室内吸声，特别适用于仪表、食品、医疗、电子等对洁净有要求的场所使用。

这种吸声体主要特点：吸声频带宽 $250\sim3150\mathrm{Hz}$，平均吸声系数 $\bar{\alpha}=0.6$；质轻（$1\sim2\mathrm{kg/m^2}$），适用于对荷载受到限制的旧厂房；施工方便，如可以平铺、竖挂或悬挂，也可用胶黏结或固定于需要吸声的地方，还具有防潮、防蛀、防火和防腐蚀作用（氧指数不小于 30%）；可生产各种样式吸声体图案，易于清洁、性价比高。

(4) 陶粒共振吸声砖。陶粒共振吸声砖专门用于吸收低频噪声。在噪声控制或厅堂音质设计中都需要对低频声进行控制，但纤维性多孔吸声材料及其制品对吸收低频声效果较差。陶粒共振吸声结构是以页岩陶粒、水泥为骨料，掺入炉渣、烟灰等工业废料，利用已有的生产设备和模具制作而成，专门用于吸收低频噪声，其共振频率控制在 $125\sim250\mathrm{Hz}$ 范围内。

这种吸声结构不仅吸收低频声效果好，同时具有防火、耐潮、质轻、价廉、便于砌置等优点，已在北京亚运会北郊体育馆消声风道和北京电视台演播室和空调机房中得到应用。

3.4.4 吸声降噪设计

吸声降噪设计是噪声控制设计中的一个重要方面。在由于混响严重而噪声超标或者由于工艺流程及操作条件的限制，不宜采用其他措施的厂房车间，采用吸声方法对房间内的噪声进行降噪处理，是将吸声材料装饰在室内的壁面（墙面、顶棚、地面等），或在室内空间放置吸声体，使噪声源发出的噪声被这些材料部分吸收，从而达到降低噪声的目的。吸声减噪技术是现实有效的方法。另外，隔声和消声技术也都离不开吸声减噪设计。

1. 室内吸声降噪量的计算

吸声处理只能降低从噪声源发出的声音中通过处理表面一次以上而到达接收点的反射声，而对于从声源发出的经过最短距离到达接收点的直达声则没有任何作用。吸声减噪的效果一般为 A 声级 3～6dB，较好的为 7～10dB，一般不会超过 15dB，而且也不随吸声处理的面积成正比增加。在室内分布着许多噪声源的情况下，这时无论哪一处直达声的影响都很大，即使进行吸声处理，也不可能使噪声显著降低，因此，这种情况下不适宜做吸声处理。吸声处理的主要适用范围：室内表面多为坚硬的反射面，室内原有的吸声较小，混响声占主导的场合；操作者距声源有一定距离，室内混响较大的场合；要求减噪点虽然距声源较近，但用隔声屏隔离直达声的场合。

如果把合适的吸声材料饰以房间内墙表面，房间内某一控制点的实际吸声降噪就是由室内进行吸声处理前后的噪声差值得出的。选择合适的吸声材料，达到其降噪效果，首先要了解室内声场的分布状况。室内各接收点的噪声级不仅取决于直达声的大小，还与四墙反射的混响声有关。具体地说，声源的性质和所处的位置，房间体积、形状及房间内表面吸声条件的不同，都会造成室内各点噪声级有很大的差异。室内控制点的声音由直达声和反射声两部分组成。直达声的声压级为

$$L_z = L_W + 10\lg \frac{Q}{4\pi r^2} \tag{3-43}$$

反射声的声压级（混响声场）为

$$L_F = L_W + 10\lg \frac{4}{R_r} \tag{3-44}$$

那么，距噪声源中心 r 的总声压级应为 L_z 与 L_F 叠加（半混响声场）。

$$L_p = L_W + 10\lg \left(\frac{Q}{4\pi r^2} + \frac{4}{R_r} \right) \tag{3-45}$$

式中：L_p 为室内某一控制点的声压级，dB；L_W 为声源的声功率级，当噪声源辐射总声量为 W 时，其 $L_W = 10\frac{W}{W_0}$，dB；r 为某一控制点到声源的距离，m；Q 为声源的指向性因素；R_r 为房间常数，m^2。

为了简便计算，室内声压级可直接从图 3-34 得出，图中给出了 12 个不同房间常数 R_r 的曲线。声源的指向性因素 Q 值的大小因声源所处的位置不同而不同。当声源位于空间，能均匀地向四周辐射时，$Q=1$；声源位于硬实的反射性很强的地面上时，$Q=2$；声源位于四分之一空间处时，$Q=4$；声源位于两墙面与地板或天花板的犄角处，则 $Q=8$。

房间常数 R_r 的数学表达式为

$$R_r = \frac{S\bar{\alpha}}{1-\alpha} \qquad (3\text{-}46)$$

式中：S 为室内的总面积，m^2；$\bar{\alpha}$ 为平均吸声系数，可按式（3-35）求得。

吸声处理后，其噪声量与房间常数有关。若室内未做处理时的平均吸声系数为 $\bar{\alpha}_1$，此时房间常数为

$$R_1 = \frac{S\bar{\alpha}_1}{1-\bar{\alpha}_1} \qquad (3\text{-}47)$$

室内采取吸声处理后，其平均吸声系数为 $\bar{\alpha}_2$，房间常数为

$$R_2 = \frac{S\bar{\alpha}_2}{1-\bar{\alpha}_2} \qquad (3\text{-}48)$$

则室内吸声处理前某一点的声压级为

$$L_{p1} = L_W + 10\lg\left(\frac{Q}{4\pi r^2} + \frac{4}{R_1}\right) \qquad (3\text{-}49)$$

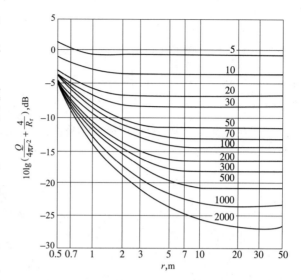

图 3-34　室内声压级计算图（$Q=1$）

室内做吸声处理后某一点的声压级为

$$L_{p2} = L_W + 10\lg\left(\frac{Q}{4\pi r^2} + \frac{4}{R_2}\right) \qquad (3\text{-}50)$$

所以做吸声处理前后该点噪声降低量 ΔL_p 为

$$\Delta L_p = L_{p1} - L_{p2} = 10\lg\left(\frac{\dfrac{Q}{4\pi r^2} + \dfrac{4}{R_1}}{\dfrac{Q}{4\pi r^2} + \dfrac{4}{R_2}}\right) \qquad (3\text{-}51)$$

分析式（3-51）可知，如果在一个大的房间里该点在声源附近位置上，则噪声以直达声为主，假设这时 $\dfrac{Q}{4\pi R^2} \gg \dfrac{4}{R}$（$\dfrac{4}{R}$ 小至可以忽略不计），则噪声降低量：

$$\Delta L_p = 10\lg\left(\frac{\dfrac{Q}{4\pi r^2}}{\dfrac{Q}{4\pi r^2}}\right) = 0 \qquad (3\text{-}52)$$

这表明在声源附近位置上，直达声占主导地位，做吸声处理无降噪效果。

如果该点与声源相距足够远时，噪声以反射声为主，则 $\dfrac{Q}{4\pi R^2} \ll \dfrac{4}{R}$，则噪声降低值为

$$\Delta L_p = 10\lg\left(\frac{R_2}{R_1}\right) = 10\lg\left[\left(\frac{\bar{\alpha}_2}{\bar{\alpha}_1}\right)\left(\frac{1-\bar{\alpha}_1}{1-\bar{\alpha}_2}\right)\right] \qquad (3\text{-}53)$$

这一数值反映了在声扩散房间内远离声源处的最大吸声减噪量。考虑到 $\bar{\alpha}_1$、$\bar{\alpha}_2$ 很小，可以忽略，在具有直达声和反射声形成的稳压声场的房间内，在远离声源处的平均吸声减噪量为

$$\Delta L_p = 10\lg \frac{\overline{\alpha_2}}{\overline{\alpha_1}} \tag{3-54}$$

式（3-54）反映了在自由声场内，远离声源处的最大吸声减噪量。室内其他各控制点减噪量均介于 $0 \sim 10\lg\left[\left(\frac{\overline{\alpha_2}}{\overline{\alpha_1}}\right)\left(\frac{1-\overline{\alpha_1}}{1-\overline{\alpha_2}}\right)\right]$，为计算方便，平均减噪量 ΔL_p 可按照图 3-35 进行计算。

一般在具有直达声和反射声形成的稳态声场的车间内，其平均吸声减噪量可用式（3-55）计算：

$$\Delta L_p = 10\lg \frac{\overline{A_2}}{\overline{A_1}} \tag{3-55}$$

式中：A_1、A_2 分别为吸声系数 α_1、α_2 材料的吸声量，m^2。

在工程测量中，吸声减噪量常用混响时间。混响时间指室内声能达到稳态后，声源突然停止发声，衰减 60dB 所需要的时间，用 T_{60} 表示，单位为 s。如图 3-36 所示，例如声源发出 100dB 的声音，从声源停止发生至降低 60dB 时，所需要的时间就是混响时间。

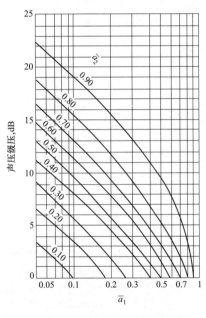

图 3-35　室内噪声降低量简算图

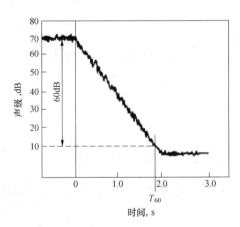

图 3-36　混响时间

实验表明，混响时间与房间体积 V 和表面吸声材料的吸声量 A 直接相关：

$$T_{60} = \frac{0.161V}{A} = \frac{0.16V}{S\overline{\alpha}} \tag{3-56}$$

由式（3-56）可知，混响时间 T_{60} 与房间体积 V 成正比，与室内吸声量 A 成反比。为了简便计算，混响时间可以查阅图 3-37 估算。对于形状不太复杂的房间或车间，在离开声源足够远处，即距离大于临界距离的远场范围，室内处理前后噪声降低值为

$$\Delta L_p = 10\lg \frac{\overline{\alpha_2}}{\overline{\alpha_1}} = 10\lg \frac{T_1}{T_2} = 10\lg \frac{\overline{A_2}}{\overline{A_1}} \tag{3-57}$$

对于既有直达声又有反射声的半混响生产车间，一般接收点距声源的距离大于临界距离 r_0，才可以获得比较理想的效果。所谓临界距离，指直达声的声压级与反射声的图 3-37 室内混响时间计算图表声压级正好相等的点。此点到声源的距离称为临界距离或混响半径。临界距离 r_0 可由式（3-58）计算：

$$r_0 = 0.2\sqrt{S\overline{\alpha}} \qquad (3-58)$$

如果室内有几个同样的噪声源，则临界距离 r_0 为

$$r_0 = 0.2\sqrt{\dfrac{S\overline{\alpha}}{n}} \qquad (3-59)$$

当平板式空间吸声体悬挂在墙壁壁

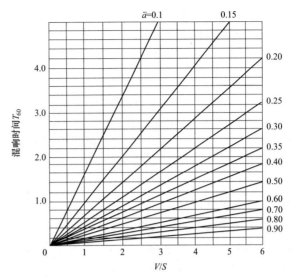

图 3-37　室内混响时间计算图表

面，其吸声板的中心线与墙面的距离等于声波波长 λ 的 1/4 时，则吸声板对该频率的波长获得最大的吸声效果。若吸声板厚 b，吸声板中心线至墙面距离为 l，则

$$l = \dfrac{\lambda}{4} - \dfrac{b}{2} \qquad (3-60)$$

2. 吸声降噪设计

总结吸声减噪量的计算过程，吸声降噪处理设计步骤如下：

（1）调查了解噪声源的特性，即声源位置、总声功率 L_w、指向因素 Q 和距噪声源不同距离处的各倍频程声压级。

（2）通过实测或估算求出壁面的平均吸声系数 $\overline{\alpha}_1$ 和相应的房间常数 R_1，确定所控制处的噪声级 L_p。根据具体情况选定对应的噪声允许标准与噪声级的实测值之差，确定所需要降低的降噪量 ΔL_p。

（3）根据所需的噪声降低量，求出相应的房间常数 R_2 和平均吸声系数 $\overline{\alpha}_2$。确定房间内可供装饰吸声材料的面积，使处理后的平均吸声系数达到 $\overline{\alpha}_2$。

（4）由确定的吸声系数 α_2，计算吸声材料的吸声面积，确定板和墙间的距离，以及点至声源的距离等安装方式。

由于吸声减噪不能降低直达声，只能降低室内的混响声，吸声设计时应注意以下要点：

（1）吸声减噪的效果取决于处理前后吸声量的比值而不是绝对值。若原有车间的壁面、天花板都是坚硬的反射面，平均吸声系数为 0.03～0.05，室内混响声很强，这时采用吸声降噪措施，可以获得较好的降噪效果。反之，如果原来室内吸声条件很好，室内混响现象并不明显，即使再加很多吸声材料，吸声处理的效果也不会明显。

（2）对于车间内噪声源比较多且分散的情况，采用吸声措施能取得较显著的降噪效果。在容积较大的房间，室内噪声源较少时，离开声源距离大于临界距离 r_c 的远场范围，其吸声效果比靠近声源的近场范围有显著提高。当室内噪声源分布的很多直达声起主要作用时，吸声效果不会明显，这时一般有 3～4dB。尽管如此，室内操作人员主观上还会感到噪声有明显降低。因此，国内钢铁厂的金属制品车间、纺织厂的纺织车间等仍采用吸声处理的方法降噪。

（3）一个优良的吸声减噪工程应该具有吸声效率高、重量轻、投资省、形式美观四个条件。要达到上述条件，关键在于材料的选择，包括吸声材料、骨架和护面材料；其次是设计，包括吸声结构或吸声体的形式、数量及配置的方式方法等。例如，对于拱形屋顶有声聚焦的房间把吸声材料（或吸声结构）布置在噪声最强烈的聚焦处，其效果最好。

（4）在吸声降噪设计中应考虑噪声的综合治理。当噪声源不宜采取隔声措施或采用隔声措施仍不能达到容许标准时，采用吸声处理作为一种辅助手段，有一定的成效。例如，对于高度大于 6m 的车间，在发声设备附近的墙面上进行吸声处理，在发声设备旁设置吸声隔声屏或吊挂吸声体，则室内可以得到较佳的降噪效果。对于车间内的噪声源尺寸较大且分散，如高炉鼓风机站、空压机站、水泵站等，配合机组隔声、消声、减振的同时，采取吸声措施能获得较好的降噪效果。

（5）关于吸声减噪效果的评价，一般采用吸声处理前后室内声场衰减特性的对比测量方法。这是一种较为可靠的方法，不受实际设备运转情况和加工条件变化的影响，能够比较客观地评价离声源不同距离处的吸声降噪效果。

（6）吸声处理不仅适用于车间、机房、控制室，对于大量公共建筑与民用建筑的厅堂、走廊等也会增加宁静气氛，有实用效果。

（7）吸声处理必须满足防火、防潮、防腐、防尘等工艺要求和安全卫生要求，同时兼顾采光通风、照明及装饰要求。

3.5　隔　声

用构件将噪声源和接收者分开或隔离，阻断空气声的传播，从而降低噪声的方法称为隔声技术。隔声结构主要有单层结构、双层结构以及轻质复合结构等。采用隔声的方法是控制工业噪声简便而有效的措施之一。隔声方法一般有以下几种形式：在噪声源与接收者之间设置屏障物，阻断噪声的传播；把产生噪声的机械设备，如鼓风机、空压机、球磨机、粉碎机等，全部密闭在隔声间或隔声罩内，使声源与操作者之间隔开；在较大的车间内，可把操作者置于隔声性能良好的控制室或隔声间内，与发声的机器隔绝。

3.5.1　隔声原理

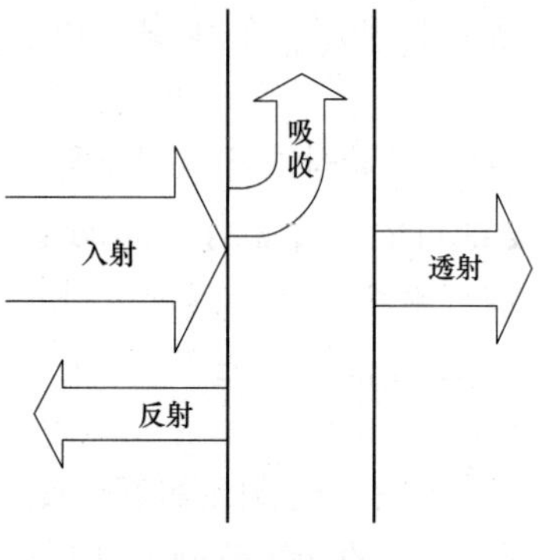

图 3-38　隔声原理示意

声音以声波的形式在空气中传播，当声波在传播途径中，遇到均质屏障物（如木板、金属板、墙体等）时，由于介质特性阻抗的变化，部分声能被屏障物反射回去，一部分被屏障物吸收，只有一部分声能可以透过屏障物辐射到另一空间去，如图 3-38 所示，由于透射声能的一部分被反射与吸收，从而降低噪声的传播。由于传出来的声能总是或多或少地小于传进来的能量，这种由屏障物引起的声能降低现象称为隔声。具有隔声能力的屏障称为隔声结构或隔声构件。隔声构件隔声量的大小与隔声构件的材料、结构和声波的频率有关。

1. 透射系数与隔声量

隔声构件透声能力的大小，用透射系数 τ 来表示，它等于透声功率与入射声功率的比

值，即

$$\tau = \frac{W_t}{W} \tag{3-61}$$

式中：W_t 为透过隔声构件的声功率，W；W 为入射到隔声构件上的声功率，W。

由 τ 的定义出发，又可写作

$$\tau = \frac{I_t}{I} = \frac{p_t^2}{p^2}$$

式中：I_t、p_t 为透射声波的声强和声压；I、p 为入射声波的声强和声压。

τ 又称为传声系数或透声系数，是一个无量纲量，它的值为 $0 \sim 1$。τ 值越小，表示隔声性能越好。通常所指的 τ 是无规则入射时各入射角度透声系数的平均值。

在实际工程中，一般隔声构件的 τ 值很小（$10^{-5} \sim 10^{-1}$），使用很不方便，故人们采用 $10\lg \frac{1}{\tau}$ 来表示构件本身的隔声能力，称为隔声量（或透射损失、传声损失），记作 R，单位为 dB，即

$$R = 10\lg \frac{1}{\tau} \tag{3-62}$$

由式（3-62）可以看出，τ 总是小于 1，R 总是大于 0；τ 越大，则 R 越小，隔声性能越差。透射系数和隔声量是两个相反的概念。例如，两堵墙透射系数分别为 0.01 和 0.001，则隔声量分别为 20dB 和 30dB。用隔声量来衡量构件的隔声性能比透射系数更直观、明确，便于隔声构件的比较和选择。

隔声量的大小与隔声构件的结构、性质有关，也与入射声波的频率有关。同一隔声墙对不同频率的声音，隔声性能可能有很大差异，故工程上常用 $10 \sim 4000$ kHz 的 16 个 1/3 倍频程中心频率隔声量的算术平均值，来表示某一构件的隔声性能，称为平均隔声量 $\overline{R}$。

值得强调的是，隔声和吸声是两个完全不同的概念。认为吸声板能把声音吸收在材料内部，而起到隔声作用，是错误的。这是因为，即使某种构件把入射声能吸收 99.9%，余下的声能透射过去，它的隔声效果也只有 30dB。况且要达到吸声系数 0.999，除非吸声材料极其厚，否则是难以实现的。然而，混凝土、钢板等这类密实构件，要达到 30dB 的隔声音量还是还比较容易的。

2. 隔声质量定律

均质实心隔墙的隔声能力大小取决于这些墙体的面质量，单位面积质量越大，隔声效果越好，这种隔声量随面质量增加的规律，称为隔声的质量定律。

假设：①声波垂直入射到墙上；②墙把空间分为两个半无限空间，而且墙的两侧均为通常状况下的空气；③墙为无限大，即不考虑边界的影响；④把墙看作一个质量系统，即不考虑墙的刚性、阻尼；⑤墙上各点以不同的速度振动，则从透声系数的定义及平面声波理论，可以导出单层墙在声波垂直入射时的隔声量为

$$R_0 = 10\lg \left[1 + \left(\frac{\pi f m}{\rho_0 c_0} \right)^2 \right] \tag{3-63}$$

式中：f 为入射声波频率；m 为墙体单位面积质量；ρ_0 为空气介质密度；c_0 为空气中的声速。

一般情况下，$\pi f m \gg \rho_0 c_0$，式（3-63）可以简化为

$$R_0 = 20 \lg m + 20 \lg f - 43 \tag{3-64}$$

如果声波是无规则入射，则墙的隔声量为

$$R = R_0 - 5 \tag{3-65}$$

式（3-64）和式（3-65）说明墙的单位面积质量越大，隔声效果越好；单位面积每增加1倍，隔声量增加6dB，这一规律通常称作质量定律。同时还可以看出，入射声频每增加1倍，隔声量也增加6dB。式（3-63）是在一系列假设条件下导出的理论公式。一般说来，实测值达不到 fm 每增加1倍，隔声量上升6dB的结果，实际的情况是：m 每增加1倍，隔声量上升4～5dB；f 每增加1倍，隔声量上升3～5dB。有些测试者提出了经验公式，但各自都有一定的适用条件和范围。因此，通常都以标准实验室测定数据作为设计依据。常见单层均匀密实构件的隔声量见表3-13。

表 3-13　　　　　　　　　　　　常见单层均匀密实构件的隔声量

材料名称	厚度 (mm)	面密度 (kg/m²)	隔声量 R (dB)						$\overline{R}$
			125Hz	250Hz	500Hz	1000Hz	2000Hz	4000Hz	
钢板	1	7.8	19	20	26	31	37	39	28
	3	21	25	27	32	36	39	43	33
	5	25	29	31	36	40	43	47	37
	7	28	31	34	39	42	46	50	40
	9	30	33	36	40	44	48	51	42
铝板	1	2.6	13	12	17	23	29	33	21
镀锌铁皮	1	7.8	29	21	26	30	36	43	30
胶合板	3	2.4	11	14	19	23	27	26	19
	5	4.0	13	17	21	25	28	26	21
	10	8.0	17	21	25	28	25	29	24
聚氯乙烯板	5	7.6	17	21	24	29	36	38	27
纸面石膏板	12	8.8	14	21	26	31	30	30	25
无纸石膏板	20	20	24	27	31	32	29	29	31
木丝板	20	12	23	26	26	26	26	26	27
草纸板	18	4	15	18	22	27	33	36	25
矿渣珍珠岩砖墙	115	100	18	22	27	33	41	43	32
钢筋混凝土	40	100	32	36	35	38	47	53	40
	100	250	40	40	44	50	55	60	48
	200	500	42	44	51	59	65	65	54
加气混凝土	240	270	39	42	51	56	54	52	49
砖墙两面抹灰	60	160	26	30	30	34	41	40	32
半砖抹灰墙	120	240	37	34	41	48	55	53	45
一砖抹灰墙	240	480	42	43	49	57	64	62	53
一砖半抹灰墙	370	700	40	48	52	60	63	60	53

3.5.2　隔声结构

1. 单层介质隔声结构

单层均匀介质密实墙的隔声性能和入射声波的频率有关，其频率特性取决于墙本身的单位面积质量、刚度、材料的内阻尼及墙的边界条件等因素，甚至在某些频率范围内，刚度和阻尼的影响很大。

实际上的单层均质密实墙都是具有一定刚度的弹性板，在被声波激发后，会产生受迫弯曲振动。在不考虑边界条件，即假设板无限大的情况下，声波以入射角 $\theta\left(0<\theta\leqslant\dfrac{\pi}{2}\right)$ 斜入射到板上，板在声波作用下产生沿板面传播的弯曲波，其传播速度为

$$c_{\mathrm{f}}=\frac{c}{\sin\theta} \tag{3-66}$$

式中：c 为空气中的声速。

但板本身存在着固有的自由弯曲波传播速度 c_{p}，和空气中速度，不同的是它和频率有关：

$$c_{\mathrm{p}}=\sqrt{2\pi f}\sqrt[4]{\frac{D}{\rho}} \tag{3-67}$$

式中：f 为自由弯曲波的频率；D 为板的弯曲刚度；ρ 为材料密度。

$$D=\frac{Eh^{2}}{12(1-\nu^{2})} \tag{3-68}$$

式中：E 为材料的弹性模量；h 为板的厚度；ν 为材料的泊松比。

如果板在斜入射声波激发下产生的受迫弯曲波的传播速度等于板固有的自由弯曲波传播速度，则称为发生了"吻合"，如图 3-39 所示。这时板就非常"顺从"地跟随入射声波弯曲，使入射声能大量地透射到另一侧去。

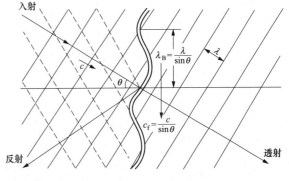

当 $\theta=\dfrac{\pi}{2}$，声波垂直入射时，可以得到发生吻合效应的最低频率，即吻合临界频率 f_{c}：

图 3-39　吻合效应原理

$$f_{\mathrm{c}}=\frac{c^{2}}{2\pi}\sqrt{\frac{\rho}{D}}=\frac{c^{2}}{2\pi h}\sqrt{\frac{12\rho(1-\nu^{2})}{E}} \tag{3-69}$$

当 $f>f_{\mathrm{c}}$，某个入射声频率 f 总是和某一个入射角 $\theta\left(0<\theta\leqslant\dfrac{\pi}{2}\right)$ 对应，产生吻合效应。

但在正入射时，$\theta=0°$，板面上各点的振动状态相同（同相位），板不发生弯曲振动，只有和声波传播方向一致的纵振动。入射声波如果是扩散入射，当 $f=f_{\mathrm{c}}$，板的隔声量下降得很多，隔声频率曲线在 f_{c} 附近形成低谷，称为吻合谷。谷的深度和材料的内损耗因子有关，内损耗因子越小（如钢、铝等材料），吻合谷越深。对于钢板、铝板等可以涂刷阻尼材料（如沥青）来增加阻尼损耗，使吻合谷变浅。吻合谷如果落在主要声频范围（100~2500Hz）之内，将使墙的隔声性能大大降低，应该设法避免。由式（3-69）可以看出，薄、轻、柔的

墙，f_c高；厚、重、刚的墙，f_c低。

　　常用建筑结构（如一般砖墙、混凝土墙）都很厚，临界吻合频率大多发生在低频段，常在5～20Hz；柔顺而轻薄的构件如金属板、木板等，临界吻合频率则出现在高频段，人对高频声敏感，所以常感到漏声较多。为此，在工程设计中应尽量使板材的f_c避开需要降低的噪声频段，或选用薄而密实的材料使f_c升高至人耳敏感的4kHz以上的高频段，或选用多层结构以避开临界吻合频率。此外，可采取增加墙板阻尼的办法，来提高吻合区的隔声量。综上可知，单层匀质墙板的隔声性能主要由墙板的面密度、刚度和阻尼决定，在入射声波的不同频率范围，可能某一因素起主要作用，因而出现该区隔声性能上的某一特点。

　　2. 双层及多层复合介质隔声结构

　　单层墙的隔声能力的提高，主要是增加墙的质量和厚度。而单纯依靠增加结构的重量来提高隔声效果不但浪费材料，隔声效果也不理想。若在两层墙间夹以一定厚度的空气层，其隔声效果会优于单层实心结构，从而突破质量定律的限制。两层匀质墙与中间所夹一定厚度的空气层所组成的结构，称为双层墙。在一般情况下，双层墙比单层均质墙隔声量大5～10dB；如果隔声量相同，双层墙的总重比单层墙减小2/3～3/4。这是由于空气层的作用提高了隔声效果。其机理是当声波透过第一层墙时，由于墙外及夹层中空气与墙板特性阻抗的差异，造成声波的两次反射，形成衰减，并且由于空气层的弹性和附加吸收的作用，振动的能量衰减较大，然后再传给第二层墙，又发生声波的两次反射，使透射声能再次减小，因而总的透射损失更多。

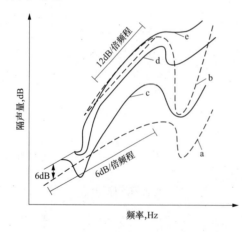

图 3-40　相同单板双层墙隔声特性

a—单层墙；b—双层墙；c—双层墙无吸声材料；
d—双层墙有少量吸声材料；e—双层墙满铺吸声材料

　　双层墙的隔声频率特性曲线与单层墙大致相同。如图3-40所示，双层墙相当于一个由双层墙与空气层组成的振动系统。当入射声波频率比双层墙共振频率低时，双层墙板将做整体振动，隔声能力与同样重量的单层墙没有区别，即此时空气层无用。当入射声波频达到共振频率f_0时，隔声量出现低谷；超过$\sqrt{2}f_0$以后，隔声曲线以每倍频程18dB的斜率急剧上升，充分显示出双层墙结构的优越性。随着频率的升高，两墙板之间产生一系列驻波共振，又使隔声特性曲线上升趋势转为平缓，斜率为每倍频程12dB；进入吻合效应区后，在临界吻合频率f_c处出现又一隔声量低谷，其f_c与吻合效应状况取决于两层墙的临界吻合频率。若两墙板由相同材料构成且面密度相等，两吻合谷的位置相同，使低谷的凹陷加深；若两墙材料质不同或面密度不等，则隔声曲线上有两个低谷，但凹陷程度较浅；若两墙间填有吸声材料，隔声低谷变得平坦，隔声性能最好。吻合区以后情况较复杂，隔声量与墙的面密度、弯曲刚度、阻尼及频率与f_c之比等因素有关。由图3-40可知，双层墙隔声性能较单层墙优越的区域主要在共振频率f_0以后，因此在设计中尽量将f_c移往人们不敏感的低频区域。

　　双层墙的共振频率指入射声波法向入射时的墙板共振频率f_0，近似为

$$f_0 \approx \frac{c}{2\pi} \sqrt{\frac{\rho_0}{h}\left(\frac{1}{m_1} + \frac{1}{m_2}\right)} \tag{3-70}$$

式中：ρ_0 为空气密度，kg/m^3；h 为空气层厚度，m；m_1、m_2 分别为双层墙的面密度，kg/m^2。

由式（3-70）可知，空气层越薄，双层墙的共振频率 f_0 越高。通常较重的砖墙（如混凝土墙等）双层结构的 f_0 不超过 15～20Hz，在人耳声频范围以下，对实际影响很小；但对于一些尺寸小的轻质双层墙或顶棚（面密度小于 $30kg/m^2$），当空气层厚度小于 2～3cm 时，隔声效果很差。所以，一些由胶合板或薄钢板做成的双层结构对低频声隔绝不良，在设计薄而轻的双层结构时，应注意在其表面增涂阻尼层，以减弱共振作用的影响；并且宜采用不同厚度或不同材质的墙板组成双层墙，避开临界吻合频率，保证总的隔声量。此外，双层墙间适当填充吸声材料可使隔声量增加 5～8dB，常见双层墙的隔声量见表 3-14。

严格地按理论计算双层墙的隔声量比较困难，而且往往与实际存在一定差距，因此多采用经验公式估算：

$$R = 16\lg(m_1 + m_2) + 16\lg f - 30 + \Delta R \tag{3-71}$$

平均隔声量的计算公式为

$$R = \begin{cases} 16\lg(m_1 + m_2) + 8 + \Delta R & m_1 + m_2 > 200kg/m^2 \\ 13.5\lg(m_1 + m_2) + 14 + \Delta R & m_1 + m_2 > 200kg/m^2 \end{cases} \tag{3-72}$$

其中，ΔR 表示附加隔声量，是从实验室中通过大量试验获得的，计算使用时可以查找对应墙质的测量值。对于混凝土和石膏板墙的附加空气层引起的附加隔声量，在空气层大于 40cm 时基本趋于恒定值，分别为 20dB 和 15dB。

如果双层墙的两墙之间有刚性连接，称为存在声桥。部分声能可经过声桥自一墙板传至另一墙板，使空气层的附加隔声量大为降低，降低的程度取决于双层墙刚性连接的方式和程度。因此在设计与施工过程中都必须加以注意，尽量避免声桥的出现或减弱其影响。

在多层复合隔声结构中，每层复合板的结构形式多种多样，通常是由三层以上不同的材料交替排列构成的。只要材料选择合理、组合得当，做到不同材质软硬交替叠合，获得同样的隔声量，多层复合板墙就会比单层均质板墙轻得多，而且在 125～4000Hz 主要声频范围内，其隔声量还可大于由质量定律计算所得的隔声量。因此，多层复合墙板是减轻隔声构件重量和改善构件隔声性能的有效措施，它在隔声门、隔声罩和轻质隔声墙的设计中获得广泛应用。多层复合结构的隔声原理是利用声波在不同界面上阻抗的变化而使声波反射，减少声能透射，从而提高了隔声能力。多种材质不同的板重叠在一起时，各层界面介质不同，声阻抗也不相同，所以有多层声阻抗变化的界面，声波在透过复合板的时候就要发生多次反射。因此，透过这种复合板的声能就被大幅减弱了。同时由于隔层中的软硬材料交替，还可减弱板的共振及在吻合频率区的声能辐射。

对于多层复合结构的隔声量，目前还没有一个实用公式以供计算，只能凭经验和参考有关资料设计，用实测方法检验其隔声量。要合理选择材料和复合次序，相邻两层板选用声阻抗相差大的材料，越大越好。例如，用一层声阻抗大的钢板与一层声阻抗小的矿棉相邻，在材料的分界上有较大的反射。复合板的每层厚度不宜过薄，分层不宜过多，一般以 3～5 层为佳。减小由共振频率和吻合效应引起的隔声低谷。用薄金属板作面层时，应该在薄板上涂一层阻尼漆或粘贴沥青、玻璃纤维板等材料。这样，可减小薄板被声波激发而产生的振动。

轻质多孔材料本身的吸声能力很差。当使用这种材料时，必须在表面做粉刷层，使其孔隙密封，可提高隔声能力。

表 3-14　　　　　　　　　　　常见双层墙的平均隔声量

材料及构造	面密度(kg/m²)	平均隔声量(dB)
12～15mm 厚铅钢丝网抹灰双层填 50mm 厚矿棉毡	94.6	44.4
双层 1mm 厚铅板（中空 70mm）	5.2	30
双层 1mm 厚铅板涂 3mm 厚石棉漆（中空 70mm）	6.8	34.9
双层 1mm 厚铅板＋0.35mm 厚镀锌铁皮（中空 70mm）	10.0	38.5
双层 1mm 厚钢板（中空 70mm）	15.6	41.6
双层 2mm 厚铝板（中空 70mm）	10.4	31.2
双层 2mm 厚铝板填 79mm 厚超细棉	12.0	37.3
双层 1.5mm 厚钢板（中空 70mm）	23.4	45.7
18mm 厚塑料贴面压榨板双层墙，钢木龙骨（12mm＋80mm 填矿棉＋12mm）	29	45.3
18mm 厚塑料贴面压榨板双层墙，钢木龙骨（2×12mm＋80mm 填矿棉＋12mm）	35	41.3
炭化石灰板双层墙（90mm＋60mm 中空＋90mm）	130	48.3
炭化石灰板双层墙（120m＋60mm 中空＋90mm）	145	47.7
90mm 炭化石灰板＋80mm 中空＋12mm 厚纸面石膏板	80	43.8
90mm 炭化石灰板＋80mm 填矿棉＋12mm 厚纸面石膏板	84	48.3
加气混凝土墙（15mm＋75mm 中空＋75mm）	140	54.0
100mm 厚加气混凝土＋50mm 中空＋18mm 厚草纸板	84	47.6
100mm 厚加气混凝土＋50mm 中空＋三合板	82.6	43.7
50mm 厚五合板蜂窝板＋56mm 中空＋30mm 厚五合板蜂窝板	19.5	35.5
240mm 厚砖墙＋80mm 中空内填矿棉 50mm＋6mm 厚塑料板	500	64.0
240mm 厚砖墙＋200mm 中空＋240mm 厚砖墙	960	70.7

3.5.3　隔声间

在强噪声车间的控制室、观察室、声源集中的风机房、高压水泵房等均可建造隔声间，给工作人员提供一个安静的环境，或保护周围环境。隔声间一般是用建筑材料砌筑成不同隔声构件组成的具有良好隔声性能的房间，把声源密封起来使之与外界隔开，防止噪声污染周围环境。工业上对隔声间一般要求有 20～50dB 的降噪量，根据 GBZ 1—2010《工业企业设计卫生标准》，非噪声工作地点噪声级控制在 60～75dB（A）较为合适。隔声间在噪声控制中应用极为广泛。在不同具体条件下，要配合消声、吸声、隔振、阻尼等综合技术应用，才能使噪声控制得到最佳的效果。

1. 隔声量

隔声间的结构根据实际情况形状各异，基本均为封闭式和半封闭式两种。隔声间除了需要有足够隔声量的墙体外，还要具有隔声性能的门和窗。隔声量又称透声损失，把具有门和窗等不同隔声构件的墙体称为组合墙，组合墙的平均透射系数 τ 可表示为

$$\overline{\tau} = \frac{\sum\limits_{i=1}^{n} \tau_i S_i}{\sum\limits_{i=1}^{n} S_i} \tag{3-73}$$

式中：τ_i 为墙体结构中第 i 种构件的透射系数；S_i 为墙体结构中对应第 i 种构件的面积。

组合墙的平均隔声量为

$$\overline{R} = 10\lg\frac{1}{\overline{\tau}} \tag{3-74}$$

【例 3-3】 某隔声间有一面积 20m^2 的墙与噪声源相隔，该墙的透射系数为 10^{-5}（隔声量为 50dB），在墙上开一面积为 2m^2 的门，门的透射系数为 10^{-2}（隔声量为 30dB），还有一面积为 3m^2 的窗，窗的透射系数也为 10^{-2}，求此组合墙的平均隔声量。

解　根据式（3-73）和式（3-74）得到

$$\overline{\tau} = \frac{(20-2-3)\times 10^{-5} + 2\times 10^{-2} + 3\times 10^{-2}}{20} = 2.5\times 10^{-3}$$

$$\overline{R} = 10\lg\frac{1}{2.5\times 10^{-3}} = 26(\text{dB})$$

若无门和窗，该墙的隔声量为 50dB，而开了一个门和窗后，使组合墙的平均隔声量比单纯墙的隔声量减小了 24dB，隔声量显著下降。经分析可知，单纯提高墙的隔声量对提高组合墙的隔声量没有显著实际意义，也不经济。因此，需采用合理的门窗与墙的比例设计和门窗结构，提高门窗的隔声量，使得墙体和门（或窗）的隔声效果更合理。一般要求墙体的隔声量高出门（或窗）的隔声量 10～15dB。通常采用等透射量方法设计墙内的门（或窗）比例。设墙的透射系数与面积分别为 τ_1 和 S_1，门（或窗）的透射系数与面积分别为 τ_2 和 S_2，按等透射量原则 $\tau_1 S_1 = \tau_2 S_2$，可得

$$R_1 = R_2 + 10\lg\frac{S_1}{S_2} \tag{3-75}$$

由式（3-75）可知，当透声面积比和墙或门（或窗）其中一个隔声量已知，便可以计算出另外一个隔声量。

房间中实际隔声效果不仅取决于组成隔声间的各个构件的隔声值，还与隔声间的内表面积大小及吸声效果有关。理论研究和实践表明，这种房间结构的隔声量既不等于墙、门窗各自固有的隔声量，也不等于墙和门窗组合时的综合隔声量。而它的实际隔声量不仅与组成围护结构的每个构件的固有隔声量有关，而且与围护结构内表面所具有的总的吸声量 A 和隔声墙的面积 S 有关。房间某一构件实际隔声量为

$$R_{\text{实}} = \overline{R} + 10\lg\frac{A}{S} \tag{3-76}$$

由式（3-76）可知，隔声间内表面的总吸声量越大，则实际隔声量就越大；而隔声墙的面积越小，则实际隔声量也越大。这是因为，声音从一面墙传入室内，若室内吸声量越小，则声音就越要经过多次反射之后才被衰减掉，这就增加了混响声；若室内吸声量较大，则传入室内的声音很快就衰减，混响声很小，于是实际隔声量就较高。另外，隔声墙的面积越小，则透入室内的声能就越小，故实际隔声量随隔声墙面积的减小而增大。这是因为当隔声间内表面吸声量大时，房间内的混响声越小，进来或出去的声能就越小，这房间的实际隔声

量越大。

2. 门和窗隔声

隔声间的实际隔声量不仅取决于墙体的隔声性能，而且还与门窗的结构、门窗的密封程度有关，由于门窗是建筑中不可缺少的构件，而且多属轻型结构，除非采用双层或多层结构做成特制的门窗；否则隔声值都不会太大，均没有隔声墙的隔声效果好。因此在隔声要求比较高的条件下，门窗的尺寸和结构要设计合理。

门的隔声取决于门板的单位面积重量、门的构造及门的碰头缝密封程度。一般空心门的隔声效果较差，为了提高门的隔声效果可采用多层、双层或多层门和窗结构，可以提高组合墙隔声量。用几种不同性能的材料叠合起来，例如在两层板中间夹以吸声材料等，这样隔声值可达 30～40dB。隔声门的构造如图 3-41 所示，一般门的隔声量见表 3-15。门采用多层复合结构时，要注意板面的厚度，以防出现吻合效应使隔声量下降，如钢板厚度超过 3mm 后，高频区有明显的吻合低谷，板越厚低谷越向低频移动，平均隔声量会下降，因此使用金属薄板做门时，应敷有阻尼层以减少薄板振动，提高隔声量。同时要填满空腔内吸声材料（如玻璃棉等），且稍有压缩为好，过少则日久后会下沉，使隔声量下降；过多或棉被压实则弹性差了，对隔声不利。

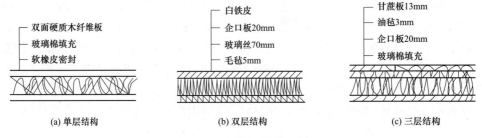

(a) 单层结构　　　　　　　(b) 双层结构　　　　　　　(c) 三层结构

图 3-41　隔声门构造示意

表 3-15 门的隔声量

构造	隔声量(dB)						
	125Hz	250Hz	500Hz	1000Hz	2000Hz	4000Hz	平均
三合板门，厚 45mm	13.4	15.0	15.2	19.7	20.6	24.5	16.8
三合板门，厚 45mm，观察孔的玻璃厚 3mm	13.6	17.0	17.7	21.7	22.2	27.7	18.8
重塑木门，四周用橡皮和毛毡密封	30.0	30.0	29.0	25.0	26.0		27.0
分层木门，密封	20.0	28.7	32.7	35.0	32.8	31.0	31.0
分层木门，不密封	25.0	25.0	29.0	29.5	27.0	26.5	27.0
双层木板实拼门，板厚共 100mm	15.4	20.8	27.1	29.4	28.9		29.0
钢板门，厚 6mm	25.1	26.7	31.1	36.4	31.5		35.0
双层结构，见图 3-41（b）	29.6	29	29.6	28.8	35.3	43.3	32.6
三层结构，见图 3-41（c）	24.0	24.0	26.0	29.0	36.5	39.5	29.0

门缝密封得好坏对门的隔声影响显著，尽管门的构造处理再好，一旦有了缝隙，隔声值特别是高频隔声值会大大降低。门缝隙密封大体有五种方法，见表 3-16。

表 3-16　　　　　　　　　　　　　门缝密封方法

序号	图示	说明
(a)	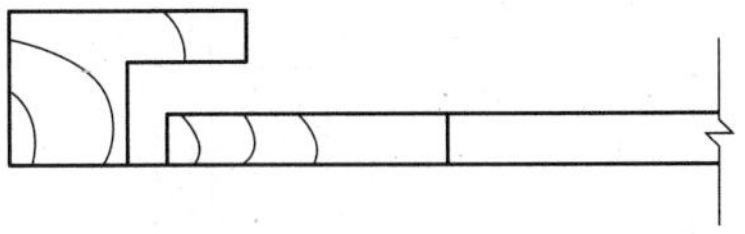	单楔口：橡胶条、乳胶条等材料压紧密封
(b)	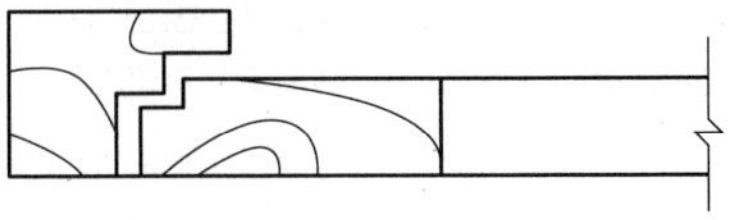	双楔口：密封法同单楔口
(c)	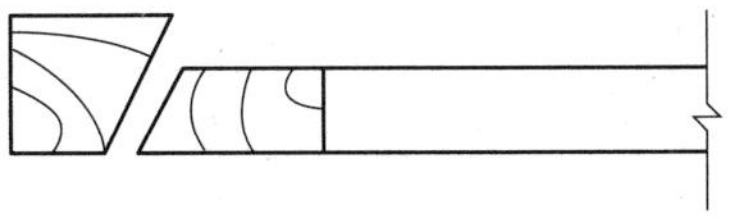	斜楔口：橡胶、人造皮革或羊皮包、泡沫塑料密封
(d)	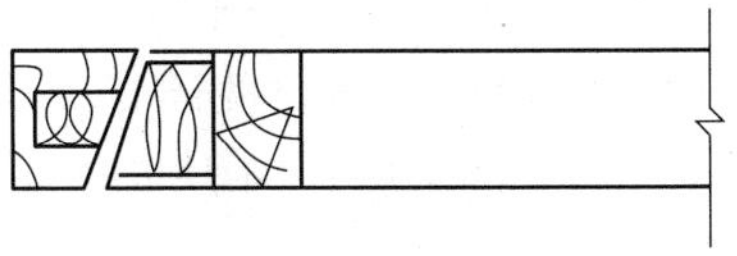	斜楔口：门缝处作狭缝消声器，开关便利
(e)	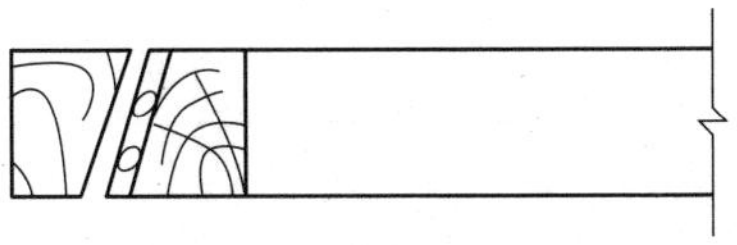	斜楔口：充气袋内充气密封，造价较高

表 3-16（a）、（b）和（c）情况，可在门缝处嵌上密封材料常用的橡胶条、海绵胶条、乳胶条和工业毛毡等弹性材料。

表 3-16（d）情况，可在门的边部开槽做成消声器，这种结构允许有较大的缝隙，便于门的开关。

表 3-16（e）情况，可在门框和墙的接缝处用沥青麻刀等材料填充密实。

在一般情况下，方法（c）最好，因为它开关比较方便，密封又严，不怕冷热膨胀与收缩，也不需要另加压紧装置。

窗子隔声效果取决于玻璃的厚度和窗的结构，即玻璃的层数和层间的空气层厚度，窗框之间和窗框与墙之间的密封程度。单层玻璃的隔声性能，在中、低频段主要由玻璃的面密度决定，在高频段受吻合效应的影响，隔声值下降。根据测定：3mm 厚的玻璃平均隔声值为 26dB；4mm 厚的玻璃平均隔声值为 27dB；6mm 厚的玻璃平均隔声值为 30dB；8mm 厚的玻璃平均隔声值为 31dB。因此，要提高玻璃窗的隔声效果一般需采取两层或三层，并在玻璃窗中间夹以空气层，如图 3-42 所示。

当玻璃厚度确定后，空气层厚度越小共振频率越高，隔声效果越不明显。为使双层玻璃窗的共振频率低于 100Hz，空气层厚度应大于 100mm。另外，缝隙漏声是影响窗户隔声性能的重要因素，如果在玻璃窗的四周垫以毛毡或橡胶条等弹性材料，使其接缝严密不透气，能使隔声量增加 3~5dB。采用双层或多层玻璃窗还须注意两层玻璃不要平行，最好把朝向声源的一面玻璃做成倾角，使空气层厚度上、下不一致，以消除低谷共振。同时选择各层玻璃厚度时，使其厚度要有较大的差别，以避免在吻合频率处出现隔声低谷。

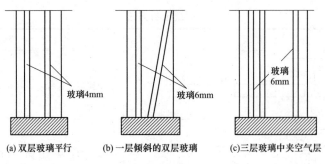

图 3-42 　隔声窗示意

玻璃的吻合频率 f_c(Hz)可由式（3-77）计算：

$$f_c = \frac{1200}{t} \qquad (3\text{-}77)$$

由式（3-77）计算出 3、5、6、10mm 厚的吻合频率分别为 4000、2400、2000、1200Hz。为了弥补吻合效应引起的隔声低谷，双层窗的玻璃最好选用厚为 3mm 与 6mm 的组合，或 5mm 与 10mm 的组合。不要用 5mm 与 6mm 的组合，因为两者的临界频率比较接近，吻合谷不能互补。不同构造的窗的隔声量见表 3-17。

表 3-17   窗的隔声量

构造（mm）	隔声量（dB）						
	125Hz	250Hz	500Hz	1000Hz	2000Hz	4000Hz	平均
单层玻璃窗，厚 3~6mm	20.7	20	23.5	26.4	22.9		22±2
单层固定窗，厚 6.5mm，橡皮密封	17	27	30	34	38	32	29.7
单层固定窗，厚 15mm，泥子密封	25	28	32	37	40	50	35.5
双层固定窗，见图 3-42（a）	20	17	22	35	41	38	28.8
有一层倾斜玻璃双层窗，见图 3-42（b）	28	31	29	41	47	40	35.5
三层固定窗，见图 3-42（c）	37	45	42	43	47	56	45

在实际隔声工程中，门窗的缝隙、电缆、管道的穿孔及隔声罩的拼接焊缝都是透射声能较多的部位，直接影响着总隔声量。声音在空气中传播，碰到障碍物的孔洞、缝隙等不严密处时，能透射过障碍物传到另一面去。透射声能的多少，与孔洞的面积、形状、深度及孔洞所在的位置有关。孔洞越大，透射声能越多，尤其是当声波的波长小于孔洞的尺寸时，则声能全部透射过去；当孔洞面积一定时，矩形孔洞要比圆形孔洞容易透射声能；薄板孔比厚板孔透射的声能要多。

对于理想的隔声墙，只要有 1% 的孔隙，其隔声量就不会超过 20dB。因此，隔声结构上的孔洞、孔隙必须密封处理。如果隔声间内有通风换气的进排气口，则必须在进排口加上消声器。

3. 隔声间的设计

隔声间内的墙体、门窗等单一构件组合在一起，组成了围护结构的隔声间。式（3-76）详细地说明了影响隔声间的隔声量的因素，即它的实际隔声量不仅与组成围护结构的每个构件的固有隔声量有关，而且还与围护结构内表面所具有的总的吸声量 A 和隔声墙的面积 S 有关。为计算方便，将式（3-76）中的 10lg（$A/S_墙$）项与 $A/S_墙$ 的关系列于表 3-18 中，以供参考。

表 3-18　　　　　　　　　　$A/S_墙$ 与 $10\lg(A/S_墙)$ 的关系

$A/S_墙$	0.1	0.2	0.3	0.5	1	2	3	5	10	16	25
$10\lg(A/S_墙)$	−10	−7	−5	−3	0	3	5	7	10	12	14

【例 3-4】　某一隔声间内尺寸为长 5m、宽 4m、高 3m。噪声源相邻的隔声墙面积为 4m×3m＝12m²，墙的隔声量为 50dB，隔声间的天棚吸声系数为 0.03，内壁面的吸声系数为 0.02，地面的吸声系数为 0.01，试求隔声间的有效隔声量。

解　(1) 计算隔声墙面积 $S_墙$。由题意得 $S_墙＝12\text{m}^2$。

(2) 计算墙的隔声量。由题意得 $R_墙＝50\text{dB}$。

(3) 计算各隔声构件的面积。

天棚　$S_天＝4×5＝20$（m²）

地板　$S_地＝4×5＝0$（m²）

墙壁　$S_墙＝[(4+5)×2]×3＝54$（m²）

(4) 计算隔声间内表面的总吸声量：

$A＝\alpha_天 S_天＋\alpha_地 S_地＋\alpha_墙 S_墙＝0.03×20＋0.01×20＋0.02×54＝1.88$（m²）

(5) 计算隔声间实际有效隔声量：

$R_实＝R_墙＋10\lg\dfrac{A}{S_墙}＝50＋10\lg\dfrac{1.88}{12}＝41.95$（dB）

【例 3-5】　某空压机车间有 4L-20/8 型空压机 4 台，占地面积为 104m²，经实测车间内噪声为 95dB。在车间一侧建造一间 26m² 的隔声间，分析该隔声间的设计。

解　此隔声间设计如图 3-43 所示，隔声间用 240mm 的厚砖砌成，内、外加抹 10mm 厚的水泥抹面，在面对空压机的隔声墙上安装有门和窗。

采用单扇门。为了减轻门的重量和利于隔声，设计时尽量缩小门的面积，该门的尺寸为 1.9m×7.4m×8.0m，门扇采用多层复合板结构，门扇与门框的接缝用橡胶皮条密封。窗户

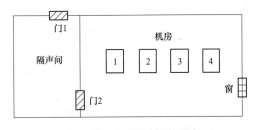

图 3-43　空压机站平面图

采用木框双层固定窗，玻璃厚度为 4mm 和 6mm，两层间距 100mm，面积为 1.5m×1.01m。

隔声间竣工后，对其隔声效果进行测试。隔声间外的噪声为 95dB，隔声间内的噪声为 62dB，隔声值为 33dB，满足了保护工人健康和工作环境安静的要求。空压站隔声间内、外的实测数据见表 3-19。

表 3-19　　　　　　　　　　空压站隔声间的降噪效果

项目	噪声级（dB）							
	63	125	250	500	1000	2000	4000	8000
隔声间外	92	100	92	92	90	88	78	72
隔声间内	78	76	66	64	60	56	45	41

在设计隔声间的过程中应注意以下要点:

(1) 合理确定隔声间与控制室内的允许噪声级,在高噪声车间建立隔声控制室时,根据 GBZ 1—2002,将噪声控制在 60~70dB(A)比较合适。

(2) 处于高噪声车间的隔声控制室,室内墙面做吸声处理有利于实际隔声的提高。

(3) 按照等透射量的原则选择墙、门、窗与顶棚等隔声构件。

(4) 各种管线通过墙体时,要加套管穿墙,并在管道四周封死,以免漏声。

3.5.4 隔声罩

将噪声源封闭在一个相对小的空间内,以减少向周围辐射噪声的罩状壳体,称为隔声罩。隔声罩被广泛地运用于工场中的各种风机、压缩机、汽轮机、发电机等动力设备,以及非常噪杂的制钉机、抛光机、球磨机等机械加工设备的噪声控制,这对于改善周围环境,减少噪声干扰,提高劳动生产率起着明显的作用,是噪声控制的重要方法之一。加了隔声罩以后,往往会给运转的机组散热及维护检修带来不便。因此,设计隔声罩时,要结合生产工艺、操作方便和实际条件进行设计。

1. 隔声罩构造与隔声量

隔声罩壳大多使用薄金属板、木板、纤维板等轻质板材做成。轻质板材重量较轻,具有较高的固有频率。当声源辐射强大的声能与罩壳发生共振时,隔声性能将显著下降,有时甚至成为噪声的"放大器"。因此,使用轻型材料制作隔声罩时,一般做成复合隔声结构,如图 3-44 所示。

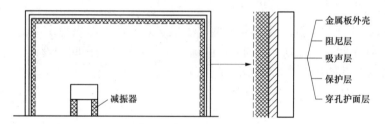

图 3-44 隔声罩的结构及声学结构示意

由图 3-44 看出,隔声罩的构造一般是由隔声层、阻尼层、吸声层、保护层和护面层组合成的复合隔声结构。隔声层一般多选用钢板制作;阻尼层一般选用沥青石棉绒;涂层厚度为钢板的 3 倍;吸声层一般选用超细棉毡为佳,厚度为 50~100mm;保护层选用玻璃布、麻袋或塑料布等;护面层一般可选用铁丝网或穿孔钢板。

隔声罩内声源辐射的噪声在罩内壁面来回反射,加强了罩内的噪声(与无罩时相比),则隔声罩的实际隔声效果有所下降。理论研究与实验表明,隔声罩的隔声性能基本上遵循质量定律。所以隔声罩的实际隔声量仍可以按式(3-76)进行计算,此时隔声罩的整个面积就是隔声结构的总面积 S,则隔声罩的隔声量为

$$R_{实} = R + 10\lg\frac{S\bar{\alpha}}{S_{罩}} \tag{3-78}$$

式中:R 为隔声罩的构件固有隔声量,dB;$\bar{\alpha}$ 为隔声罩内表面的平均吸声系数。

由式(3-35)可知,$\bar{\alpha}$ 总是小于 1,所以式中 $10\lg\bar{\alpha}$ 总是负数,即隔声罩的插入损失。这就是说,用隔声构件组成隔声罩时,隔声罩的实际隔声量 $R_{实}$ 总是小于构件本身的隔声值

R。当隔声罩的构件隔声量 R 较小，而 $\bar{\alpha}$ 值也较小时，则罩的实际隔声量有可能等于零。因此在罩内衬以吸声材料，可以吸收罩内的混响声，提高罩壳的隔声量。

2. 隔声罩设计

隔声罩的显著优点是体积小、用料少，隔声效果显著。为了便于加工、安装和维护检修和噪声源的正常运作，隔声罩需要按以下要求进行设计：

（1）隔声层（罩壳）主要起隔声作用，在材料的选择上要有足够的隔声能力。隔声罩占用空间小且不能太重，否则不利于移动、起吊和拆装。由于这些轻质板材单位面积质量较小，具有较高的固有频率，因此，在强大的声波的作用下，会引起共振和吻合效应，从而使隔声罩性能大大降低，有时甚至成为噪声的放大器。常采用如下措施：

1）用薄金属板做罩壳，加大薄板的刚度。在金属板面上焊接加强筋，或将薄板牢固地固定在罩体骨架上，以抑制板面的振动，减少声波辐射。

2）加大结构阻尼。可在薄板上涂一层内摩擦系数大的材料，如沥青石棉阻尼漆、软橡胶等，有效地减弱薄板的弯曲振动，从而降低金属板的噪声辐射。

3）罩内衬以多孔吸声材料是为解决罩内的混响声问题。如果罩内不做吸声处理，声能密度增加，必然使罩内的混响声加强，提高声源噪声辐射的强度，使隔声罩的实际隔声效果受到影响。

（2）在隔声罩的通风降温设计中必须慎重处理好设备的通风散热。采用隔声罩将空气动力机械及其电动机罩起来后，由于设备运转而产生的大量热导不能迅速散掉，会造成设备性能降低，甚至引起破坏性事故。隔声罩上必须开设一定面积的通风换气口，以保证设备运转过程中散发的热量得以散出，使机器正常运转；否则隔声效果再好的隔声罩，最终也要拆除。对于空气动力机械组隔声罩通风散热，一般分为自然通风散热和机械通风散热。前者多用于散热量不需要很大的热工机器的隔声罩上，多采用通风机或小型鼓风机。机械通风冷却，一般采用轴流式风机将罩外冷空气吸入并将罩内热空气排出，多采用大型鼓风机及压缩机。

（3）合理决定罩体形状和尺寸。隔声罩材料大多选用 2～3mm 厚的钢板和木板、纤维板等轻质板材组合构成。隔声罩的设计尺寸要注意罩的内壁表面与机械设备之间应留有较大的空间，通常应留有设备所占空间的 1/3 以上，各内壁面与设备的空间距离不得小于100mm，以避免罩壁因受强噪声源的激发而共振。一般多选用长方形或圆筒形，罩面交接处宜采用圆弧形。一般说来，曲线形罩体的刚度比较大，且对隔声较为有利。

（4）机器带有振动，应做隔绝固体声处理。机器设备的振动不仅经过底座传给地面再向空间辐射噪声，而且这种振动也经地面传给隔声罩，所以罩体往往也会成为噪声辐射源。为了避免此种情况发生，在隔声罩与地面之间应嵌以软橡胶条等材料，改刚性连接为弹性连接，以阻止声音的传播。此外，机器设备与隔声罩之间不能有任何刚性连接件。如将噪声源与隔声罩以及同基础之间的刚性连接断开，或改用弹性连接，垫以软的隔振材料或使用隔振器、隔振垫层等以减少振动的传递。对于风机、泵等噪声源与输气、输液管道可采用波形软管连接；罩壳与地面之间同样需要做隔振处理。

（5）为防止在开口处漏声，开口处要做消声隔声处理。孔洞与缝隙可以使隔声性能显著下降。因此，除非必要，在隔声罩上要尽量避免开孔或留缝。对于一些必不可少的孔或缝隙，应慎重处理。由于某种工艺和操作维修的要求，隔声罩常需要做成活动型的，便于拆装，机器所连接的管道电缆和传动件等需在罩壁上开设一定的孔洞，或在罩壁上开设门窗或活动盖板，以及罩壁之间互相连接均可能存在不同程度的孔隙，这时要注意漏声，需对各种缝隙进行密封处理。典型密封做法如下：对于某种强大的撞击声源，如破碎机、冲床等，在材料加工件进出口处、运转中散热较大的设备的罩体有进风与排风，为防止漏声，在隔声罩相应开口处同样可以设置消声装置，安装专门的消声器或吸声屏；对于传动轴穿过罩体的孔洞，应在孔洞处预焊一段套管，孔洞内贴上塑料、毛毡等吸声材料；对于罩体的拼合缝，以及需要打开的盖子、检修孔盖板等，在接缝处均应垫以软橡胶等材料；当必须在隔声罩上留孔、开缝时，为了确保机罩拼合缝不漏声，除在接缝处镶以软橡胶条外，还必须压实、扣紧。

为了达到设计要求并做到经济合理，往往设计多种，并一一预估插入损失，根据实际情况和可能条件最后确定一种。考虑到隔声罩加工过程不可避免地会有孔隙漏声，以及固体声隔绝不良等问题，设计插入损失应留有一定的余地，一般设计以大 3~5dB 为宜。

【例 3-6】 某耐火材料厂粉碎车间有一台球磨机，直径 1m，长 4.6m，距机器 2m 处的声级为 114.5dB。设计一隔声罩，使球磨机加罩后噪声不高于 85dB。

解 按要求隔声效果应大于 114.5dB−85dB＝29.5dB。

（1）测量球磨机的声压级和倍频程声压级，列入表 3-20 第 1 行。

（2）选 2mm 厚的钢板作为隔声罩的罩面板，利用质量定律计算出钢板各倍频程的隔声量，列入第 2 行。

（3）利用传声系数的表达式，由第 2 行的隔声量计算钢板各倍频程的传声系数，列入第 3 行。

（4）从多孔性吸声材料表查出体积密度为 20kg/m³，厚度为 100mm 的超细玻璃棉各倍频程的吸声系数，列入第 4 行。

（5）测量或确定隔声罩的内表面面积，列入第 5 行。

（6）利用隔声罩插入损失的计算公式（3-78）计算隔声罩的各倍频程的插入损失，列入第 6 行。

（7）由 A 计权曲线的修正值表查出各倍频程的修正值，列入第 7 行。

（8）由第 1 行噪声测量值减去第 6 行隔声罩的插入损失，再加上第 7 行的 A 计权曲线的修正值，即得到经隔声措施处理后的计权声压级，计算出的 A 声压级列入第 8 行。

表 3-20　　　　　　　　　　　　　　球磨机隔声罩设计计算

序号	计 算 量						A 声级（dB）
	125Hz	250Hz	500Hz	1000Hz	2000Hz	4000Hz	
1	87.0	91.0	105.0	110.5	110.0	105.0	114.5
2	19.5	23.7	27.9	32.1	36.3	40.5	
3	0.0112	0.0043	0.0016	0.0006	0.0002	0.00008	
4	0.25	0.60	0.85	0.87	0.87	0.85	
5	42.48	42.48	42.48	42.48	42.48	42.48	
6	13.48	21.47	27.18	31.49	35.69	39.78	
7	−16.1	−8.6	−3.2	0	1.2	1.0	
8	57.42	60.93	74.62	79.01	75.51	66.22	81.58

球磨机隔声罩插入的 A 声压级设计值为 114.5dB−81.58dB＝32.9dB。

按照此程序进行设计加工后，实测现场 A 声压级为 84.5dB，隔声罩的插入损失为

114.5dB－84.5dB＝30dB，达到了设计要求。

3.5.5 隔声屏及管道隔声

由于生产工艺或经济条件所限，不能采取隔声间、隔声罩等一般常用的隔声措施时，则可在声源与操作者之间设置隔声屏，以达到隔声降噪的目的。隔声屏在许多场合具有良好的降噪效果。用于露天场合可使声源与人群密集处隔离，在居民稠密的公路、铁路两侧设置隔声屏、隔声堤或利用自然高坡，均可有效地遮挡部分噪声干扰。在室内对于不宜使用隔声罩而又无法降低近场噪声的噪声源（诸如体积庞大的机械设备），工艺上不允许封闭的生产设备（如试车），散热要求较高的设备，处于自动线上的加工设备等，均可采用形式多样的声屏障，可以使相当数量的噪声源获得治理。这种方法简便、经济，是城市交通和工业生产噪声控制的方法之一，目前已得到广泛的应用。

1. 隔声屏

隔声屏是将隔板或墙体置于声源与接收者中间，以阻挡声音直接辐射到接收者处，其作用主要是阻止直达声的传播，隔离透射声，并使衍射声有足够的衰减。隔声屏障能使声能衰减，是利用声波的反射和衍射原理。当声波的波长小于障碍物时，声波就很容易被障碍物表面反射回声源，在隔声板后形成声影区，在声影区中噪声可以得到衰减。低频声波长较长，能绕过屏障板边缘（从光学上说是向背阴部分的传播），如图 3-45 所示。隔声屏障的隔声效果主要取决于入射波的频率和屏障的大小。一般来说，高频声比低频声的隔声效果好。例如，采用隔声屏对大于 2000Hz 的高频声与 800～1000Hz 的中频声相比，隔声效果要好；但是对于频率低于 250Hz 的声音，其波长较长，容易绕过障碍物，隔声效果不好。

设声源为点声源（见图 3-46），隔声屏为无限长，即不考虑声波的侧向绕射时，声屏的衰减量可由菲涅尔数进行计算：

$$R_n = \begin{cases} 5 - 20\lg \dfrac{\sqrt{2\pi N}}{\tanh\sqrt{2\pi N}} & N > 0 \\ 5 & N = 0 \\ 5 - 20\lg \dfrac{\sqrt{2\pi |N|}}{\tanh\sqrt{2\pi |N|}} & -0.2 < N < 0 \\ 0 & N \leqslant -0.2 \end{cases} \tag{3-79}$$

式中：R_n 为衰减量，dB；N 为菲涅尔数。

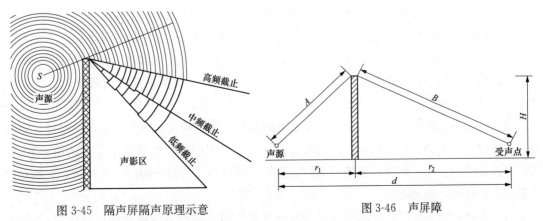

图 3-45　隔声屏隔声原理示意   图 3-46　声屏障

菲涅尔数 N 可由式（3-80）计算：

$$N = \pm \frac{2}{\lambda}(A + B - d) \tag{3-80}$$

式中：A 为隔声屏最高点至声源的距离，m；B 为隔声屏最高点至受声点的距离，m；d 为声源至受声点的距离，m。

当声源与受声点连线和声屏法线存在夹角 β 时，$N(\beta) = N\cos\beta$。

由式（3-80）可知，当 $(A+B-d)$ 一定、屏障高度一定时，波长越小（频率越高），则 N 值越大（衰减量越大）。也就是说，高频隔声效果好，低频隔声效果差。当 λ 为一定值时，$(A+B-d)$ 越大（屏障的高度越高），则衰减量越大，即声源与操作者越接近屏障，其隔声效果越好，因此屏障尽量离声源近处放置。利用屏障隔声，一般最大衰减量不会超过 24dB。

当声源为一无限长不相干线声源时，假设声屏障为无限长声屏，则

$$R_n = \begin{cases} 10\lg \dfrac{3\pi\sqrt{1-t^2}}{4\arctan\sqrt{\dfrac{1-t}{1+t}}} & t \leqslant 1 \\[4mm] 10\lg \dfrac{3\pi\sqrt{t^2-1}}{2\ln(t+\sqrt{t^2-1})} & t > 1 \end{cases} \tag{3-81}$$

其中

$$t = \frac{40f\delta}{3c}$$

式中：f 为声波频率，Hz；δ 为声程差，$\delta = A+B-d$，m；c 为声波速度，m/s。

隔声屏的设置需要注意以下问题：

（1）屏障本身构造的隔声性能是隔声效果的前提。屏障材料的选择按照质量定律选择隔声材料，同时也要根据实际条件，要求屏障各频带的隔声量比在声影区的声级衰减值至少大 5～10dB，才足以排除透射声的影响。因此，对于要求不高的屏障，可以选择轻便、结构简单的材料，一般有 20dB 的隔声量即可。常用的建筑材料，如砖、木板，塑料板、平板玻璃等，均可直接用来做隔声屏。典型的隔声结构设计是用一层金属薄板或硬质纤维板做成隔声底板，在底板一侧或两侧用角条加强，并把底板分割成若干小块，然后在各块面积内填充吸声材料，并在外面覆盖穿孔板或钢丝网等护面层。

（2）屏障的尺寸大小也是降噪效果的关键。为了使屏障有效，它的长度必须足以避免发生侧向绕射，即要隔声屏长度大于声源的 5 倍。若以点声源考虑，屏障的长度大于屏障高度的 3～5 倍就能近似将屏障视作无限长来考虑，这时屏障的高度成为影响降噪效果的主要尺度。

（3）在室内设置隔声屏，首先要控制好室内的混响声。如果室内吸声处理没做好，屏障即使能遮挡部分直达声，却挡不住四面八方汇集拢来的混响声，即形成不了有效的声影区，则起不到屏障的作用。同时，屏障两侧须注意加吸声材料，特别是朝向声源一侧，一般做高效率的吸声处理，效果更好。

（4）在放置隔声屏时，应尽量使之靠近声源处。活动隔声屏与地面的接缝应减到最小，

多块隔声屏并排使用时，应尽量减小各块之间接头处的缝隙。

【例 3-7】 计算实例，试求如图 3-47 所示的屏障噪声衰减量。

(1) 无地面反射时（绕射计算），屏障绕射声波与无屏障时的声波途径差。由图 3-47 计算得出参数 N 与衰减量 R_n，列于表 3-21 中。

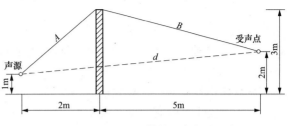

图 3-47 无地面反射时屏障衰减示意

表 3-21　　　　　　　　　　无地面反射时菲涅尔数 N 与衰减量 R_n

倍频带中心频率 f(Hz)	125	250	500	1000	2000	4000
菲涅尔数 N	0.63	1.26	2.52	5.04	10.08	20.16
屏障绕射声衰减量 R_n(dB)	11.0	14.0	16.5	20.0	23.0	26.0

注　R_n 近似取 $10\lg N + B$。

(2) 受声侧地面完全反射时（反射声计算），受声侧地面完全反射如图 3-48 所示。反射声波的途径差。由图 3-48 计算得出参数 N 与衰减量 R_n，列于表 3-22 中。

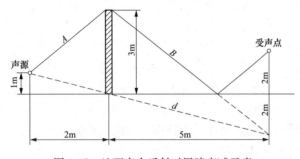

图 3-48 地面完全反射时屏障衰减示意

表 3-22　　　　　　　　　　地面完全反射时菲涅尔数 N 与衰减量 R_n

倍频带中心频率 f(Hz)	125	250	500	1000	2000	4000
菲涅尔数 N	1.68	3.35	6.71	13.41	26.82	53.65
屏障绕射声衰减量 R_n(dB)	15.0	18.0	21.0	24.0	27.0	30.0

(3) 屏障合成声（绕射声和反射声）的衰减量。在受声点，由于来自屏障顶端直接传来的声波和地面反射声波汇合，使屏障衰减量变小，屏障总的衰减量列于表 3-23。

表 3-23　　　　　　　　　　　　屏障总衰减量 R

倍频带中心频率 f(Hz)	125	250	500	1000	2000	4000
分贝差 ΔR	4.0	4.0	4.5	4.0	4.0	4.0
附加隔声值 ΔR_i	1.5	1.5	1.4	1.5	1.5	1.5
衰减量 R(dB)	9.5	12.5	15.1	18.5	21.5	24.5

2. 管道隔声

管路系统中高速流体不仅会在弯头、阀门和其他变径处产生湍流噪声，而且由于直接冲击管壁振动能辐射出强大的噪声，有些输送颗粒状固体物料（如粮食、矿石等）与管壁摩擦、撞击引起的噪声更为严重。特别是金属管道，如果与声源刚性连接还能传输声源噪声，使远离声源处仍然成为一个有效声能辐射体，对周围环境造成极为不良的影响。

产生管道噪声大致有以下三种情况：

（1）管道本身并不产生噪声，而是由所连接的通风机、鼓风机、压缩机、水泵、油泵、汽轮机等设备所产生的噪声，通过管道中的介质和管道本身而传递产生的。这是因为声音在液体及固体内传播速度较快。例如，声音在水中传播的速度约为 1450m/s，在钢铁中约为5000m/s。声在水中每隔 1m 衰减约为 0.000 1dB，而在固体中几乎不衰减地向前传播。

（2）流体在管道中由于湍流而产生流动噪声，流动噪声将随流动速度增加而增大。其近似值为增大的高流速 v_2 与相对的低流速 v_1 比值的对数乘以 60，计算公式为 $60\lg(v_2/v_1)$。此外，管道急拐弯及流速断面的突变，均将产生额外的湍流，以致产生更大的噪声。

（3）管道受到运转设备的机械振动的影响，再通过管壁向外辐射噪声，管路系统的噪声辐射就相当于一个线声源，以柱面波形式向外辐射声能，声压级随距离加倍只衰减 3dB，比点声源球面波衰减慢一半，所以传播得较远。由于生产中使用的各种输气（料）管道大多由薄金属板等轻型材料做成，有较高的固有频率。管路隔声能力较差，一般直径 20cm 以上，厚度为 0.5～1.5mm 的金属管道对外界的噪声干扰已经很大了。

管道噪声的控制，根据其发生的不同原因，可采取以下不同控制方法：

（1）采用合理的管道设计，增大管道半径，控制管内液体流速。在管道设计时，应避免截面和流向的急剧改变，汇流、分流应避免 90°的连接以及高速度流体直接咬入低速流体等。做到弯头曲率半径不小于 3 倍管径，管道直通变径的中心夹角不大于 60°等。实验证明，将一个 90°连接的三通改为 20°后，可使噪声下降 20dB。流速高时容易产生噪声，一般可以采用增大管道直径的方法来降低流速。

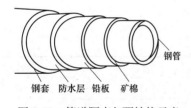

图 3-49　管道隔声包覆结构示意

（2）增加管壁的传递损失，降低管道表面的声辐射。通常不采用增加管壁厚度的方法，这种做法极不经济，而是采用管道隔声的办法，即在管道外包覆以阻尼材料、多孔吸声材料，外面再包覆不透声的隔声材料组合成复合隔声结构，可以显著降低管道噪声的辐射，其隔声包覆结构如图 3-49 所示。只要选材合理，施工正确，一般经过隔声处理的管道能降低噪声 20dB 左右。

在实际隔声包覆工程中应注意以下问题：使用金属板材作隔声层时，要注意隔声层与管道壁无刚性连接，否则管壁振动就会通过连接件侧向传递，使不透声层受激发而辐射比原来更为强烈的噪声；多层包扎应使其共振频率错开，避免吻合，从而提高包扎层的隔声性能；隔声包扎除了降噪作用外，还有隔热作用，对于要保温的供风系统则是一举两得，既控制了噪声污染，又减少了热能损耗。

（3）在声源和管道之间加设软管，以弹性连接代替刚性连接，隔绝开声音和振动传递的来源。控制管道噪声，最简便的办法是隔声，在管道与设备之间采用弹性连接是降低管道噪声的有效方法。对于通风机与风道的连接，可采用帆布或橡胶做成的软管连接，其长度不小于400mm。对于水泵与进、出水管的连接，一般可选用橡胶软管或不锈钢波形膨胀管。对于压力较大的管道连接，可选用不锈钢螺纹软管等作为弹性连接。

3.6 消 声

消除空气动力性噪声的方法称作消声，能够实现消声的特殊装置称作消声器。消声器是一种既能阻止声音传播，又允许气流通过的装置，使用时安装在空气动力设备的气流通道上，它是控制空气动力性噪声沿管道传播的最有效措施。在空气动力性机械进、出口安装消声器，一般可使进、出口的噪声降低20～30dB（A），相应的响度能降低75％～85％，主观感觉效果明显。

消声器种类很多，根据消声原理，一般可以分为三类：阻性消声器、抗性消声器、阻抗复合式消声器。阻性消声器由于具有消声量大、消声频率范围宽且体积小等特点，目前在国内外都获得了较为广泛的应用，而结构复杂、体积庞大的抗性消声器已经逐渐减少。

消声器的安装位置，通常紧靠空气动力性机械设备的进、出口，使空气动力性机械传出的噪声先经过消声器，再进入管道，进而降低空气动力性机械设备的噪声直接由进、出口向外传播，同时也降低了透过管壁向外辐射的噪声。

消声器主要应用于通风机、鼓风机、内燃机、压缩机、柴油机、燃气轮机、航空发动机等空气动力性机械设备及高压容器设备的排气（汽）放空。因此，消声器在工业、交通、基建、国防等方面都得到广泛的应用。在实际应用中，可以根据消声量、阻力及其他具体要求，选定一种或几种相组合的消声器。

3.6.1 阻性消声器

1. 阻性消声器消声原理

阻性消声器主要是利用多孔吸声材料来吸收声能的。当声波通过贴有多孔吸声材料的管道时，声波将激发多孔材料中无数小孔内空气分子的振动，其中一部分声能将用于克服一部分阻力与黏滞阻力变为热能而消耗掉。

一般说来，阻性消声器对中高频噪声的消声效果良好，而对低频噪声的消声效果较差。然而，只要适当合理地增加吸声材料的厚度和密度，以及选用较低的穿孔率，低中频消声性能也能大大改善，从而可以获得较宽频带的阻性消声器。

2. 阻性消声器分类

阻性消声器的种类繁多，把不同种类的吸声材料按不同的方式固定在气流通道中，可以构成各种各样的阻性消声器。其按照气流通道的几何形状可分为管式消声器、双圆筒式消声器、片式消声器、折板式消声器、声流式消声器、蜂窝式消声器、迷宫式消声器等，如图3-50所示。

（1）管式消声器。管式消声器是将吸声材料固定在管道内壁上形成的，有直管式和弯管式，其通道可以是圆形的，也可以是矩形的。管式消声器是最基本、最常用的消声器，结构简单，气流直接通过，阻力损失小，适用于流量小的管道及设备的进、排气口的消声。为了在通道截面较大的情况下也能在中高频范围获得好的消声效果，通常采取在管道中加吸声片或设计成另外的结构形式。如果通道管径小于300mm，可设计成单通道的直管式；如果通道管径为300～500mm时，可在通道中间设置一个吸声圆柱，即构成双

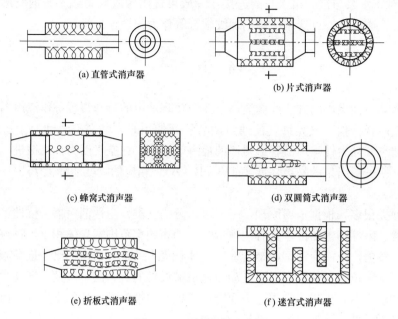

(a) 直管式消声器
(b) 片式消声器
(c) 蜂窝式消声器
(d) 双圆筒式消声器
(e) 折板式消声器
(f) 迷宫式消声器

图 3-50　阻性消声器示意

圆筒式消声器。

（2）片式消声器。片式消声器是由管式消声器演变而来的。气流流量较大的管或设备的进、排气口上，需要通道截面积大的消声器。为防止高频失效，通常将直管式阻性消声器的通道分成若干个小通道，设计成片式消声器。每个小通道的尺寸应该相同，使得每个通道的消声频率特性一样。这样，其中一个通道的消声频率特性（及消声量）就是整个消声器的消声频率特性。

（3）折板式消声器。折板式消声器是由片式消声器演变而来的。为了提高高频区的消声性能，把消声片做成弯折状。为了减小阻力损失，折角应小于 20°，声波在折板式消声器内往复多次反射，可以增加声音与吸声材料的接触机会，因此使消声效果得到提高。但折板式消声器的阻力损失比片式消声器的大，阻力系数一般为 1.5～2.5，适用于压力和噪声较高的噪声设备（如罗茨鼓风机等），低压通风机则不适用。

（4）声流式消声器。声流式消声器是由折板式消声器改进的，这种消声器把吸声材料做成正弦波状或流线菱形，不但使声波反射次数增加，对某些频率产生吻合效应，从而改善吸声性能；而且使气流能较为通畅地通过，达到高消声、低阻损的要求。声流式消声器的阻力系数介于片式消声器和折板式消声器之间，适用于大断面的流通管道，对高频噪声有良好的消声作用。但它的缺点是加工复杂，造价较高。

（5）蜂窝式消声器。蜂窝式消声器由许多平行的直管式消声器并联组成。因为每个小管消声器是互相并联的，每个小管的消声量就代表整个消声器的消声量。对于小管通道、圆管，直径以不大于 200mm 为宜；方管不要超过 200mm×200mm。因管道的周长 L 与截面 S 的比值比直管和片式大，故消声量较高；而且由于小管的尺寸很小，使消声失效频率大幅提高，从而改善了高频消声的特性。但由于蜂窝式消声器构造复杂，且阻损也较大，通常多在流速低、风量较大的情况下适用。

（6）迷宫式消声器。迷宫式消声器也称为室式消声器。在通风管系统中，可利用管道沿途的箱或室并在它里面加衬吸声材料或吸声障板，做成迷宫式消声器。迷宫式（室式）消声器的气流速度不能过大，一般应控制在 5m/s 以下，适用于自然通风情况，否则会产生强大的气流再生噪声，使消声器失效。另外，它的阻力损失也较大。

3. 阻性消声器消声量计算

阻性消声器消声量的计算方法很多，但每种方法都有其局限性，一般采用以下经验公式计算：

$$\Delta L = \phi(\alpha)\frac{P}{S}l \tag{3-82}$$

式中：L 为消声器的消声量，dB；$\phi(\alpha)$ 为消声系数，与阻性材料的吸声系数 α_0 有关的数值；P 为气流通道断面的周长，m；S 为气流通道的横截面积，m²；l 为消声器的有效长度，m。

其中，$\phi(\alpha)$ 由表 3-24 查得，P/S 可按表 3-25 进行计算。

表 3-24　　　　　　　　　　　　　α_0 与 $\phi(\alpha)$ 的关系（驻波管法）

α_0	0.1	0.2	0.3	0.4	0.5	0.6～1.0
$\phi(\alpha)$	0.1	0.25	0.4	0.55	0.7	1～1.5

表 3-25　　　　　　　　　　　　　　　比值 P/S 计算图表

消声器通道截面	圆形	正方形	矩形	狭矩形
示意图				
P/S 比值	$4/d$	$4/a$	$(1/a+1/b)/2$	$2/h$（当 $L \gg h$ 时）

从式（3-82）和表 3-25 中可以看出：

（1）对于相同截面积的通道，比值 P/S 以圆形最小，方形次之，狭矩形最大。故不难看出，由于消声器的消声量 ΔL 与比值 P/S 成正比，采用狭矩形通道（即片式消声器）消声量最高。

（2）吸声材料饰面表面积越大，材料的吸声系数越大，而气流的有效通道横截面积 S 越小，消声器的消声量越大。

（3）阻性消声器的消声量正比于吸声材料的吸声系数，所以选用材料的吸声性能越好，消声值越高，故采用超细玻璃棉为佳。

4. 阻性消声器消声量的上、下限截止频率

（1）上限截止频率。对于一定宽度或直径的气流通道，当声波频率增高到一定限度，即波长小于通道宽度或直径时，声波呈束状通过，很少与吸声材料表面接触，以致消声器的消声量明显下降。我们把反映这一现象而造成消声量明显下降时的频率定义为上限截止频率，记作 f_H。f_H 可按式（3-83）进行计算：

$$f_H = 1.85 \frac{c}{D} \tag{3-83}$$

式中：f_H 为上限截止频率，Hz；c 为声速，取 $c=340\text{m/s}$；D 为通道直径或通道有效宽度，m，对于 D 值，圆形管道取其直径，矩形管道取其边长的几何平均值，其他形状取面积开方值。

由式（3-83）可以看出，消声器的通道直径或宽度决定了它的上限截止频率 f_H。因此，当噪声频率高于上限截止频率 f_H 时，消声器的消声量就下降，而且每增加一个倍频程，其消声量比上限截止频率 f_H 处的消声量约降低三分之一，可由式（3-84）计算：

$$\Delta L = \frac{3-n}{n} \Delta L_H \tag{3-84}$$

式中：ΔL 为高于有效截止频率 f_H 的某频带的消声量，dB；ΔL_H 为有效截止频率 f_H 处的消声量，dB；n 为高于有效截止频率 f_H 的倍频程频个数。

（2）下限截止频率。任何一种多孔材料的吸收系数，一般都随着厚度的增加而提高其低频的吸收效果。在消声器中，对于厚度一定的吸声材料来说，其吸声性能随着噪声频率的降低而改变，当噪声频率低于材料的共振频率时，由于波长太长，其吸收系数显著下降。令吸收系数降低至共振吸声系数 α_0 的一半时．与此相应的频率称为下限截止频率，记作 f_L。

$$f_L = K \frac{c}{b} \tag{3-85}$$

式中：K 为与吸声材料类型、密度、厚度、护面穿孔率有关的系数，由实验测得；c 为声速，取 $c=340\text{m/s}$；b 为吸声材料厚度，m。

在消声器设计中，低频吸声材料厚度的选定，也可参考表 3-26。

表 3-26　　　　　　　　　　　　　**吸声材料厚度参考选择**

下限截止频率（Hz）	500	250	125
噪声材料厚度 b（mm）	60	120	200

5．阻性消声器设计

（1）阻性消声器的选择。阻性消声器的类型选择主要根据气流通道截面尺寸确定。一般情况下，若进、排气管道直径 d 小于 300mm，可选择单通道直管式消声器；若进、排气管道直径大于 300mm，可在单通道直管式消声器中间设置一片吸声层或采用双圆筒式消声器；若进、排气管道直径大于 500mm，就要设计成片式或蜂窝式消声器，片式消声器的片间距一般不要大于 250mm。阻性消声器可参考表 3-27 选择。

表 3-27　　　　　　　　　　　　　　**消声器形式选择**

管道直径 d（mm）	阻性消声器选用形式	管道直径 d（mm）	阻性消声器选用形式
$d<300$ $300<d<500$	单通道式 双圆筒式	$d>500$	片式

在大多数情况下，设计消声器是根据直接给出的风量，按表 3-28 选定消声器气流通道个数。

表 3-28　　　　　　　　　　　选定消声器气流通道个数

通道个数	流量范围（m³/h）				
	10m/s	12m/s	14m/s	16m/s	18m/s
1	2545	3054	3563	4072	4580
2	7068	8482	9896	11 310	12 723
3	7635	9162	10 689	12 216	13 740
4	10 180	12 216	14 252	16 288	18 320
5	12 725	15 270	17 815	20 360	22 900

（2）消声器长度的确定。当消声器通道的截面积确定后，增加其长度可以提高其消声量，但究竟取多长合适，这要根据噪声源声级大小和降噪要求决定。若风机噪声比车间其他设备噪声高出很多或消声量要求较大时，就可把消声器设计得长些，反之则可短一些。根据经验，一般现场使用的风机，其消声器的长度设计为 1～2mm 即可；特殊情况也可大于 2mm 或更长。

（3）吸声材料的选用。吸声材料是决定阻性消声器声学性能的重要因素，在消声器长度和截面尺寸相同的情况下，消声量的大小取决于材料的吸声系数，而吸声系数的大小又与材料的种类、体积密度和厚度有关。从材料的吸声性能来看，吸声材料吸声效果的优劣顺序依次为玻璃棉、矿渣棉、石棉、工业毛毡、木屑、木丝板等。

在实际工程中，吸声材料一般多采用超细玻璃棉，它在自然状态下体积密度为 15～20kg/m³，为了提高中、低频的吸声系数，可以将其适当提高到 20～25kg/m³。材料的厚度，一般取 30～50mm；若要提高低频吸声效果，厚度可取 50～100mm 或更大。

（4）气流速度。消声量的计算公式是在没有气流的条件下导出的，而实际上所有的消声器都是在气流中工作的，因此，在设计时必须考虑气流的影响。气流速度的大小既影响消声器的声学性能，又影响吸声材料的护面形式及消声器的压力损失。

气流对消声器的声学性能的影响表现在两方面：一是气流会改变管道内声音的传播规律，从而降低消声值；二是气流速度过高，形成湍流产生再生噪声。气流速度越高，形成湍流产生的再生噪声越大。所以，一般气流速度在 20m/s 内使用阻性消声器为佳。

（5）吸声材料护面的选用。阻性消声器一般安装在管道及装置的进、出口，需要通过气流，因此，在设计阻性消声器时，需要考虑其吸声材料的护面形式和结构。如果防护形式不合理，吸声材料就会被气流吹跑或激起护面层振动，导致消声器的性能下降。在一般情况下，采用玻璃布、穿孔板或铁丝网等作为护面结构。具体采用什么样的护面结构，取决于消声器通道内的气流速度。表 3-29 列出了阻性材料护面结构形式与消声器通道内气流速度的适应范围，以供设计参考选用。

表 3-29　　　　阻性材料护面结构形式与消声器通道内气流速度的适应范围

气流速度（m/s）		图例与说明
平行流动	垂直流动	
<10	<7	玻璃布或金属网 多孔吸声材料

续表

气流速度（m/s）		图例与说明
平行流动	垂直流动	
10～23	7～15	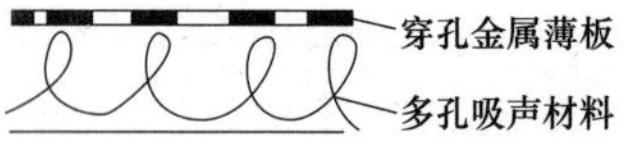 穿孔金属薄板 多孔吸声材料
23～45	15～38	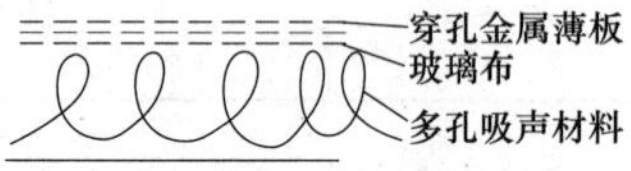 穿孔金属薄板 玻璃布 多孔吸声材料
45～120	—	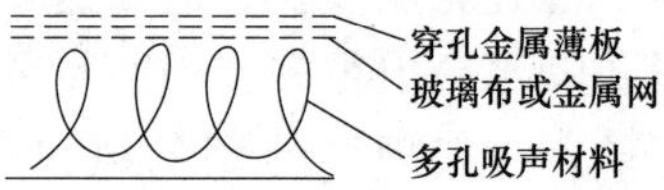 穿孔金属薄板 玻璃布或金属网 多孔吸声材料

选用穿孔板做护面材料时，其穿孔孔径一般取 5～8mm，气流速度越大，孔径应该越小。孔径和孔间距通常用穿孔率来表示，穿孔率一般不小于 20%。

6. 不同阻性消声器的特征及使用范围

直管式、双圆筒式、片式等阻性消声器，其空气动力性能好，阻力小，适用于各种通风机、鼓风机、压缩机等空气动力机械设备。

折板式、蜂窝式等类的阻性消声器，在相同速度和体积的条件下，具有较高的消声量。但阻力要比直管式等消声器大，所以此类消声器只适用于允许有较大压力损失的系统，如高压通风机、压缩机、排气放空等设备的消声。

迷宫式、卵石地坑式等类的阻性消声器，对低、中频噪声都有较高的消声值。但与前两类消声器比较，在相同气流速度下，其空气动力性能最差，阻力最大。所以，此类消声器多用于大型鼓风机、压气机及空气压缩机等排气放空消声。

3.6.2　抗性消声器

抗性消声器是借助于管道截面的扩张或收缩，或旁接共振腔，利用声波的反射、干涉或共振现象达到消声目的的一种消声装置。抗性消声器相当于一个声学滤波器，通过不同管路元件的组合，使某些特定频率或频段的噪声反射回声源或得到较大的吸收，来达到消声的目的。所以，抗性消声器的消声原理不同于阻性消声器，它不是直接吸收声能，而是利用控制声抗的大小进行消声。因为是利用声学中的阻抗发生变化进行消声，所以称之为抗性消声器。

抗性消声器宜用于消除低、中频噪声，可在高温、高速、脉动气流下工作，适用于汽车、拖拉机的排气管道、空压机进排气口等的消声。按照消声的机理，抗性消声器可分为扩张室消声器、共振式消声器。

1. 扩张式消声器

扩张室消声器又称膨胀室消声器，最基本的结构形式是单室扩张式消声器、单室内插管扩张式消声器、双室内插管扩张式消声器、双室内插管扩张式消声器等，其结构示意见图3-51。

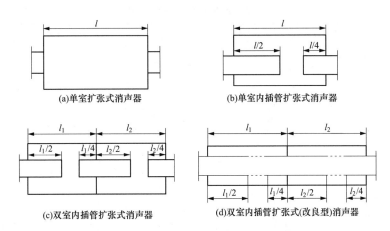

图 3-51　常见扩张室消声器结构示意

由图 3-51 可知，扩张室消声器是由管和室组成的。其消声原理主要是：当声波沿管道向前传播遇到扩张和收缩时，横截面积的扩张和缩小引起特性阻抗发生变化，使相当一部分声波反射回来，从而使透过的声能得到衰减，这就是扩张室消声器的基本消声原理。

扩张室消声器的消声过程分两种情况：一是利用管道截面的突变（膨胀和缩小）造成声波在截面突变处发生反射，将大部分声能向声源方向反射回去，或在腔室内来回反射直至消失；二是利用扩张室和一定长度的内插管，使向前传播的声波和遇到管子不同界面反射的声波相差一个 180°的相位，使二者振幅相等，相位相反，互相干涉，从而达到其消声效果。

消声量计算如图 3-51（a）所示，在扩张室（腔室）与前后气流通道断面（细管）突变处，大部分能发生反射，只有一小部分声能传递出去，故它的消声量主要取决于突变处，扩张室的截面积 S_2 与气流通道截面积 S_1 之比值 s_{21}，称为扩张比。s_{21} 值越大，则消声量越高。

衡量扩张室消声器消声量的大小，可用透射损失（传递损失）表示。透射损失是指扩张室出口的一端传递出去的声能同进口入射声能之比的倒数，取以 10 为底的对数，再乘上 10。其理论值是：

$$\Delta L = 10\lg\left[1 + \frac{1}{4}(s_{21} - s_{12})^2 \sin^2(kl)\right] \tag{3-86}$$

式中：ΔL 为消声量，dB；s_{21}、s_{12} 为扩张比，$s_{21} = \dfrac{S_2}{S_1}$，$s_{12} = \dfrac{S_1}{S_2}$；$k$ 为波数，$k = \dfrac{2\pi}{\lambda} = \dfrac{2\pi f}{c}$，不同 k 值相当于不同频率值；l 为扩张室消声器的长度，m。

从式（3-86）可以看出，消声量不仅与扩张比有关，而且是 $\sin(kl)$ 的周期函数，消声量也呈周期性变化，所以，这种消声器对某些频率的消声量为零，而对另一些频率的消声量则很大。

当 $\sin^2(kl) = 1$ 时，得到消声量最大值，式（3-86）化简为

$$\Delta L_{\max} = 10\lg\left[1 + \frac{1}{4}(s_{21} - s_{12})^2\right] \tag{3-87}$$

由式（3-87）得出，单节扩张室消声器的消声量，主要由扩张比决定，即增大扩张比 s_{21} 的值可以增大消声量。最大消声量 $\Delta L_{\max}$ 与扩张比 s_{21} 值之间的关系见表 3-30。

表 3-30 最大消声量与扩张比的关系

扩张比 s_{21}	最大消声量 ΔL_{max} （dB）	扩张比 s_{21}	最大消声量 ΔL_{max} （dB）
1	0	12	15.6
2	1.9	14	16.9
3	4.4	16	18.1
4	6.5	18	19.1
5	8.5	20	20.0
6	9.8	22	20.8
7	11.1	24	21.6
8	12.2	26	22.3
9	13.2	28	22.9
10	14.1	30	23.5

要使 $\sin(kl)=1$，则 kl 应为 $\frac{\pi}{2}$ 或 $\frac{\pi}{2}$ 的奇数倍，即 $kl=(2n-1)\frac{\pi}{2}$，$k=\frac{2\pi}{\lambda}=\frac{2\pi f}{c}$，代入 $kl=(2n-1)\frac{\pi}{2}$ 中，整理得

$$l=(2n-1)\frac{\lambda}{4} \text{ 或 } f_n=(2n-1)\frac{c}{4l} \quad n=1,2,\cdots \tag{3-88}$$

式中：f_n 为最大消声量的频率，Hz。

当 kl 为 π 的整数倍时，即 $kl=n\pi(n=1,2,3,\cdots)$ 时，$\sin(kl)=0$，这时消声量为零，相应的频率 f_n' 称作通过频率。可由式（3-89）计算：

$$f_n'=n\frac{c}{2l} \tag{3-89}$$

其中，$n=1$，2，3，…。可以看出，在通过频率时，消声器长度 l 为半波数的整数倍。

设计扩张室消声器时应注意以下几个方面：

（1）首先应根据消声器所需要的消声频率范围，确定上限截止频率，继而确定扩张室的最大截面尺寸。

（2）选择合理选择扩张比。最大消声量 ΔL_{max} 是由扩张比 s_{21} 值决定的。当 s_{21} 值较小时，ΔL_{max} 值是相当小的。当 s_{21} 值增大时，ΔL_{max} 值近似按 s_{21} 值的对数规律缓慢增加。因此，要想消声器有明显有效的消声量，则必须使 s_{21} 值有足够大的数值。在实际工程中一般取 9～16 为佳。但 s_{21} 值不能取得太大。这是因为当扩张室截面积过大而声波频率较高时，从气流通道进入扩张室的声波将集中在扩张室中部，使扩张室不能充分发挥作用，从而使消声效果下降。若通道直径较小，则可取 $s_{21}>16$，但最大不宜超过 20；若通道直径较大，则可取 $s_{21}<9$，但最小不应小于 5。

（3）设计各节扩张室和插入管的长度。消声量达到最大值时的频率 f_n 和通过频率 f_n' 是由比值 c/l 决定的，要改变消声器的频率特性，调整扩张室的长度 l 即可。当长度 l 增大时，频率 f_n 和 f_n' 就向低频方向移动。对具有两节扩张室的消声器而言，其扩张室长度应各不相等。通常可取前一节扩张室的长度为 l，则后一节的长度为 $\frac{2}{3}l$。当然，在特殊情况下，

例如当噪声频谱特性中有一个频率声压级特别高，两节扩张室长度也可相等。插入管的长度应分别取所在扩张室长度的 1/2 和 1/4。

（4）由于多节扩张室消声器消声量的理论计算极为复杂，故一般只做定性分析，画出各节消声器的消声频谱，然后叠加得出消声器频谱图。如果设计的效果与所需的实际效果出入较大，则最好通过必要的试验，进行调整。

（5）注意消声器应具有良好的空气动力特性，确保消声器阻力在实际允许的范围之内。

改善频率特性的方法有以下几点：

（1）内插管。以上介绍的单腔扩张室消声器的主要缺点是存在许多通过频率，而通过频率的消声量为零。为了消除这些不消声的通过频率，一般可以采用内插管的办法。把扩张室的进口和出口处分别插入长度 $l/2$ 和 $l/4$ 两根小管，见图 3-51（b）。

由理论分析可知，当插 $l_1 = \dfrac{1}{2}l$ 的内插管时，可用消除 1/2 波长的奇数倍的通过频率；

当插入 $l_2 = \dfrac{1}{4}l$ 的内插管时，可以消除 1/2 波长的偶数倍的通过频率；若二者综合使用可在理论上获得没有通过频率的宽频带的消声特性，因为这时消声器进口端的入射声波几乎全部反射。

（2）多室内插管的串联。在实际工程中，为了进一步提高消声效果，通过采用多节扩张室串联，见图 3-51（c）。这样就可以设计成前一节具有最大消声量的频率正好是后一节消声量较小的频率，使它们的通过频率互相错开，于是就大大改善了消声器的消声特性。

双室内插管扩张室消声器的传递损失可由式（3-90）计算：

$$L_{NR} = 10 \lg(\alpha'^2 + \beta'^2) \tag{3-90}$$

其中　　　　　　　$\alpha' = \cos(2kl_1) - (s_{21} - 1)\sin(2kl_1)\tan(kl_1)$

$$\beta' = \frac{1}{2}\{(s_{21} + s_{12})\sin(2kl_1) + (s_{21} - 1)\tan(kl_1)[(s_{21} + s_{12})\cos(2kl_1) - (s_{21} - s_{12})]\}$$

常用的两节内插管扩张室消声器中的前室长度 l_1 比后室长度 l_2 大一些为好，这可使两个扩张室的消声频谱曲线相互错开。插入管的插入深度通常取为 $l/2$ 和 $l/4$。

（3）穿孔内插管。以上所介绍的扩张室消声器，其通过截面是突变的，故局部阻力很大。为了改善这种不良状况，用一段上面钻有孔，孔径为 3～10mm，穿孔率 P 大于 30% 的穿孔管，把内接插入管连接起来。如图 3-51（d）所示，这样可以改善消声器的空气动力特性，使局部阻力大幅下降。

由于扩张室消声器消声量取决于扩张比的大小，要增大这种消声器的消声量就必须加大扩张比。增大扩张室的截面积，或者缩小消声器进口管和出口管的截面积，都可以加大扩张比。在实际工程中，消声器通过的气体流量是一定的，缩小进、出口管截面积受到流量、压力损失等条件的限制。而增大扩张室截面积，会导致波长较短的高频声波以窄声束的形式从消声器的通道中部穿过，使扩张室不能充分发挥作用，从而使消声量急剧下降，这与阻性消声器的高频失效现象是类似的。

扩张室消声器有效消声的上限截止频率，一般用下式确定：

$$f_H = 1.22\frac{c}{D} \tag{3-91}$$

式中：c 为声速，m/s；D 为扩张室几何尺寸。

对于圆截面，D 为直径；对于方截面，D 为边长；对于矩形截面，则 $D \approx \sqrt{S}$，S 为矩形截面积，m。

常温下不同直径的扩张室高频上限截止频率见表 3-31。

表 3-31　　　　　　　　　　　　**不同直径的扩张室高频上限截止频率**

通过直径（mm）	100	200	300	400	500	600	700	800	1000
上限截止频率 f_H（Hz）	4200	2100	1400	1025	840	700	600	525	420

对于带插入管的扩张室消声器，不仅有一个上限截止频率，还存在一个下限截止频率。在低频范围，当声波波长比扩张室和插入管的长度大得多时，可以把扩张室和插入管看作由声顺和声质量组成的简单系统，它的固有频率 f_0 为

$$f_0 = \frac{c}{2\pi} \sqrt{\frac{s_1}{V l_1}} \qquad (3-92)$$

式中：c 为声速，m/s；S_1 为消声器气流通道（细管）截面积，m^2；V 为扩张室的容积，m^3；l_1 为连接管（气流通道）长度，m。

显然，在固有频率 f_0（共振频率）附近，消声器不但不消声，反而对声音有放大的作用。通常取 $\sqrt{2}\,f_0$ 作为能有效消声的下限频率 f_L，即只有在大于 f_L 的频率范围，消声器才会有消声作用。其下限截止频率为

$$f_L = \sqrt{2}\,f_0 = \frac{\sqrt{2}\,c}{2\pi} \sqrt{\frac{S_1}{V l_1}} = \frac{c}{\pi} \sqrt{\frac{s_{12}}{2 l l_1}} \qquad (3-93)$$

其中　　　　　　　　　　　　　　　　$V = S_2 l$

式中：s_{12} 为扩张比；S_1 为消声器气流通道（细管）截面积，m^2；l 为消声器总长度，m。

由式（3-93）可以看出，要降低消声器的下限截止频率，加大低频消声量，应该降低固有频率 f_0，即适当增大扩张室的容积 V 和插入管的长度 l_1，或缩小气流通道的截面积 S_1。双室内插管扩张室消声器的下限截止频率为

$$f_L = \frac{c}{2\pi \sqrt{s_{21} l l_1 + \frac{1}{3} l (l - l_1)}} \qquad (3-94)$$

扩张室消声器主要应用于消除中频噪声，若气流通道较小，也可用于消除中低频噪声。其主要缺点是消声器阻力大、体积大。扩张室消声器单独使用时，一般多用在排气放空或压力损失要求不严的场合，一般用于内燃机、柴油机排气管道上，或用于各类机动车辆的排气消声。

2. 共振式消声器

共振式消声器又称共鸣式消声器，它的结构形式较多，按气流通道结构可分为单孔旁支共振式消声器、多孔旁支共振式消声器和多孔圆柱式共振式消声器等，其结构如图 3-52 所示。在密封的空腔中，穿过一段在管壁上开有小孔的管子与气流通道连通，从而组成一个共振系统。当外来的声波传播到三岔点时，由于声阻抗特性发生突变，大部分声能向声源反射回去，还有一部分声能由于共振器的摩擦阻尼转化为热能而被消耗掉，只剩下一小部分声能通过三岔点继续向前传播，从而达到消声的目的。当外来的声波频率与消声器的共振频率一致时，发生共振。在共振频率及其附近，空气振动速度达到最大值，同时克服摩擦阻力而消

耗的声能也最大，故有最大的消声量。所以共振消声器实际上就是共振吸声结构的一种具体应用。

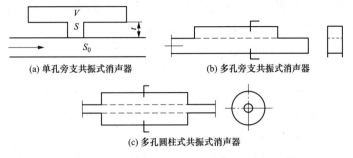

(a) 单孔旁支共振式消声器　　　　(b) 多孔旁支共振式消声器

(c) 多孔圆柱式共振式消声器

图 3-52　共振式消声器结构示意

当声波的波长大于共振器最大尺寸的 3 倍时，共振器的共振频率 f_r 可按式（3-95）计算：

$$f_r = \frac{c}{2\pi}\sqrt{\frac{G}{V}} \tag{3-95}$$

式中：c 为声速，m/s；G 为传导率，m；V 为共振腔容积，m^3。

传导率是一个具有长度量纲的物理参量。它的定义为径孔的截面积与径的有效长度之比。一个孔的传导率为

$$G = \frac{S}{t + \frac{\pi}{4}d} \tag{3-96}$$

式中：S 为小孔（穿孔）的截面积，m^2；t 为小孔长度（穿孔板厚度），m；d 为小孔直径（穿孔直径），m。

在实际工程中，共振式消声器是不会只开一个孔的，而是由多个孔组成，此时应注意孔间要有一定的距离。当穿孔的孔间距大于径孔直径 5 倍以上时，各孔间的声辐射互不干涉，这时，总的传导率等于几个孔的传导率之和，即 $G_T = nG$，n 为穿孔的个数。

当共振器的气流通道截面积为 S 时，对于频率为 f 的声波的消声量，一般可用式（3-97）进行估算：

$$\Delta L = 10\lg\left[1 + \left(\frac{\frac{\sqrt{GV}}{2S}}{\frac{f_r}{f} - \frac{f}{f_r}}\right)^2\right] \tag{3-97}$$

由式（3-97）可知，当 $f_r = f$ 时，消声量 L 将无限增大。在偏离共振时，消声量显著下降。式（3-97）是计算单个频率（纯音）的消声量，但在实际工程中，噪声频谱都是连续的宽频带噪声，所以只考虑一个频率的消声值是不够的，而要求能在需要的频带宽度内都有较高的消声值。因此在实际工程计算中，通常不是计算单频，而是计算一个频带的消声量。

在工程技术上，常用的频带宽度是倍频带，其消声量可按式（3-98）进行估算：

$$\Delta L = 10\lg(1 + 2K^2) \tag{3-98}$$

其中

$$K = \frac{\sqrt{GV}}{2S} \tag{3-99}$$

为了计算方便,将不同频带的消声量与 K 值的关系列于表 3-32。

表 3-32 　　　　　　　　　　倍频带的 K 值与消声量 ΔL 的关系

K 值	0.2	0.4	0.6	1.0	2	3	4
消声量 ΔL (dB)	0.33	1.2	2.4	4.8	9.5	12.8	15.2

　　共振式消声器对频率选择性强,故消声频带较窄,适用于降低有突出峰值的低频(350Hz 以下)噪声。在噪声控制技术中,共振式消声器很少单独使用,经常与阻性消声器结合组成复合式消声器。多孔共振式消声器的设计要点:①根据降噪要求,确定共振频率及其频带所需要的消声量 ΔL,由式(3-99)求出 K 值,或按表 3-32 查得 K 值;②因为 K 值与 V、G、S 值有关,故一旦 K 值确定后,就可以选取 V、G、S 值。

　　由式(3-95)和式(3-99)整理得

消声器的空腔容积　　　　　　　$$V = \left(\frac{c}{2\pi f_r}\right) \times 2KS \tag{3-100}$$

消声器的传导率　　　　　　　　$$G = \left(\frac{2\pi f_r}{c}\right)^2 V \tag{3-101}$$

　　消声器的通道面积 S 主要由空气流量的大小决定。但是,在允许条件下,应尽可能地缩小气流通道截面积,通常可限制通道截面直径不大于 250mm。若气流量大,可采取几个通道并联。

　　穿孔板(或穿孔管)传导率 G_Z 可以近似地用式(3-102)进行估算:

$$G_Z = \frac{nS_{1Z}}{t + \frac{\pi}{4}d} \tag{3-102}$$

式中:n 为孔数;S_{1Z} 为每个穿孔截面积,m^2;d 为小孔直径,m。

　　根据求得的共振器空腔容积 V 和传导率 G,就可进行消声器具体结构尺寸设计。应注意,对于某一确定的共振腔容积,可以有许多形状和尺寸组合,而对于某一确定的传导率也可以有多种孔数、孔径和穿孔管壁(板)厚度,这样就会产生各种不同的方案。根据实际经验,通常板厚 t 可取 1~5mm,孔径 d 取 2~10mm。

　　为了使消声量的理论值接近实际,在设计共振式消声器各部分结构尺寸时,应尽可能地满足下面几个条件:

　　(1)共振腔的长、宽、高(或深度),都要小于共振频率的 1/3 波长(即小于 $\lambda_r/3$)。

　　(2)穿孔段的长度 $l \leqslant \lambda_r/12$,并应集中在共振腔的中部。

　　(3)穿孔不能过密或过稀,一般孔间距以不小于孔径 d 的 5 倍为宜。

　　(4)当噪声源需要较大的消声量时,则设计的空腔容积要大,穿孔也要多,此时可将空腔分割成几段较小的空腔,其总的消声量近似地等于各个共振器消声量之和。

　　【例 3-8】 某柴油发动机排气管的管径为 100mm,试在此管道上设计一共振式消声器,使其在中心频率 125Hz 的倍频带上有 15dB 的消声量。

　　解 根据设计条件,管径 D 为 10cm,故通道截面 $S = 78.5\text{cm}^2$,倍频程消声量 $\Delta L =$

15dB，$f_r=125$Hz。

由式（3-98）得

$$\Delta L=10\lg(1+2K^2)=15$$

故 $K=3.9\approx4$。

由式（3-100）得

$$V=\frac{c}{2\pi f_r}\times2KS=\frac{340\times100}{2\pi\times125}\times2\times4\times78.5=27\ 200(\text{cm}^2)$$

设计一个与管道同心的圆形共振腔消声器，其内径 d_1 为 100mm，外径 d_2 为 400mm，则共振腔所需的长度：

$$L=\frac{V}{\dfrac{\pi}{4}(d_2-d_1)^2}=\frac{27\ 200}{\dfrac{\pi}{4}\times(40-10)^2}=38(\text{cm})$$

由式（3-101）得

$$G=\left(\frac{2\pi f_r}{c}\right)^2V=\left(\frac{2\pi\times125}{34\ 000}\right)^2\times27\ 200=14.4(\text{cm})$$

孔数 n 的确定。选用管壁厚 $t=0.2$cm，孔径 $d=0.5$cm，由式（3-102）得

$$n=\frac{G_z\left(t+\dfrac{\pi}{4}d\right)}{S_{1z}}=\frac{14.4\times(0.2+0.785\times0.5)}{\dfrac{\pi}{4}\times0.5^2}=43$$

这样，设计结果为共振腔长 38cm，腔的直径 400mm，腔内的通道管径 100mm，管壁厚 2mm，穿孔 43 个（孔径为 5mm），均匀地布置在共振腔通道管的中部，其结构如图 3-53 所示。

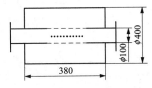

图 3-53　共振腔消声器结构

3.6.3　阻抗复合式消声器

阻抗复合式消声器在实际工程中应用较多，常见的有扩张室-阻性复合消声器、共振腔-阻性复合消声器和扩张室-共振腔-阻性复合消声器三类，其结构示意见图 3-54。

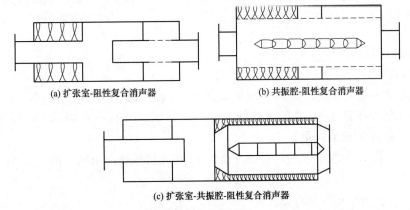

(a) 扩张室-阻性复合消声器　　　　(b) 共振腔-阻性复合消声器

(c) 扩张室-共振腔-阻性复合消声器

图 3-54　阻抗复合式消声器示意

阻抗复合式消声器是利用阻性消声器消除中高频噪声，利用抗性消声器消除低中频及某些特定频率的噪声，从而达到宽频带消声目的。不同频率的消声量可以分别按阻性及抗性消声器消声量计算，然后将同一频带的消声量相加，即可得出总的宽频带消声量。设计阻抗复合式消声器时，要注意抗性消声部分放在气流的入口端，而阻性消声部分放在气流的出口端，即前抗后阻。

阻抗复合式消声器的复合形式可以是以阻性为主，也可以是以抗性为主，这要视具体声源特性及消声要求而定。消声量的准确计算较为复杂，故大都是通过具体结构实测而得。

设计时，以消除中、高频噪声为主，且气流通道直径 $D<250\text{mm}$ 时，可设计成如图 3-55 所示的阻抗复合式消声器。两节扩张室消声器在前，阻性消声器在后。以消除中、高频噪声为主，且气流通道直径 $D<250\text{mm}$，而又要求在同样长度内具有较高的消声量时，可设计成阻抗复合式消声器结构，如图 3-56 所示。吸声材料厚度可取 $20\sim30\text{mm}$。以消除中、高频噪声为主，且气流通道直径 $250\text{mm}<D<500\text{mm}$ 时，则可设计成如图 3-57 所示的阻抗复合式消声器结构。对于低、中、高频都比较丰满的宽频带噪声，而又要求有较大的消声量，则可设计成如图 3-58 所示的阻性-共振腔复合式消声器结构。

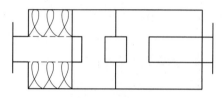

图 3-55 扩张室阻抗
复合式消声器示意

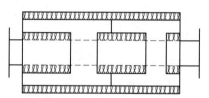

图 3-56 扩张室阻抗复合式
消声器（$D<250\text{mm}$）示意

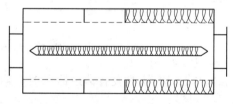

图 3-57 扩张室-单抗复合式
消声器（$250\text{mm}<D<500\text{mm}$）示意

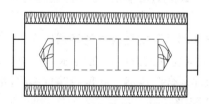

图 3-58 阻性-共振腔复合
式消声器示意

3.6.4 消声器的设计

1. 阻性消声器设计

（1）确定消声量。首先计算 A 声级的最大消声量。根据有关噪声标准，适当考虑企业的客观条件，合理确定消声后实际允许的 A 声级。未消声时的 A 声级减去实际允许的 A 声级，即为需要的 A 声级消声量。

（2）确定允许 A 声级下，相对应的评价数 N 及其倍频程声压级。由式 $N=(L_A-a)/b$ 及表 3-33 求得。

评价数 N 与 A 计权声级的关系为

$$L_A\geqslant70\text{dBA}：L_A\approx NR+5$$
$$L_A<70\text{dBA}：L_A\approx0.8NR+18$$

表 3-33　　　　　　　　　　不同中心频率的系数 a 和 b

频率（Hz）	31.5	63	125	250	500	1000	2000	4000	8000
a	55.4	35.5	22.0	12.0	4.8	0	−3.5	−6.1	−8.0
b	0.681	0.790	0.870	0.930	0.974	1.000	1.015	1.025	1.030

（3）确定倍频带消声量。倍频带中心频率，一般取 8 个，即 63、125、250、500、1000、2000、4000、8000Hz，各倍频带的消声量为

$$\Delta L_i = \Delta L_{Mi} - \Delta L_{Ni} + K \tag{3-103}$$

式中：ΔL_i 为所需各倍频带消声量，dB；i 为倍频带号，$i=1,2,\cdots,8$；L_{Mi} 为实测的 8 个倍频带的声压级，dB；L_{Ni} 为允许评价数对应下的各倍频带声压级，dB；K 为系数，$K=1\sim3$dB。

（4）选定消声器的上、下限截止频率。根据计算所得的 8 个中心频率的消声量大小，合理选用消声器的上、下限截止频率。通常，上限截止频率可取 4000Hz，下限截止频率取 250Hz。选取的原则是，在上、下限截止频率之间，消声器要有足够高的消声值，而在此以外的范围，消声值的大小不作要求。

（5）计算气流通道宽度和吸声材料厚度。消声器的气流通道宽度可按式（3-83）计算。吸声材料厚度可参照表 3-26 选用。

（6）确定消声器允许的气流速度。在一般情况下，对于迷宫式阻性消声器，气流速度取 5m/s 以下；对于通风空调使用的折板式、片式阻性消声器，气流速度取 10m/s 以下；对于工业厂矿使用片式、折板式阻性消声器、抗性消声器的气流速度取 20m/s 以下，而使用声流式、扩张室消声器的气流速度略高，取 20～30m/s；对于内燃机、柴油机排气扩张室消声器，气流速度可取 30～40m/s。

（7）选定消声器的气流通道个数 N 和形式。根据系统风量大小确定。

（8）计算消声器各部分尺寸。

消声器流通总面积：

$$S_T = \frac{Q}{3600 v} \tag{3-104}$$

式中：S_T 为气流流通总面积，m^2；Q 为系统风量，m^3/h；v 为选定的气流通道速度，m/s。

消声器长度，根据式（3-82）改写得

$$l_i = \frac{\Delta L S}{\phi(\alpha) P} \tag{3-105}$$

式中：l_i 为各倍频带下材料吸声系数对应的消声器的长度，m；ΔL 为消声器的消声量，dB；S 为气流通道的横截面积，m^2；$\phi(\alpha)$ 为消声系数，由表 3-24 查得；P 为气流通道断面的周长，m。

（9）选用吸声材料护面层结构。根据所确定的气流速度，按表 3-29 确定。

（10）作出消声前后频谱分析图。用频谱分析仪对消声前后的频谱进行分析并作频谱图。

【例 3-9】　已知某型号高压风机，其风量 $Q=1091\text{m}^3/\text{h}$，全压为 2677Pa，转数为 2900r/min。周围环境噪声小于 80dB（A），经测定，开动风机时，A 声级为 112.1dB（A），8 个中心频率的倍频带声压级依次为 83、97、109、111、110、97、84、75dB。要求设计一

阻性消声器,安装后噪声级不超过 85dB(A)。

解 (1)确定消声量。根据工业噪声卫生标准和现场实际情况,取安装消声器后允许 A 声级为 85dB。故消声器的消声量为

$$\Delta L = 112.1 - 85 = 27.1 [dB(A)]$$

(2)确定评价数 N 及其倍频程声压级:

$$N = (L_A - a)/b$$

考虑环境噪声及消声效果的可靠性,取噪声评价数 $N=80$,查表 3-33 得各倍频带声压级见表 3-34。

表 3-34   **$N=80$ 时各倍频带声压级**

中心频率(Hz)	63	125	250	500	1000	2000	4000	8000
声压级(dB)	98.7	91.6	86.4	82.7	80	77.7	75.9	74.4

(3)确定倍频带消声量。根据式 $N=(L_A-a)/b$ 计算出结果,列于表 3-35 中。由表 3-35 可知,在中心频率为 250~2000Hz 的频带范围内,消声量应达到 21.3~32.0dB。

表 3-35   **消声量的计算值**

中心频率(Hz)	63	125	250	500	1000	2000	4000	8000
实测声压级(dB)	83	97	109	111	110	97	84	75
标准允许声压级(dB)	98.7	91.6	86.4	82.7	80	77.7	75.9	74.4
安全系数 K	2	2	2	2	2	2	2	2
所需消声量 ΔL_i(dB)	−13.7	7.4	24.6	30.3	32.0	21.3	10.1	2.6

(4)确定消声器的上下限截止频率。由表 3-35 的计算结果,可将上限截止频率取 2000Hz,下限截止频率取 250Hz。

(5)计算气流通道宽度。由式(3-83)得

$$d = 1.85 \frac{c}{f_H} = 1.85 \times \frac{340}{2000} = 0.315(m) = 315(mm)$$

(6)选择吸声材料厚度。由表 3-26 得,$b=100mm$。

(7)确定消声允许气流速度。选定允许气流速度 $v=15m/s$。

(8)确定消声器的气流通道个数和形式。根据风机出口风量 $Q=1091m^3/h$ 和选定的流速 $v=15m/s$,查表 3-28,选择一个气流通道即可,并确定形式为直通式。

(9)计算消声器各部尺寸。

消声器流通总面积:

$$S_T = \frac{Q}{3600v} = \frac{1091}{3600 \times 15} = 0.0202(m^2)$$

消声器实际流通直径:

$$d_p = \sqrt{\frac{4S_T}{\pi}} = \sqrt{\frac{4 \times 0.0202}{\pi}} \approx 0.16(m) = 160(mm)$$

判别:$d_p=160mm$,而 $d=315mm$,$d_p < d$,符合要求。

消声器外径：

$$D = d_p + 2b = 160 + 2 \times 100 = 360 (\text{mm})$$

确定吸声材料。根据消声后要达到 A 声级 85dB 和 8 个中心频率的声压级大小，选用超细玻璃棉为吸声材料，密度为 20kg/m³。

计算消声器长度。根据式（3-105），计算步骤与结果列于表 3-36 中。

表 3-36　　　　　　　　　　　　　l_i 计算步骤和结果

中心频率（Hz）	250	500	1000	2000
吸声材料的吸声系数 α_i	0.6	0.85	0.87	0.87
消声系数 $\phi(\alpha_i)$	1	1.3	1.33	1.33
通道截面与通道截面周长比 S/P	0.04	0.04	0.04	0.04
所需消声量 ΔL_i（dB）	24.6	30.3	32.0	21.3
消声器长度 l_i（m）	0.98	0.93	0.96	0.64

由于最大长度 $L = 0.98$m，故取用 1m。

确定吸声材料护面层结构。查表 3-29，选用穿孔板＋玻璃布。取穿孔率 $P = 30\%$，穿孔孔径取 6mm，采用正方形布置，则由孔距与穿孔率计算公式，得

$$B = \sqrt{\frac{\pi r^2}{P}} = \sqrt{\frac{\pi \times (6/2)^2}{0.3}} = 9.7 \approx 10 (\text{mm})$$

（10）作出消声前后频谱分析图（略）。

（11）消声器结构图。消声器结构如图 3-59 所示。

2. 抗性消声器设计

（1）确定扩张室消声器的形式。扩张室消声器一般不单独使用在大风量系统中，而多用在内燃机、柴油机等小风量排气放空的消声系统中。在排气系统压力损失要求不太

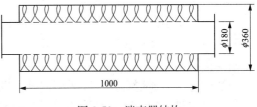

图 3-59　消声器结构

严格的条件下，可选用阻力较大的内插管连续式扩张室消声器；而对排气压力损失要求严格的场合，则应采用阻力较小的改良型内插管连续式扩张室消声器。两者的消声效果基本相同。

（2）确定气流通道直径。合理选定气流通道流速，根据系统风量按式（3-106）计算通道直径：

$$d = \sqrt{\frac{4Q_s}{\pi v}} = 1.13\sqrt{\frac{Q_s}{v}} \tag{3-106}$$

式中：d 为气流通道直径，m；Q_s 为系统气体流量，m³/s；v 为气流通道流速，m/s。

对于吸气，$v = 10 \sim 20$m/s；对于排气，$v = 20 \sim 40$m/s。

（3）确定最大消声量和消声频率。根据实际测定的噪声频谱，选择频谱中最大声压所对应的频率为最大的消声频率 f，再结合噪声允许标准，求出最大的消声值 ΔL。

（4）确定扩张比。由最大的消声值 ΔL_{max}，可按式（3-87）或表 3-30 求出相应的扩张比 s_{21}。在一般情况下，s_{21} 取值 9～16。当气流通道直径较小时，取上限，但最大不要超过 20；当气流通道直径较大时，取下限，但最小不要小于 5。

（5）计算扩张室直径 D。根据扩张室定义得

$$s_{21}=\frac{S_2（扩张室横截面积）}{S_1（气流通道横截面积）}=\frac{D^2}{d^2} \qquad (3\text{-}107)$$

故 $D=d\sqrt{s_{21}}$。

（6）计算一节扩张室消声器的长度。根据式（3-88）得

$$l=\frac{c}{4f} \qquad (3\text{-}108)$$

（7）确定两个内插管的长度。取一个内插管的长度等于 0.5m，另一个内插管的长度取为 0.25m。

（8）确定穿孔率和孔径。两个内插管之间的连接管段的穿孔率应大于 30%，其钻孔孔径 $\phi=3\sim10$mm。

（9）确定上、下限截止频率。根据式（3-91）和式（3-93）确定。

（10）设计两节扩张室时，在通常情况下，一节扩张室的长度为 l，另一节的长度为 $\frac{1}{2}l$。但是，在特定条件下，例如噪声频谱中有一个频率声压特别高，则两个扩张室的长度也可设计成等长。

（11）两节以上的内插管扩张室消声器的计算极为烦琐，而且准确性又不高，所以先按单节进行计算后，再将其结果相加。

【例 3-10】 一台柴油机的排气噪声在 150Hz 处有一峰值，试在排气管端设计一个扩张室消声器，要求消声器在 150Hz 时有 18dB 的消声量。排气管直径为 200mm。

解 （1）确定消声器形式。根据排气系统的性质，对压力损失无严格要求，故选用单室扩张室消声器。

（2）确定气流通道直径。取用柴油机排气管直径为消声器通道直径，故 $d=200$mm。

（3）确定最大消声频率及消声量。根据设计条件，确定 150Hz 为最大消声频率，其对应消声量为 18dB。

（4）确定合适的扩张比。根据确定的消声量 $\Delta L=18$dB，查表 3-30，求得扩张比 $s_{21}=16$。

（5）计算扩张室直径 D。根据式（3-107）计算得

$$D=d\sqrt{s_{21}}=0.8\text{m}$$

（6）计算扩张室的长度。由式（3-108）计算得

$$l=\frac{c}{4f}=0.57\text{m}$$

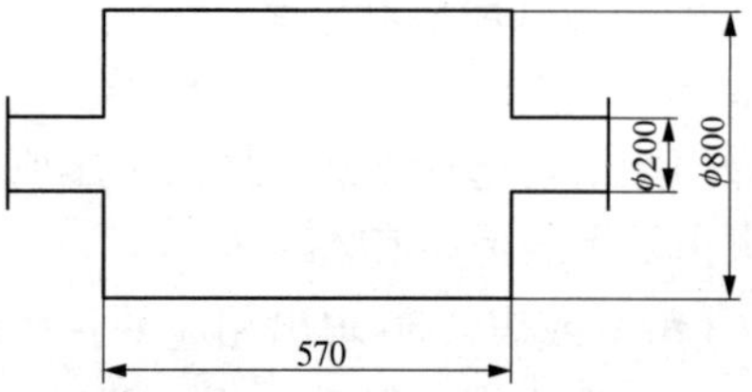

（7）设计结果。扩张室消声器设计结构尺寸示意见图 3-60。

3. 共振式消声器设计

（1）确定消声器形式。当气流通道直径小于 250mm 时，宜选用多孔圆柱式共振式消声器，如图 3-52（c）所示。

图 3-60　扩张室消声器设计示意

当气流通道直径大于 250mm 或消声器的通道结构尺寸为长方形时，可采用单孔旁支或多孔旁支共振式消声器，如图 3-52（a）、（b）所示。

（2）确定共振频率及其频带所需的消声量。根据测定的消声频谱，在 350Hz 以下确定要消除的频段及其相应的中心频率（即为共振频率）f_0。结合噪声标准，确定该频段的消声量。

（3）计算 K 值。根据所确定的倍频带消声量 ΔL，K 值可按式（3-98）计算或按表 3-32 查得。

（4）确定气流通道的横截面积。消声器气流通道横截面积 S 取决于管道内气流速度。当气体流量小时，可取进排气管的内径作为消声器的气流通道直径。当气体流量大时，采取长方形消声器。根据每个通道的气流速度不大于 20m/s 的要求，消声器分成若干个通道，每个通道的宽度一般取 100～150mm，高度要小于 λ_r（λ_r 为波长），通道宽度乘以高，即为长方形通道的横截面积 S。

（5）计算共振器的空腔体积 V。根据式（3-100）计算。

（6）确定共振器的长、宽、高（深度）。共振腔的长、宽、高都要小于共振频率的 1/3 波长$\left(\text{即小于} \frac{1}{3}\lambda_r\right)$。

（7）计算总的传导率。根据式（3-101）计算。

（8）确定钻孔管壁（板）厚及钻穿孔径。消声器气流通道的壁厚，一般取 1～5mm，孔径一般取 2～10mm。

（9）计算一个孔的传导率 G。根据式（3-96）计算。

（10）计算开孔数 n。

$$n = \frac{G_T}{G} \tag{3-109}$$

（11）穿孔段最大长度 l_z。

$$l_z = \frac{\lambda_r}{12} = \frac{c}{12f_r} \tag{3-110}$$

式中：λ_r 为共振频率波长，m；f_r 为共振频率，Hz。

（12）实际穿孔长度 l_s（m）。注意，穿孔不能过密或过稀，孔间距一般应等于或大于孔径的 8 倍，即

$$l_s = \frac{8n d_1^2}{d} \tag{3-111}$$

式中：d_1 为钻孔直径，m；d 为气流通道直径，m。

若 $l_s \leq l_z$，则符合要求。钻孔应集中在共振腔中部，由腔的中心向两端均匀布置。

【例 3-11】 某柴油发动机排气管的管径 d 为 100mm，试在此管通道上设计一共振式消声器，使其在中心频率 125Hz 的倍频带上有 15dB 的消声量。

解 （1）确定消声器形式。因为通道直径小于 250mm，所以选用多孔圆柱式共振式消声器。

（2）确定共振频率及其频带所需的消声量。由设计条件知，共振频率应选择在 125Hz，即 $f_r = 125$Hz。其相应频带的消声量由设计要求知，$\Delta L = 15$dB。

（3）计算 K 值。根据确定的倍频带消声量 $\Delta L = 15$d8，查表 3-32 得，$K = 4$。

（4）确定气流通道的横截面积。取排气管的内径为消声器的气流通道直径。故

$$S = \frac{\pi d^2}{4} = \frac{\pi}{4} \times 0.1^2 = 0.007\ 85 (\text{m})$$

（5）计算共振器的空腔体积。根据式（3-100），有

$$V = \left(\frac{c}{2\pi f_r}\right) \times 2KS = \left(\frac{340}{2\pi \times 125}\right) \times 2 \times 4 \times 0.007\ 85 = 0.027\ 2 (\text{m}^3)$$

（6）确定共振器的长、宽、高。三者都要小于共振频率的 1/3 波长，而

$$\frac{1}{3}\lambda_r = \frac{c}{3f_r} = \frac{1}{3} \times \frac{340}{125} = 0.9 (\text{m})$$

取管道同心圆共振腔的外径 D 为 400mm，则共振腔所需的长度：

$$L = \frac{V}{\frac{\pi}{4}(D-d)^2} = \frac{0.027\ 2}{\frac{\pi}{4}(0.4-0.1)^2} = 0.385 (\text{m})$$

腔深：

$$h = \frac{1}{2}(D-d) = \frac{1}{2} \times (0.4-0.1) = 0.15 (\text{m})$$

所以，共振腔长、宽、高均小于 0.9m，符合要求。

（7）求总的传导率。由式（3-101）计算得

$$G_T = \left(\frac{2\pi f_r}{c}\right)^2 V = \left(\frac{2\pi \times 125}{340}\right)^2 \times 0.027\ 2 = 0.145 (\text{m})$$

（8）确定孔径厚度及孔径。选用管壁厚 $t = 3\text{mm}$，孔径 $d_1 = 5\text{mm}$。

（9）计算一个孔的传导率。由式（3-96）计算得

$$G = \frac{S}{t + \frac{\pi}{4}d_1} = \frac{\frac{\pi}{4} \times 0.005^2}{0.003 + \frac{\pi}{4} \times 0.005} = 2.8 \times 10^{-3} (\text{m})$$

（10）计算开孔数。由式（3-102）计算得

$$n = \frac{G_T}{G} = \frac{0.145}{2.8 \times 10^{-3}} = 52$$

（11）穿孔管段最大长度。

$$l_z = \frac{\lambda_r}{12} = \frac{c}{12f_r} = 0.23\ (\text{m})$$

（12）实际穿孔管段长度。

$$l_s = \frac{8nd_1^2}{d} = \frac{8 \times 52 \times 0.005^2}{0.1} \approx 0.1\ (\text{m})$$

故 $l_s = 0.1\text{m} \leqslant l_z = 0.23\text{m}$，符合要求。

钻孔从消声器空腔中心开始，按孔心距等于 8 倍孔径的要求，均匀向两端打孔。

（13）设计结构，如图 3-61 所示。

3.6.5　消声器的选用与安装

正确选型是保证获得良好消声效果的关键，应按照噪声源性质和频谱环境，选择不

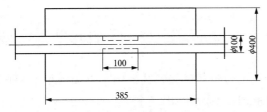

图 3-61　设计的共振式消声器

同类型的消声器。例如，对于风机类噪声，一般可选用阻性或阻抗复合消声器；对于空压机、柴油机等，可选用抗性或以抗性为主的复合型消声器；对于锅炉蒸汽的室温、高压、高速排气放空，可选用新型节流减压及小孔喷注消声器；对于风量特别大或通道面积很大的噪声源，可以设置消声房、消声器坑、消声塔或以特制消声元件组成的消声器。

在风机管路系统中，消声器安装使用部位对实际取得的效果关系甚大。安装部位适当，则效果能达到设计要求的消声量；若安装部位不妥当，实际使用效果不但达不到设计要求，有时甚至完全没有效果。因此，一定要根据消声器安装结构示意图所标明的位置，安装与风机适配的消声器。在安装消声器时，应注意以下几点：

（1）明确风机噪声源的部位。风机噪声源的部位按其强度大小，依次为排气口辐射的噪声、进气口辐射的噪声、机壳和管道表面辐射的噪声、电机噪声。消声器仅对进、排气噪声有明显的效果。

（2）选定在室内或室外安装消声器。若进气口或出气口离风机机壳和电机较近，为了消除其噪声的影响，充分显示出消声器的效果，消声器应安装在室外，若进气口或出气口离风机机壳和电机都很远，也可以将消声器安装在室内。

（3）消声器在室外时，消声量可达到 20dB（A）以上；消声器在室内时，若进气口消声器或出气口消声器安装的位置紧靠风机机壳，其最好的效果是可降到电机和机壳的噪声水平，即可降低 10～15dB（A）。

（4）在安装消声器时，消声器到风机进口或出口的距离至少要大于管道直径的 3～4 倍以上。为减小机壳振动对消声性能的影响，对于通风机，应尽量使用软连接。当所选用的消声器接口形状尺寸与内机接口不同时，可考虑在消声器前后加接变径管。在设计时，一般变径管的当量扩张角不得大于 20°。

（5）消声设备的机壳或管道辐射的噪声有可能传入消声器后端，致使消声效果下降，因此，必要时可在消声器外壳或部分管道上做隔声处理。例如，消声器连接盘和风机管道连接盘连接处应加弹性垫并注意密闭，以免漏声、漏气或刚性连接引起固体传声。在通风空调系统中，消声器应尽量安装于靠近使用房间的地方，排气消声器应尽量安装在气流平稳的管段。

（6）为了提高消声效果，防止管道壁的辐射噪声，风管上应涂刷沥青并贴上一层牛毛沥青纸，再捆上石棉绳，然后箍上钢网，最后用石灰粉刷或者捆扎 50～100mm 厚的矿渣棉、玻璃棉等吸声材料。

（7）消声器露天使用时应加防雨罩，作为进气消声使用时应加防尘罩，含粉尘的场合应加滤清器。对于一般的通风消声器，通过它的气体含尘量应低于 150mg/m，不允许含水雾、油雾或腐蚀性气体通过，气体温度不应大于 150℃，在寒冷地区使用时，应防止消声器孔板表面结冰。因此，在通风气流管道中含有较多的水或尘时，不宜采用阻性消声器。

（8）进排气消声器，对于通风机可互换使用，对鼓风机和压缩机则不可互换使用。

（9）对消声器要定时进行检修，以保证消声器的效果。

3.7　工程噪声控制

3.7.1　噪声控制方法

通常来说，噪声控制方法从声源、传播路径及接收体三个方面考虑可以分为三种：

（1）从声源上控制噪声，但这在很多情况下是很困难的。

（2）从声传播路径上控制噪声，包括使用吸声材料有效地吸收声波通过时的声能并使其转变为热能而消耗，以及在声传输途径上改变声阻抗使声波发生反射而控制噪声。例如，一般工业机械噪声控制中常用的隔声罩或建筑声学中常用的固体隔声屏，在通风管道、进排气管道或液压管路中使用的抗性消声器等。

（3）保护或隔离接收体，这可以采取隔振减振或隔声的方法。

而具体进行工程噪声控制时，首先是分析问题，识别噪声源，确定可接受的降噪量要求；其次考虑经济因素以确定费用最低廉的技术解决方案；最后提出具体的技术建议，包括声源修改、增加结构阻尼、振动隔离、采用声屏障等。

噪声控制设计一般应坚持科学性、先进性和经济性的原则。所谓科学性是指正确分析声源的发声机理和特性，区别空气动力性噪声、机械噪声和电磁噪声，以及高频噪声和中、低频噪声，然后确定相应的措施。先进性是指在不影响原有设备的技术性能或工艺要求且可实施的基础上采用先进技术。噪声污染属物理污染，即声能量污染，控制目标为达到允许的标准值，但国家制定标准有其阶段性，必须考虑当时在经济上的承受能力。

噪声治理的基本程序从声源特性调查入手，通过传播途径分析、降噪量确定等一系列步骤，选定最佳方案，最后对噪声控制工程进行评价。噪声源测量分析（声源分布、频率特性、时间特性）-传播途径调查和分析（传播途径中是否有空气声、固体声）-受影响区域调查（本底噪声、危害状况、允许标准）-降噪量确定（总降噪量，声源、传播途径降噪量）-制订治理方案（总声源控制、传播途径控制）-设计施工-工程评价（声环境质量评价，经济性、适应性评价）。

噪声控制范围是指城市区域民用建筑、空调机房、车库、展馆、宾馆、饭店、商场超市、医院、写字楼等环境。

1. 噪声源的控制

消除和减少声源是控制噪声的根本办法，例如防止冲击、减少摩擦、保持平衡、去除振动等。此外，避免旋转流体无规律的运动，防止流体形成涡流运动都是消除和减少流体噪声的好办法。但是，在工程应用中，完全实现这些措施是很困难的。例如，要抑制冲床的冲击，阻止风机的空气流动，除非停止机械的转动，否则是不可能的。所以，消除声源的关键是制止不适当的或可能减少的冲击及不必要的振动，设法把必然发出的声音降到最低限度。但是，对于机械设计人员和使用者来说，他们没有使机械自身静止不动而进行工作的方法和手段，最多是改善安装、改进保护、不出异声等。因此，使用中必须考虑能否用噪声小的机械代替噪声大的机械，或者采用别的生产工艺代替噪声大的工艺。

2. 传播途径的控制

在不能根本消灭声源的情况下，应从以下几个方面采取消声措施，避免噪声的危害：

（1）声源密闭。声源密闭就是采用密闭方法切断声源向外传播的措施。这种措施的要点是，对于能够密闭的机械首先进行密闭。例如，用金属箱密闭机械，可使其产生的声音大幅度降低。但是较薄的易振金属箱往往不能充分隔声，这是因为声能积蓄，箱内声级上升，薄板不能充分消声的缘故。这时，在机械与箱体之间填充吸声材料如玻璃丝棉、聚苯板等，则会有更好的消声效果。

（2）防振装置。安装机械设备时，多数情况下需要安装防振装置，以防止机械设备的振动传向地板和墙壁，形成噪声声源。当振动传给房屋时，会出现二次声音，并造成噪声污染。例如车间、医院、办公室等，常常因为隔壁动力机械、电梯等的振动出现新的噪声源。常用的防振装置有防振垫、防振弹簧、防振圈等，这些防振支撑，能简单而有效地防止振动，减少噪声。

（3）消声装置。风机、水泵、空气压缩机等难以密闭的机械，最常用的消声办法是在设备的入口、出口或管道上安装消声器或类似的消声装置。用消声器消除高频噪声一般都会收到良好的效果，而消除低频噪声，效果往往不理想。为此，不得不设计和安装体积相当庞大的消声器，这又是不经济的。所以，在防止低频噪声时，应采用共振措施等特殊手段来达到消除噪声的目的。

3. 对接收者的防护

对接收者进行防护，主要是利用隔声原理来阻挡噪声传入人耳，以保护人的听力。其具体措施包括以下几种：

（1）吸声减噪。声波入射到任何物体的界面时，都会有一部分声能进入该物体，并被吸收掉。当声波入射到一些多孔、透气或纤维性的材料时，进入材料的声波会使材料的细孔、狭缝中的空气和纤维发生振动，由于摩擦、黏滞阻力及纤维的导热性能，一部分声能转化为热能而耗散。

（2）隔声。空气隔声的原理是声波在空气传播的过程中，碰到匀质屏蔽物时，由于两分界面特性阻抗的改变，使得一部分声能被屏蔽物反射回去，一部分声能被屏蔽物吸收，还有一部分声能透过屏蔽物传播到另一侧的空间中去，所以选择设置合适的屏蔽物就可以使大部分声能不传播出去，从而降低噪声的传播。

3.7.2 室内噪声控制

现代厅堂、剧院、录音室等都需要对室内噪声进行声学设计和噪声控制。混响时间是评定厅堂音质的第一个物理指标。所谓混响是声音在墙壁、天花板、地面和室内物体上多次反射，声强逐步降低传到人们耳朵中的声音。混响时间与直达声、反射声、混响声的相互关系有关。如果回声比较强，混响时间较长，就会使人听不清楚；但如果没有回声，又会使人觉得声音发"干"，不好听。大量实验表明，原来的声音和第一个强回声之间的时间间隔如果不超过 50ms，就感觉不到回声，只是感到声音增强；如果时间间隔扩大，就会听到回声，这就是哈斯效应。因而在设计厅堂时，要计算直达声和反射声的时间差不要超过 50ms，也就是直达声经过的路径和反射声经过的路径差不要超过 17m。对各种不同用途房间，最佳混响时间的长短是不同的。实验表明，小房间最佳混响时间为 1.06s，房间体积增加，最佳混响时间也增加，到 100 000m³ 的房间最佳混响时间达到 2.4s。不同的演出内容，最佳混响时间是不一样的。报告厅对混响时间的要求就是不要太长，使先后发的音节不互相混淆，所以混响时间应该偏短。各种音乐演奏要求的混响时间差别较大，轻音乐、爵士乐等节奏快而鲜明，混响时间要短一些，才有鲜明的节奏感；而对于教堂音乐、风琴音乐，节奏慢，声音悠长，混响时间要长一些，这样演奏起来显得庄严肃穆。使用吸声材料可以降低室内混响时间。在建筑设计中一般使用玻璃纤维、矿渣棉、甘蔗板、木丝板、泡沫塑料等多孔性吸声材料。多孔性吸声材料是靠其中的孔隙，或狭窄的空气通道，使声波在孔隙或通道中受到摩擦和黏滞性损失，以及材料中细小纤维的振动，把声能转化为热能的。多孔性吸声材料在高频时吸声效果好，但其低频时的吸声效果较差。除了使用吸声材料外，采用共振吸声结构和微穿孔板吸声结构是室内噪声控制的有效措施。

1. 共振吸声结构

单腔共振吸声结构即亥姆霍兹吸声器，如图 3-62（a）所示，由一个刚性空腔和一个连通外界的颈口组成。单腔共振吸声结构可以等效为一个单自由度振动系统，如图 3-62（b）所示，空腔中的空气类似于一个弹簧，具有一定的声顺 C_a（又称声容）；颈口处的小空气柱类似于声质量 M_a；当声波入射到颈口时，在颈口处产生摩擦阻尼，因而振动系统还具有一定的声阻 R_a。这样的质量弹簧阻尼系统就组成了一个等效声学振动系统。设空气柱的宽度为 l，截面积为 S，空腔体积为 V，则 $M_a = \rho_0 l S$，$C_a = 1/K_a = V/\rho_0 c_0^2$。从如图 3-62（b）所示的单自由度振动系统，可以得到单腔共振吸声结构的共振频率为

$$f_r = \frac{1}{2\pi}\sqrt{\frac{1}{M_a C_a}} \tag{3-112}$$

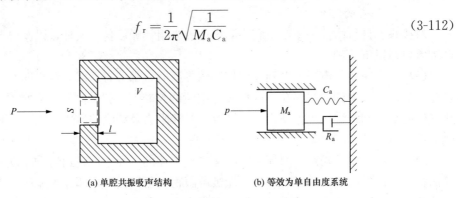

(a) 单腔共振吸声结构　　　　(b) 等效为单自由度系统

图 3-62　单腔共振吸声结构示意

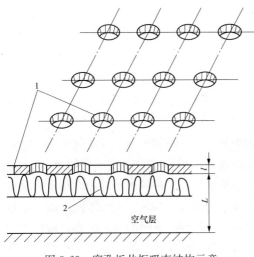

图 3-63　穿孔板共振吸声结构示意
1—穿孔板；2—吸声材料

即当声场中输入频率 $f = f_r$ 时，共振吸声结构发生共振，此时吸声系数达到极大值。共振式吸声结构在现代的厅堂、剧院、录音室等的声学设计中获得广泛应用。

2. 穿孔板共振吸声结构

在板材上以一定的孔径和穿孔率打上孔，背后留有一定厚度的空气层，就成为穿孔板共振吸声结构。通过板材的选择及孔的布置，穿孔板还具有一定的装饰效果。图 3-63 所示为穿孔板共振吸声结构示意，实际上穿孔板共振吸声结构是单腔共振吸声结构的一种组合形式，二者的吸声机理相同。同样，该结构在共振频率附近具有很高的吸声系数，但在偏离共振频率处吸声系数明显减小。

穿孔板的吸声特性取决于板的厚度、孔径、穿孔率、板后空气层厚度等因素。穿孔板共振吸声结构的共振频率为

$$f_n = \frac{C_0}{2\pi}\sqrt{\frac{nS}{lV}} \text{ 或 } f_n = \frac{C_0}{2\pi}\sqrt{\frac{q}{lL}} \tag{3-113}$$

式中：n 为穿孔板孔数；l 为穿孔板厚度；S 为单孔截面积；q 为穿孔率，即穿孔面积在总

面积中所占百分比；L 为穿孔板后空气层的厚度。

3. 微穿孔板吸声结构

微穿孔板吸声结构是由我国著名声学家马大猷院士在 1975 年提出的。当穿孔板直径减小到 1mm 以下时，利用穿孔本身的声阻就可达到控制吸声结构相对声阻率的目的，从而可以取消穿孔板共振吸声结构中穿孔板后面的吸声材料。用微孔管构成的穿孔板与普通细孔管的穿孔板相比，在同样穿孔比的情况下，其声质量要小，而声阻要大得多。这种微穿孔板技术曾成功地应用于我国火箭发射井噪声控制及德国国会议事大厅的噪声控制。在德国波恩的国会议事大厅被设计成圆筒形，屋顶做成拱形，为了使观众可以看到议员议事的情况，周围的墙是用厚玻璃板做的。但这个大厅在第一天启用时，主持人的讲话在周围墙壁引起极强的回声，使电声系统闭塞，不能正常工作。如果在墙壁上采用不透明的吸声材料进行吸声处理，外面的人就不能见到议员议事的情况。许多噪声控制方案都被否定，最后采用了马大猷院士提出的基于微穿孔板技术而设计制成的透明穿孔板吸声器才解决了这一难题。微穿孔板技术多年来广泛应用于制作微穿孔板消声器、透明消声通风百叶窗、声屏障等。

3.7.3　管道噪声控制

在管道声学应用领域中，管道消声问题也已经成为管道传声研究的一个重要课题。目前在管道消声问题中广泛采用扩张管式消声器、管道共振式消声器及阻抗复合式消声器等。

1. 扩张管式消声器

扩张管式消声器的重要理论依据是中间插管的滤波原理。图 3-64 所示为中间插管结构示意，图中 S_1 为主管管道横截面积，S_2 为中间插管的横截面积，D 为中间插管的长度。根据文献，中间插管部分的声强透射系数公式为

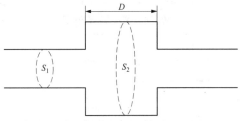

图 3-64　中间插管结构示意

$$t_1 = \frac{4}{4\cos^2 kD + (S_1/S_2 + S_2/S_1)^2 \sin^2 kD} \tag{3-114}$$

从式（3-114）上看，声波经过中间插管的透射，不仅同主管和插管的截面积比值有关，还与插管的长度有关。当 $kD = (2n-1)\pi/2$ 时，即 $D = (2n-1)\lambda/4, n = 1, 2, \cdots$，透射系数最小，有

$$t_{1\min} = \frac{4}{(S_1/S_2 + S_2/S_1)^2} \tag{3-115}$$

当中间插管的长度等于声波波长 λ 的 1/4 奇数倍时，声波的透射本领最差，或者说反射本领最强。这就构成了对某些频率的滤波作用。至于插入的是扩张管还是收缩管，在理论上并无区别。然而，为了减小对气流的阻力常采用扩张管，这样的消声器称为扩张式消声器。这种滤波原理只是使声波反射回去，但并不消耗声能，因而由这种原理设计的消声器也称为抗性消声器。消声器的消声程度一般用传声损失（TL）来描述，单位为 dB，传声损失（隔声量）定义为透射系数倒数的常用对数的 10 倍。扩张式消声器的传声损失为

$$TL = 10\lg\frac{1}{t_1} = 10\lg[1 + (S_2/S_1 - S_1/S_2)^2 \sin^2 kD/4] \tag{3-116}$$

当 $kD=(2n-1)\pi/2$ 时，消声量达到极大值，即

$$TL_{\max}=10\lg\frac{1}{t_1}=10\lg[1+(S_2/S_1-S_1/S_2)^2/4]\qquad(3\text{-}117)$$

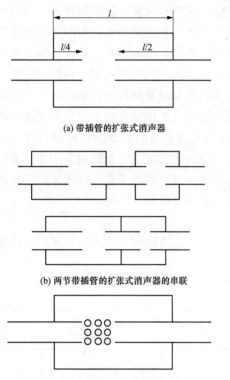

(a) 带插管的扩张式消声器

(b) 两节带插管的扩张式消声器的串联

(c) 为改善空气动力性能而在管壁上打孔的扩张式消声器

图 3-65　扩张管式消声器的不同形式

当 $kD=n\pi$ 或 $D=n\lambda/2$ 时，消声量为零。即当插管长度等于声波波长一半的整数倍时，声波将可以全部通过，与这一波长对应的频率称为消声器的通过频率。

由此可见，扩张管式消声器具有较强的频率选择性，所以适于消除声波中一些声压级特别高的频率成分。为了扩展消声的频率范围，可采取插入多节扩张管的方法，各节扩张管的长度可互不相同以消除不同频率。图 3-65 所示为扩张管式消声器的不同形式，图 (a) 为带插管的扩张式消声器，图 (b) 为两节带插管的扩张式消声器的串联，图 (c) 为为改善空气动力性能而在管壁上打孔的扩张式消声器。由于扩张管式消声器存在一低频极限，若消声器中的扩张管及其前后连接管的长度都比声波波长小很多，那么这些管子已不再是分布参数系统而成为集中参数系统的声学元件了，即对低于低频极限的频率，这时的滤波器原理就不再遵循扩张管式的规律。

2. 共振式消声器

如图 3-66 所示，在主管道上增加亥姆霍兹吸声器作为旁支，这时主管道声强透射系数为

$$t_1=\cfrac{1}{1+\cfrac{(\rho_0 c_0)^2}{4S^2(\omega M_a-1/\omega/C_a)^2}}\qquad(3\text{-}118)$$

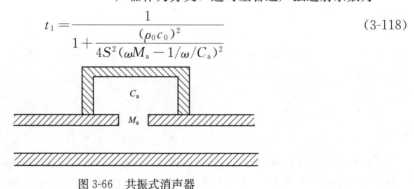

图 3-66　共振式消声器

从式（3-118）可以看出，当管道噪声频率 $\omega=\omega_r=1/\sqrt{M_a/C_a}$，即吸声器共振时，主管道透射系数等于零，这表示入射声波被吸声器旁支所阻拦，旁支起了滤波器的作用。这就是目前在管道消声问题中广泛采用的一种共振式消声器的原理。

共振式消声器的消声量公式为

$$TL=10\lg\frac{1}{t_1}=10\lg[1+\beta^2 z^2/(z^2-1)^2]\qquad(3\text{-}119)$$

其中，$\beta = \dfrac{\omega_r V}{2c_0 S}$，$z = \omega / \omega_r$，$V$ 为空腔体积，S 为空气柱在脖颈处的截面积。

从式（3-119）可知，TL 随频率比 z 增大而迅速减小，β 值越小消声频带越窄，因此为了扩展消声频带，必须选择足够大的 β 值。此外，为了扩展消声频率范围，也可在主管上装上共振频率各不相同的多个共振吸声器。

3. 阻抗复合式消声器

前述扩张管式消声器和共振吸声结构都属于抗式消声器。在实际工程应用中，常将阻式消声器和抗式消声器结合在管道消声中，如图 3-67 所示。

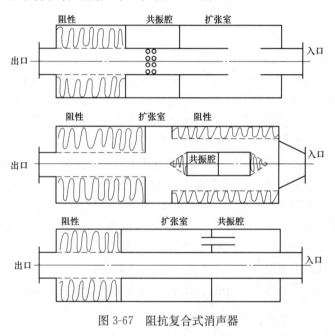

图 3-67　阻抗复合式消声器

3.8　适用于恶劣环境应用的噪声控制

在机械、车辆、航空航天、水下、军工等工程领域的大量机械产品及工程结构都在恶劣的环境下应用，要求控制这些产品及结构的振动与噪声的阻尼技术也要适用于恶劣环境的应用。即要求阻尼技术的结构或材料在真空中不挥发，不惧辐射和腐蚀，能耐高温、低温，性能稳定，可靠性高，寿命长，有利于长期保存等。以大阻尼黏弹材料为主要手段的阻尼减振降噪技术，由于其优越的减振降噪效果和便于实施的优点，近几十年来在工程应用中得到了迅速的发展和广泛的应用。但是，目前大多数黏弹材料只能在 -50~50℃ 环境条件下使用，且黏弹材料的阻尼特性对温度异常敏感，因而在低温、高热流和高压力等许多航空航天器、激光器、火箭发动机及其他一些恶劣环境条件下不能采用黏弹材料。因此，开发适用于恶劣环境应用的阻尼新技术具有重要的工程意义和价值。

目前，已经发展的和正在发展的这些阻尼新技术包括气体泵动阻尼技术、豆包冲击阻尼技术、非阻塞微颗粒阻尼技术和金属橡胶阻尼技术。

3.8.1　气体泵动阻尼技术

在机器或设备中的振动平板表面，用螺钉连接、铆接或点焊等方法附加一辅助平板，并使两板之间的狭小空间保持一层薄的空气层，这种附加阻尼处理的方法称为气体泵动阻尼技术或气体薄膜阻尼技术，其结构示意如图 3-68 所示。

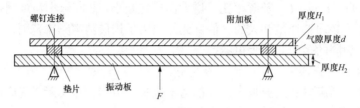

图 3-68　气体薄膜阻尼结构示意

　　当结构受到外力激励，振动板以一定的频率振动时，振动板面的振动快速地迫使两板之间气隙中的空气流体层产生高速流动，空气层的黏性阻尼作用使振动能量耗损。附加板由于附加在振动板上，受激后也要振动，而由于两板结构参数的不同，两者的振动形态也就不同，这样处于两板之间的空气层产生强烈的抽动运动，即泵动效应。这是因为空气层很薄，其较大的黏性损耗使振动能量得以耗损，从而降低振动板的振动和声辐射。也就是说，气体泵动阻尼技术是固体与空气流体振动耦合产生的阻尼。

　　为了说明空气薄膜阻尼结构中两板气隙中的空气流体是产生阻尼的主要机理，L. C. Chow 等人将两块平行钢板组成的薄膜阻尼结构悬挂在密闭的减压舱里，其中振动钢板厚度 $H_1 = 6.1\text{mm}$，附加钢板厚度 $H_2 = 1.5\text{mm}$，气隙厚度 $d = 0.38\text{mm}$。减压舱的内壁用较厚的吸声泡沫覆盖以防止声反射。在不同的舱内压力下测量气体薄膜阻尼结构的损耗因子，实验结果如图 3-69 所示。实验结果表明：气体薄膜阻尼结构的损耗因子随压力的变化而变化，这意味着这种阻尼与两板之间气隙层的气体泵动耗能关系密切，而与两板连接点处的摩擦耗能关系不大。两板气隙层中的空气流体黏性是振动板能量损耗的主要原因。

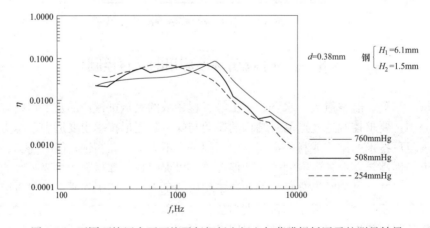

图 3-69　不同环境压力下两块平行钢板之间空气薄膜损耗因子的测量结果

　　A. Trochidis 在真空舱里通过调节舱内压力测量了两块直接固定（$d \approx 0$）铝板的损耗因子，多次测量的结果如图 3-70 所示。测量结果表明：两块平行平板损耗因子随气隙压力的减小而减小，这又进一步说明气隙层空气流体的黏性损耗是形成薄膜阻尼的主要原因。

　　1. 影响气体薄膜阻尼结构损耗因子的主要因素

　　（1）附加板的临界频率。在振动板的临界频率处，吻合效应使振动板的声辐射达到极大。这时由于泵动运动，流体的黏性损耗相当大，所以阻尼结构的损耗因子就相当高。在振动板临界频率以下，振动板附近存在一个无功压力场，因而不存在辐射噪声，这时可认为振动板和附加板是以同相位振动的，不会产生泵动运动，所以阻尼结构的损耗因子较低。但在振动板临界频率以上，振动板的辐射效率下降很快，这时振动板的泵动运动减弱，而附加板以自身的固有频率振动，使两板之间的振动耦

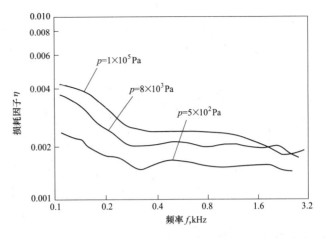

图 3-70　在真空舱中测量直接固定两块平行板的损耗因子

合大大减弱，损耗因子迅速下降。在附加板临界频率以下，来自附加板振动的气体泵动，对阻尼结构的损耗因子贡献仍然非常大，使得在两板临界频率之间的频带仍然具有相当高的损耗因子。因此，阻尼结构设计时应尽量使附加板的临界频率高于振动板的临界频率，这点对噪声控制来说是非常有利的。根据第 1 章临界频率的定义，两板同质的情况下，附加板厚度应小于振动板厚度。

（2）振动板和附加板的质量比。气体薄膜阻尼结构的耗能效果取决于泵动作用下气体薄膜的黏性损耗。为了得到最佳的结构损耗因子，最简单易行的方法就是设计振动板和附加板的质量比，使两板波数失谐。图 3-71 所示为同质钢板质量比（或厚度比）对气体薄膜阻尼结构损耗因子影响的试验曲线，其中气隙厚度 $d=1$mm。从图 3-71 可以看出，为了使两板波数失谐，对同质材料两板的质量比 m_1/m_2 应略大于 2 是较好的配置。虽然 $H_1/H_2=4$ 时有较大的阻尼效果，但从阻尼效果和稳定性看 $H_1/H_2=2$ 是较好的配置。显然，$H_1/H_2=1$ 时的阻尼效果最差。在振动板与附加板的质量比具有最佳值的情况下，为了使附加板的临界频率尽量高于振动板的临界频率，可在不改变附加板质量的同时尽可能降低附加板的刚度。

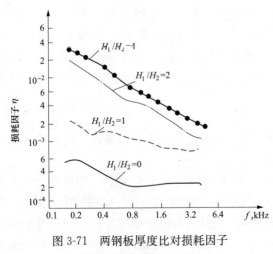

图 3-71　两钢板厚度比对损耗因子的影响（气隙厚度 $d=1$mm）

（3）气隙厚度。图 3-72 所示为两钢板厚度对损耗因子的影响。从图 3-72 中可看到，气隙厚度越小，损耗因子越大。这是由于两板间气隙厚度大时，流体速度降低而导致黏性损耗下降；两块钢板直接用螺栓固定（$d=0$）时，阻尼值达到最高，这是来自非平整两板表面包围的空气被泵动的结果。

对于两块相同厚度平板，不同气隙厚度对损耗因子的影响见图 3-73。在其他条件相同时，气隙厚度 $d=0.5$mm 的状况对损耗因子最有利，但两块平板直接固定时，却比气隙厚度 $d=1.0$mm 时的损耗因子都低。因此，两块板直接固定时要达到较大的阻尼，就必须考虑两板的质量比，即考虑两板弯

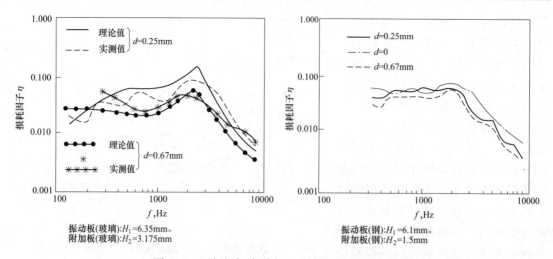

振动板(玻璃):H_1=6.35mm。
附加板(玻璃):H_2=3.175mm

振动板(钢):H_1=6.1mm。
附加板(钢):H_2=1.5mm

图 3-72　两板间气隙厚度 d 对结构损耗因子影响

曲波速度失谐条件，才能得到较高的阻尼。

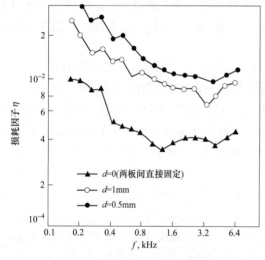

图 3-73　两块相同厚度板的不同
气隙厚度 d 对损耗因子影响

（4）振动板和附加板的连接间距。两板之间的连接间距不同也会对气体薄膜阻尼结构的损耗因子产生影响。当连接间距为振动板振动半波长的整数倍时，损耗因子可达到最大值。另外，损耗因子随连接间距的增大而增大。如果连接间距小，两块平板振动起来就像一块板一样，这样两板之间的相对运动小，泵动所产生的阻尼效果就小；如果连接间距较大，两板之间的相对运动就大，从而使损耗因子也随之增大。

此外，大量试验证明：气体薄膜阻尼结构两板连接处的接触压力大小，对结构损耗因子几乎没有什么影响；接触面的粗糙度高低对结构损耗因子的影响也是无关紧要的，进一步说明这种阻尼结构摩擦不是造成结构损耗因子增大的原因。

2. 气体薄膜阻尼结构的应用

气体薄膜阻尼结构特别适用于低温、高温、油、有污染的恶劣环境条件下的平整表面板的减振降噪，对比较薄的板更为有效。

（1）降噪效果实验。把 500mm×500mm×5mm 的钢板用两根钢丝悬挂，用脉冲激励方法得到 5mm 厚钢板的加速度传递函数如图 3-74（a）所示。当再附加 1mm 厚钢平板，保持气隙 d=0.18mm，其加速度传递函数如图 3-74（b）所示。气体薄膜阻尼结构在 0～5kHz 范围内传递函数主要频率峰值的放大比下降为原来的 1/5 左右。在最大峰值的 4280～4320Hz 处，振动加速度传递函数放大比从原来的 54.8 降为 12.3，即降为原来的 22.5%。综合来看，气体薄膜阻尼结构的减振效果相当明显，因此对降低板结构的声辐射将起到明显的效果。

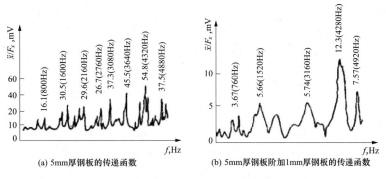

图 3-74　气体薄膜阻尼结构的减振效果

图 3-75 比较了 5mm 厚钢板附加 1mm 厚钢板在几种不同间隙下的平均声辐射。把 500mm × 500mm × 5mm 的钢平板用两根钢丝悬挂，用白噪声信号进行力激励，在距钢板 30mm 处的平面上布置 400 个测点，经平均得到声压平均值随频率变化的特性。当采用 1mm 厚附加钢板构成气体薄膜阻尼结构后，当气隙以为 0.18mm 时，声压级由原来单板的 71.6dB（A）降至 56.98dB（A）。

现对 500mm × 500mm × 1.8mm

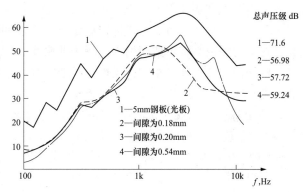

图 3-75　5mm 厚钢板附加 1mm 厚钢板在几种间隙下的平均声辐射

钢板附加上 500mm × 500mm × 0.5mm 钢板，其中气隙间隔为 0.1mm，对这样形成的总厚度为 2.3mm 的复合板与 500mm × 500mm × 3.0mm 的单层钢板分别进行隔声实验。实验结果表明气体薄膜阻尼结构（总厚度 2.3mm）隔声量与单板（厚度 3.0mm）相比反而提高，在 0～8kHz 频率范围提高 0.9dB，而在 3.5～8kHz 频率范围提高 6～8dB。这表明气体薄膜阻尼结构对在高频处隔声量的增加贡献较大，对噪声控制非常有利。

上述实验表明，气体薄膜阻尼结构对降低结构板的声辐射是非常有效的。

（2）气体薄膜阻尼结构在工程应用中的设计准则。

1）气体薄膜阻尼结构在小间隙（$0 < d < 0.7$mm）情况下，间隙越小，隔声量越大。对于工程应用钢板来说，当两板用螺栓直接连接时，其间隙 d 约为 0.1mm，这时结构的隔声量很大。

2）当气体薄膜阻尼结构采用同质的金属板时，在其厚度比 $H_1/H_2 = 2～4$ 时隔声性能最高。

3）气体薄膜阻尼结构具有宽频带的隔声性能，特别在高频段的隔声性能较好，并且其隔声量大于厚度为振动板与附加板厚度和的单板的隔声量。这样就可以在不增加总体质量情况下增加隔声量，这对于工程应用来说很有意义。

4）对于隔声设计而言，在条件许可情况下尽可能提高振动板厚度，这有利于改善低频段和高频段的隔声性能。

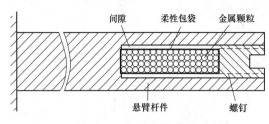

図 3-76　豆包冲击阻尼结构示意

3.8.2　豆包冲击阻尼技术

豆包冲击阻尼技术是利用"豆包"作减振冲击质量的技术，是一种在柔性约束颗粒结构的调节补充作用下的冲击阻尼技术。如图 3-76 所示，将用柔性包袋包裹着无数颗粒制成的"豆包"放置在与主振动系统相连的空腔中形成"豆包"（beam bag）冲击阻尼减振器。"豆包"质量与空腔保持一定间隙，当主系统振动时，通过动量交换，"豆包"质量获得能量并冲击腔体，从而吸收和耗散主系统的振动能量，达到减振降噪的目的。豆包冲击减振器的减振机理是"豆包"质量和主系统在碰撞过程中，碰撞力对主系统做负功的结果，是冲击阻尼和颗粒阻尼的组合，冲击阻尼起动量交换作用，颗粒阻尼起耗能作用。

豆包冲击阻尼技术特点：①冲击质量具有柔性和松散性，冲击恢复系数小，冲击作用时间长，冲击力峰值小，由碰撞引起的噪声非常小；②"豆包"质量不仅有冲击作用，且有颗粒之间的摩擦效应，耗散结构振动能量的能力强，减振降噪效应好；③冲击质量减振降噪频带非常宽；④"豆包"质量工程实施方便。

1. 豆包冲击阻尼技术在工程应用中应注意问题

（1）"豆包"质量的设计应取较大的恢复系数（有利动量交换）、较大的颗粒摩擦系数（有利耗能）及较大密度的颗粒（有利增加质量比）。

（2）对阻尼较大的主振动系统，"豆包"质量的设计应取较大质量和较大直径与密度的颗粒，以增加"豆包"冲击阻尼的动量交换作用，提高其减振效果。

（3）主振动系统属高频振动时，"豆包"质量设计应取较紧程度及取较小的碰撞间隙。若以低频振动为主，则取较松程度和较大的碰撞间隙。采用较薄的包袋材料有利于提高豆包冲击阻尼技术的综合减振性能。

（4）"豆包"质量应尽可能设置在主振动系统振动最大处。

2. 豆包冲击阻尼技术应用实例

这里以豆包冲击阻尼技术应用于镗杆的实例进行说明。图 3-77 比较了在使用包括豆包冲击阻尼技术在内的不同形式冲击质量时镗杆镗削的极限切深与噪声级。图 3-77（a）的实验条件：试件为钢管，外径 $\phi73\text{mm}$，壁厚 6.35mm，工件转速 135r/min，进给量 15mm/r。图 3-77（b）的实验条件：试件和转速与（a）相同，进给量 0.038mm/r，镗杆长径比为 8，在离开镗刀头 300mm 处的水平方向测量声压级。从图 3-77 可以看出，使用单个"豆包"的冲击阻尼吸振器比其他形式的冲击阻尼吸振器具有最大的极限切深，且切削噪声最低；使用集中质量的冲击阻尼吸振器比实心镗杆具有更大的极限切深，但切削噪声最高。

3.8.3　非阻塞微颗粒阻尼（NOPD）技术

非阻塞微颗粒阻尼（non-obstructive particle damping，NOPD）技术是微小颗粒（尺寸为 0.1～1mm）在非阻塞状态下的阻尼减振技术，是继"豆包"冲击阻尼技术之后的又一种颗粒阻尼技术。NOPD 技术是在结构振动的传递路径上，或在结构振动最大的位置，加工出一定数量的小孔或空腔，其中填充适当数量的金属或非金属微小颗粒，使之在孔中处于非阻塞状态，以增加结构阻尼而不增加结构重量。随着结构体的振动，颗粒相互之间以及颗粒与结构体之间不断发生碰撞和摩擦，由此产生的摩擦阻尼及其动量交换作用可以耗散结构体

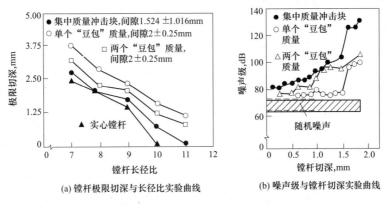

(a) 镗杆极限切深与长径比实验曲线　　(b) 噪声级与镗杆切深实验曲线

图 3-77　用冲击阻尼吸振器时镗杆镗削的极限切深和切削噪声实验

的振动能量，从而达到减振降噪的目的。为了取得满意的减振效果，NOPD 一般采用比重较大的金属颗粒材料，如钨粒、铅粒、铁砂等。一般情况下选用级配均一、无黏聚力的理想散粒体。由于在减振过程中 NOPD 颗粒材料受到往复力的作用，其抗剪强度将对减振效果有一定影响。NOPD 技术具有多种复杂的耗能机理：主要为微颗粒之间的摩擦；微颗粒与振动壁面的摩擦及动量交换作用；此处还有微颗粒材料的黏滞性、内聚性、剪切变形等。

NOPD 技术是一种新型的适合恶劣环境的阻尼技术，结合了颗粒阻尼技术与冲击阻尼技术的优点，但比两者有更佳的性能。其主要优点在于：①与刚性冲击减振器相比，NOPD 技术具有减振频带宽、效果好、无噪声等优点；②与传统的封砂结构相比，它具有空间尺寸小，附加重量轻，对结构改动小的优点；③与黏弹阻尼结构相比，它不但适合常规的减振降噪，而且适合在恶劣环境下工作。因此，NOPD 技术具有其他阻尼技术无可比拟的优点，正是这些特点使得 NOPD 技术的研究及应用得以不断地开展下去。

NOPD 技术具有如下特点：①不必更改结构，可在原结构进行 NOPD 处理；②对空间尺寸及重量等限制严格的结构不增加结构重量，这样对如航空航天、军工产品等的振动控制更具有其独特之处；③具有多种耗能机理使结构临界阻尼率提高一个数量级，极容易实现，减振降噪频带宽，对结构薄弱模态减振效果好；④实施方便，节省费用；⑤结构件开孔易产生应力集中，需对开孔的尺寸、位置进行良好设计。

1. 影响 NOPD 性能的有关参数实验

NOPD 优越性很多，其影响因素包括：微颗粒材料的材质，粉粒尺寸大小，填充的密度，质量比；结构的开孔（或空腔）尺寸大小、位置、数量；结构振动的大小、振动的频率的高低等。

图 3-78 所示为在纵向加工 6 个小孔并填充金属微颗粒材料的两端自由铝梁。在脉冲激励下，图 3-79 比较了该自由梁在加入和不加入 NOPD 两种情况下的响应衰减曲线。图（a）为不加入 NOPD 的情况，其开始时刻振动加速度幅值为 $\pm 92 \mathrm{m/s^2}$，经过 1s 后振动幅值衰减为 $\pm 25 \mathrm{m/s^2}$；图（b）为加入 NOPD 的情况，其开始时刻振动加速度幅值为 $\pm 50 \mathrm{m/s^2}$，经过 1s 后振动幅值衰减为零。因而，NOPD 处理有效增加了结构阻尼。表 3-37 为该两端自由铝梁使用 NOPD 处理前后弯曲模态的减振效果。使用 NOPD 处理前后，自由梁在脉冲激励

下弯曲模态的加速度幅值由原来的
911.7 m/s² 下降为采用钢微粒的
87.9m/s² 及采用钨颗粒的 14.9m/s²，
其中加速度幅值最大下降 60 倍。从表
3-37 可以看出，由于钨颗粒的密度大于
钢颗粒的密度，因而使用钨粉颗粒的减
振效果更佳。

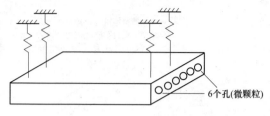

图 3-78　加入 NOPD 的两端自由铝梁

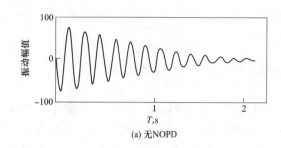

(a) 无NOPD

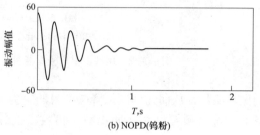

(b) NOPD(钨粉)

图 3-79　两端自由梁的响应衰减曲线

表 3-37　　　　　　　两端自由铝梁使用 NOPD 处理前后弯曲模态的减振效果

条件		加速度幅值（m/s²）	弯曲模态频率（Hz）	备注
原始自由梁		911.7	276	加速度幅值最大下降 60 倍
NOPD 处理	钢微颗粒	87.9	272	
	钨微颗粒	14.9	266～280	

注　激励使用脉冲激励方式。

　　由于 NOPD 技术的突出优点，NOPD 技术必将有很好的应用前景，但在实际应用中，应考虑以下影响因素：

　　（1）施加 NOPD 时，必定要在原结构体上打孔，这样就对原结构强度产生影响。因此，打孔前需要对打孔后结构体的应力和强度进行分析，在满足结构强度的前提下打孔。

　　（2）施加 NOPD 的位置很重要。首先，应该在振动剧烈的零部件上打孔，这样可以使填入其中的粉体颗粒被充分激振起来参与系统振动，使减振效率提高。此外，对振动的传输路径进行分析，在其传输路径上打孔可以通过粉体颗粒的振动和冲击消耗所传递的振动能量，起到切断振动传输路径的作用，也能取得较好的减振效果。

　　（3）打孔时孔径的大小也会影响减振效果。实际应用中，在强度允许的情况下尽量打较大直径的孔，但同时也要考虑到系统振幅的大小。若振幅较大，孔径可适当增大；但当振幅很小时，在条件允许的情况下应以多个小直径孔代替大直径孔。这是因为较大振幅也能充分激振起填入大孔径中的数量较多的粉体颗粒，但小振幅的振动却无法使放在一起的很多粉体颗粒同时参与振动，致使其中一部分颗粒的冲击和摩擦作用很小，但如果以多个小孔径代替单个大孔径，就相当于将粉体颗粒分散放置，这样粉体颗粒容易被激起，从而充分发挥其冲击和摩擦作用，取得更好的减振效果。

（4）粉体颗粒材料的选择很重要。尽量选择密度较大的颗粒材料。这是由于在相同的填充体积下，密度越大，填入的粉体颗粒质量越大，冲击作用就越强，而且密度较大的粉体颗粒的内摩擦系数和内压力也较大，产生的摩擦阻尼也大。

（5）颗粒粒径虽然对减振效果有一定影响，但影响不大。在不造成颗粒阻塞情况下，尽量选择粒径较大的粉体颗粒，这样可以使颗粒之间保持一定的活动间隙，不至于限制颗粒的冲击运动。

（6）颗粒的填充百分比应该根据颗粒粒径的大小确定，较大粒径的颗粒应以 100% 的填充百分比填充，小粒径颗粒以 90% 左右的填充百分比填充比较合适。

2. 基于统计方法的 NOPD 耗能机理定量分析

国内外针对 NOPD 的研究多停留在实验或简化模型的数值模拟上。近年随着颗粒物质力学的发展，散体单元法（DEM）也已开始应用于 NOPD 的减振机理研究，基于内时理论的研究也有人涉及。散体单元法（DEM）是一种不连续数值方法模型，其明显的优点在于能够考虑散体中实际颗粒的组成结构，并能根据静力学或动力学原理研究单个颗粒及其总和的性质，它适用于模拟离散颗粒组合体在准静态或动态条件下的变形过程。结合 NOPD 的结构特点构造的一种球体元模型，认为 NOPD 的耗能机理分为两种：一种为冲击耗能，另一种为摩擦耗能。影响冲击耗能的主要因素为弹性恢复系数，影响摩擦耗能的主要因素为摩擦系数和法向作用力。但是，当 NOPD 结构的微颗粒数目较多（超过 1 万粒），或者 NOPD 的结构较为复杂时，该模型的计算效率及精度不甚满意。

内蕴时间理论（简称内时理论）是 K. C. Valanis 在 1971 年提出，并用于描述耗散材料的黏塑性过程的理论，内时理论是通过对由内变量表征的材料内部组织结构不可逆变化所满足的热力学约束条件的研究，得到内变量变化所必须满足的规律，从而给出具体材料在具体条件下的一条特定的不可逆热力学变量的演变路径。应用内时理论分析 NOPD 的结构响应确定的材料内时本构特性，建立起散粒体的增量型内时本构方程和给出了 NOPD 结构的有限元动力方程，然后用 New mark 方法对动力方程进行了数值计算，结论认为 NOPD 阻尼结构对振幅较大的薄弱模态有较好的减振效果，计算结果与实验结果具有较好的一致性。应用上述方法建立的 NOPD 模型，虽与实验数据有较好的一致性，也具有一定的工程指导意义，但上述研究并未得出 NOPD 能量耗散的定量规律，颗粒直径、材料密度及颗粒流体积比（颗粒体积/孔洞体积）对能量耗散率的具体影响依然不清楚。

工作状态中的 NOPD 颗粒群运动状态十分复杂，既不是简单的弹性流，也不是纯粹的惯性流，颗粒间相互作用复杂，因此，无法用弹性流或者惯性流的模型来简单处理。本节基于湍流的耗能统计模型，根据颗粒流的类流体性质，从颗粒流的一般本构关系出发，借鉴局部各向同性湍流的耗能模型，得到了 NOPD 能量耗散率及能谱密度的表达式。

颗粒物质理论中，将颗粒流分为弹性流（弹性准静态颗粒流）和惯性流（惯性碰撞颗粒流），其研究对象均为处于相对简单运动状态的颗粒流。NOPD 中颗粒的运动包含挤压、相对滑动、碰撞等，运动形式更为复杂，简单弹性流及惯性流的知识显然并不能直接应用到 NOPD 的耗能分析。在一般流体中，当雷诺数超过某临界值时，层流变得不稳定，并开始向湍流过渡。湍流场中，湍动量及湍动能在雷诺应力作用下由均流传递到大涡，再由大涡逐级传递到小涡，最终在小涡中由于黏性作用耗散为热。在湍流场中存在一高波数区，在此区域内，由大涡（低波数区）传递来的能量可不计黏性耗散的作用，完整的传递到小涡（高波数区），湍流场整体达到动态平衡。Kolmogorov 由此不仅提出局部各向同性的概念，还提出速度场结构函数的概念来描述该类湍流速度起伏强度的统计特征，并提出两个著名假设：假设一，湍流能量传递过程中，能量耗散率 ε 与运动黏性系数 ν 是决定能量传递的两个特征量，由上述两个特征量，通过无因次分析可确定湍流场的特征长度 η 和特征速度 υ；假设二，在惯性区（$r \gg \eta$，r 湍流场中任意两点间的距离，η 为湍流特征尺寸），湍流场的纵向速度关联函数与运动黏性系数 ν 无关。

　　处于静止或低速运动状态下的颗粒流表现出与一般流体相似的性质（类流体性）。各颗粒间相对运动不明显，可认为各点处的速度近似等于一平均速度。而处于工作状态时，NOPD 颗粒流在外界振动激励下，各颗粒间发生明显的相对运动。当外界的激振频率超过某个临界值时，颗粒流之间发生对流，随激振频率的增高，对流现象越明显。不同速度的颗粒之间发生相互挤压、摩擦、碰撞，部分颗粒将不再跟随颗粒流整体一起运动。颗粒的运动状态较运动初期显得混乱无序，表现出强烈的波动特性。当 NOPD 达到工作平衡状态时，以近似平均速度运动的颗粒流将被具有不同速度的颗粒取代，大量颗粒在振动激励下以各自速度往复运动，呈现出一定的周期性。NOPD 运动的混乱性及体现出的一定的周期性，与湍流的不规则性及准周期性极为相似。虽然两者的产生机理在本质上并不相同，但可以用湍流理论中的相关分析方法来研究 NOPD 的耗能机理。由此，根据 Kolmogorov 提出的假设，应用湍流统计理论建立 NOPD 的能量耗散模型。假设孔洞尺寸远大于颗粒直径且不考虑边界条件的影响，处于低速运动状态的颗粒流可看作均流，具有不同速度的颗粒与周围速度相近颗粒组成的颗粒群可看作由均流发展而来的湍流。当外界激振频率高于对流发生临界值时，NOPD 颗粒间发生对流，此时可认为 NOPD 进入湍动状态，并消耗外界振动能。与其能量耗散相关的因素可归结为两点：①颗粒群从外界接收以及传到其他颗粒群的能量；②由于颗粒间的相互摩擦而表现出的黏度。由于颗粒流表现出的类流体特性及连续介质的假设，可借鉴湍流的耗能模型，引入两个量 ε（能量耗散率）、ν（等效运动黏性系数）来描述 NOPD 的耗能机理。

　　鉴于工作状态下 NOPD 颗粒流表现出的类流体性质，根据流体力学中的一般表示方法，将颗粒流中的速度场表示为 $U_i = \overline{U_i} + u_i$，其中，$\overline{U_i}$ 为平均速度，u_i 为脉动速度。将颗粒流的一般本构关系带入到经典 N-S 方程中，得到适应颗粒流的广义 N-S 方程，将颗粒流速度表达式带入广义 N-S 方程后，经过进一步整理，可得到颗粒流的脉动能量方程，并进一步得到 NOPD 的能谱密度为

$$E = A_0 \varepsilon^{2/3} k^{-5/3} \tag{3-120}$$

式中：A_0 为普适常数；ε 为 NOPD 中能量耗散率；k 为波数，$k = 2\pi f / \overline{U_i}$，$f$ 为频率，$\overline{U_i}$ 为颗粒流平均速度。

　　ε 的具体定量表达式为

$$\varepsilon = B_0 d^{3/2} \overline{\left(\frac{\mathrm{d}u}{\mathrm{d}y}\right)^2} \tag{3-121}$$

式中：B_0 为与颗粒体积比、颗粒弹性恢复系数及颗粒之间摩擦力有关的系数；d 为颗粒粒径；$\overline{(\mathrm{d}u/\mathrm{d}y)^2}$ 为速度梯度平方的平均值，它是由颗粒间的碰撞和扩散作用引起的。

　　同种材料、相同颗粒直径情况下，能量耗散率随颗粒群体积比的增加而增大；相同颗粒群体积比时，能量耗散率随颗粒直径的增加而增大。在能量耗散率为定值的情况下，能谱密

度随着波数的增高而降低。该方法的引入为 NOPD 的工程应用提供了一种有效的定量分析方法。

3. NOPD 技术的工程应用实例

（1）NOPD 技术在捆钞机减振降噪中的应用。自动捆钞机的主要特点是采用高速摩擦热合原理将塑料捆扎带的断口热合，克服了以往采用加热方法热合塑料捆扎带断口过程中散发有害气味的不足，而且自动化程度和工作效率都很高。但是由于工作性能的要求，偏心旋转机构最高转速可达 11 500r/min，导致捆钞机的噪声问题比较突出，在距捆钞机 0.5m 处其实测噪声声压级高达 89dB（A）。

整个捆钞过程中，捆扎带的成圈和热合是通过高速主电机和偏心旋转机构实现的。由于偏心旋转机构是瞬时升速和降速的，因而存在强烈的非稳态激振力，引起机架的振动并辐射噪声。由此可见，偏心旋转机构是产生噪声的主要振源，但机架是由高强度铝合金精密铸造而成，自身阻尼很小，使得振动不能有效衰减。偏心旋转机构的高转速决定了振动的频带很宽，又由于偏心轴结构小，工作空间有限，工作中有润滑油润滑，所以其他的减振方法很难实施，而 NOPD 非常适用于这样的工作环境。因此，可以对偏心旋转机构和机架进行 NOPD 处理，减少其振动，从而有效降低噪声。在偏心轴上打孔径 ϕ6mm、孔深 32mm 的中心孔，灌入粒径为 ϕ0.5mm 的粉体颗粒，开口处用螺钉固定。机架工作过程中处于非稳态的宽频带振动状态，针对机架的 NOPD 处理方式如图 3-80 所示。图 3-80（a）所示为在高速轴承孔周围进行 NOPD 处理。由于高速轴的振动首先传递给轴承，造成轴承孔周围部分振动较大，所以在轴承孔周围打上 12 个 ϕ3mm 的小孔，孔深均为 20mm，填入其中的钨粉颗粒能够被充分激振起来，从而起到很好的减振效果。图 3-80（b）所示为在支架板上施加 NOPD。支架板面积大，振动剧烈，振动频带范围宽，因而在支架的横向和纵向分别打孔径均为 ϕ4mm 的小孔，孔深根据打孔位置确定。

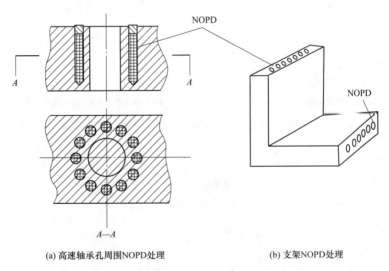

(a) 高速轴承孔周围NOPD处理　　　　　(b) 支架NOPD处理

图 3-80　捆钞机机架的 NOPD 处理方式

自动捆钞机的偏心旋转机构和机架同时进行 NOPD 处理后，对其正常工作时的噪声进行实地测量，比较施加 NOPD 前后的降噪效果，如图 3-81 所示。结果表明：捆钞机的整体噪声由原来的 89dB（A）降低为 83dB（A），减振降噪效果非常显著。

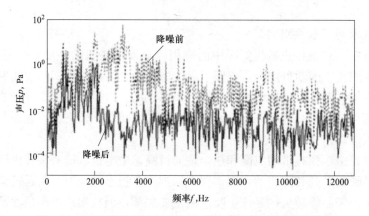

图 3-81　自动捆钞机施加 NOPD 处理前后降噪效果的比较

（2）NOPD 技术在发动机叶片减振中的试验。图 3-82 所示为某研究所研制的涡喷 6 型军用飞机发动机叶片及其试验用模拟叶片。该叶片工作在高温高速气流环境中，常因振动问题发生裂纹破坏，此故障主要是由于弯曲振动所引起的疲劳破坏。为了将 NOPD 技术应用于该叶片的减振处理，以图 3-82（b）所示的模拟叶片为试验对象，比较分析了 NOPD 技术对该叶片减振处理的有效性。

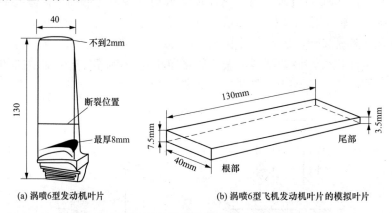

(a) 涡喷6型发动机叶片　　　　　　　(b) 涡喷6型飞机发动机叶片的模拟叶片

图 3-82　涡喷 6 型飞机发动机叶片及其试验模拟叶片

针对图 3-82（b）所示的模拟叶片，设计了如图 3-83 所示的与主结构尺寸相同但分别沿叶片长度方向打了两条纵孔和三条纵孔的试验模型，每个试件中孔径均为 $\phi3.2\text{mm}$，孔深为叶片长度的一半，在各小孔中均填充钨粉颗粒（填充率为 90%）。

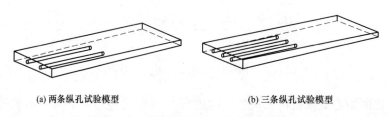

(a) 两条纵孔试验模型　　　　　　　　(b) 三条纵孔试验模型

图 3-83　模拟叶片的 NOPD 处理模型

试验装置如图 3-84 所示，对每个试件的根部固定，其他各边自由，并在试件上设置两个测点，分别测试在不同测点处试件在带宽为 6400Hz 的随机激励下的传递函数。模拟叶片施加 NOPD 处理前后在不同测点处的传递函数比较如图 3-85 所示。从其比较中可以看出：NOPD 技术对如图 3-82 所示的飞机发动机模拟叶片有很好的减振作用，此外，开三个孔的 NOPD 处理比开两个孔的 NOPD 效果好，即质量比越大，减振效果越好。

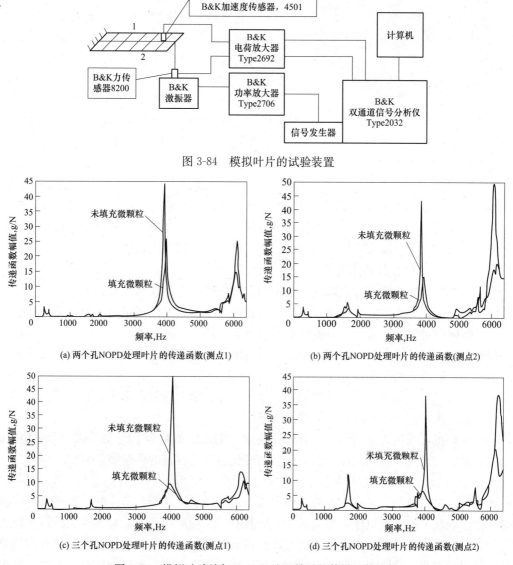

图 3-84 模拟叶片的试验装置

图 3-85 模拟叶片施加 NOPD 处理前后的传递函数比较

3.8.4 金属橡胶阻尼技术

金属橡胶是一种金属丝网材料，其模拟了橡胶等高聚物的网络结构，用细金属丝代替网络中的分子链而达到较好性能。用细金属螺旋丝来代替高聚物中的螺旋分子链，通过金属螺旋丝的各种缠绕方式和压制成型来模拟螺旋分子通过化学交联反应最终形成高聚物的过程，这样就制成了一种具有均质弹性的多孔材料，由于金属螺旋丝之间的相互勾联相当于高聚物

图 3-86 螺旋编织的金属橡胶材料

中支化链节的作用，因而将其称为金属橡胶材料，如图 3-86 所示。

基于金属橡胶材料的构成机理，它具有类似于橡胶的弹塑性性质。当受到振动力作用时，通过细金属螺旋丝之间的摩擦、滑移、挤压和变形可以耗散大量能量，起到大阻尼黏弹性材料的作用。另一方面，它又是由金属丝制成的具有孔状结构的金属制品，因而具有很高的静动态强度，而且通过选用不同的金属丝就可以在有高温、腐蚀的恶劣环境中正常工作，且不会产生挥发性物质，保存期不受限制，还可以在高真空环境中使用。总体来说，这种材料克服了一般橡胶材料和黏弹性材料对温度过于敏感的缺点，既具有较高的损耗因子来消耗振动能量，又具有较好的导热性能，具有非常广阔的应用前景。

金属橡胶阻尼结构特点：适用高低温及有腐蚀性的恶劣环境应用；由金属橡胶材料制成的减振器，阻尼器等保存时间长，稳定性好；金属橡胶阻尼结构的耗能能力强。其耗能机理主要是干摩擦阻尼耗能，包括金属橡胶材料内部之间的摩擦耗能；金属橡胶材料与连接体表面之间的摩擦耗能；金属橡胶材料与周围空气或液体的摩擦自然耗能。

1. 影响金属橡胶材料性能因素

（1）密度对减振性能有较大影响，在相同前提条件下有最佳密度参数。

（2）渗透性，与孔隙度、空隙通道的有效直径及分布状况微观粗糙度等有关，直接影响消声、节流降压过滤等性能。具有流速高，流阻大的特点。

（3）热膨胀性，随密度的增加而增加，当密度较大时，接近实体密度，线膨胀系数与实体近似相等，影响安装体积尺寸。

（4）弹性恢复，压制过程和压制后，其体积尺寸有增大趋势，影响安装尺寸。

（5）循环压缩性能，材料具有非弹性变形特征。

（6）内摩擦，线与线之间的杂乱分布，决定它们之间的啮合、滑动形式，影响稳定性。啮合接触变化会改变材料的刚度，滑动接触的变化会改变材料的内摩擦系数。

2. 金属橡胶阻尼技术在降噪中的应用实例

金属橡胶材料可制作各种减振器、阻尼器、消声器、过滤器、节流阀、散热器、减振轴承结构等，在航空航天、机床隔振等各个方面具有广泛的应用前景。金属橡胶材料在降噪中的应用，一方面是通过减振来降低结构振动的声辐射，另一方面其本身就是一种有效的吸声材料，可以通过吸声来降噪。但要想达到各项设计性能指标，首先必须从材料入手，其次才考虑结构设计。因为只有使用新型材料，特别是金属材料，才能很好地避免黏弹性材料不能在高温和有腐蚀的恶劣环境中长期工作的缺陷。

影响金属橡胶材料吸声性能的参数比较多，如丝径、孔隙率、厚度等，而材料用量则影响整个噪声处理的成本。本节选用丝径 0.1mm 的金属丝，实验研究了金属橡胶材料在材料厚度相同而孔隙率变化及孔隙率相同而厚度变化两种不同工况下的吸声性能。

实验一：金属橡胶材料厚度相同、孔隙率变化的情况。

制作材料厚度均为 $d=0.05$mm，孔隙率分别为 0.85、0.80、0.75、0.70、0.65 的五种不同试件，实验得到的吸声系数对比结果如图 3-87 所示。随着孔隙率的减少，吸声曲线直线段向低频移动。总体上看，孔隙率为 0.75 时吸声效果最好，这时整个频段上吸声系数较平稳，低频吸声系数接近 1，高频吸声系数稳定在 0.9 上下。

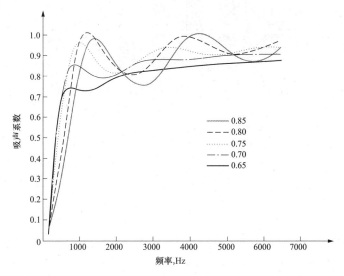

图 3-87　厚度相同情况下孔隙率变化对吸声系数的影响

实验二：金属橡胶材料孔隙率相同、厚度变化的情况。

将孔隙率选择在等厚对比中吸声性能较好的 0.75～0.80 范围内，取为 0.775，金属橡胶材料厚度对吸声性能的影响如图 3-88 所示。由图 3-88 可见，吸声性能随材料厚度增加而增大，但当厚度增大到 80mm 以上时吸声系数的增大效果不明显。因而，在对低频吸声性能要求较高的情况下，不宜一味地增加材料厚度，还应采取其他措施，如增加背部空气气隙，或采用不同孔隙率的多层匹配等。

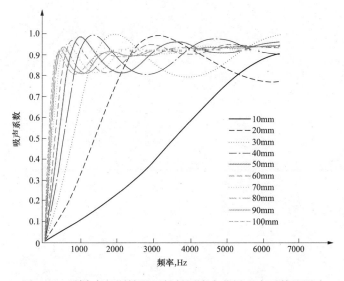

图 3-88　孔隙率相同情况下材料厚度变化对吸声系数的影响

鉴于金属橡胶材料的良好吸声性能，可用于恶劣环境中管道消声器的设计中，如图 3-89 所示。

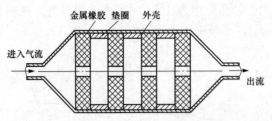

图 3-89 金属橡胶材料用于管道消声器设计示意

第 4 章 电 力 系 统 噪 声

电力系统是由发电、输电、变电、配电和用电等环节组成的电能生产与消费系统。小型电力系统由发电机、变压器、输电线路及用电设备组成。这里所指电力系统是由发电厂、送变电线路、供配电所和用电等环节组成的电能生产与消费系统。它的功能是将自然界的一次能源通过发电动力装置转化成电能，再经输电、变电和配电将电能供应到各用户使用。电力系统的主体结构有电源（水电站、火电厂、核电站等发电厂）、变电站（升压变电站、负荷中心变电所站）、输配电线路和负荷中心。在各个环节和不同层次还具有相应的信息与控制系统，对电能的生产过程进行测量、调节、控制、保护、通信和调度，以保证用户获得安全、优质的电能。其中，输电线路与变电站构成的网络通常称电力网络。电力系统的信息与控制系统由各种检测设备、通信设备、安全保护装置、自动控制装置及监控自动化、调度自动化系统组成。

4.1 电力系统噪声分类

电力系统噪声是指在发电、输电、变电、配电和用电等环节产生的影响人们正常生活、学习与工作的干扰声。其按形成机理可分为空气动力学噪声、机械性噪声及电磁噪声。我国各省市调查统计的结果表明，三类噪声中机械性噪声源所占的比例最高，空气动力性噪声源次之，电磁性噪声源较小。但在电力系统噪声中，电磁噪声为特征噪声。

（1）空气动力性噪声：是指气流运动或与物体互相作用所产生的，空气动力扰动产生局部的压力脉动，并以波的形式通过周围的空气向外传播而形成噪声，如通风机、压缩机、航空发动机等产生的噪声。

（2）机械性噪声：主要是机械设备各运动部件在运转过程中受气体压力和运动惯性力的周期变化所引起的振动或相互冲击而产生的，如齿轮、轴承和壳体等振动产生的噪声。其中，最为严重的有活动机构的噪声、配气机构的噪声、传动齿轮的噪声、不平衡惯性力引起的机械振动及噪声。这种结构噪声传播远、衰减少，一旦形成很难隔绝。

（3）电磁性噪声：是由电磁场交替变化而引起某些机械设备部件或空间容积振动而产生的，如大小型变压器、开关电源、电抗器、变频器、电动机、发电机和变压器等产生的噪声。常见的电磁噪声产生原因有线圈和铁芯空隙大、线圈松动、载波频率设置不当、线圈磁饱和等。

4.2 发电机组噪声

发电机组按照能量转换方式分为柴油发电机组、火力发电机组、水力发电机组、风力发电机组等类型。不同类型的发电机组噪声组成不尽相同，但均包括发电机噪声及冷却风扇噪声。发电机噪声包括定子和转子之间的磁场脉动引起的电磁噪声以及滚动轴承旋转所产生的机械噪声。强烈的机械振动可通过地基远距离传播到室外各处，然后通过地面再辐射噪声。机组风扇噪声是由涡流噪声、旋转噪声及机械噪声组成。排风噪声、气流噪声、风扇噪声、机械噪声会通过风通道传播出去，从而对环境造成噪声污染。这里主要涉及火力发电机组。

4.2.1　火力发电厂噪声

针对火力发电电力系统，火电发电厂噪声源主要来自三方面：①汽轮发电机组（中高频噪声），包括汽轮机、发电机、励磁机；②电厂辅机，主要包括磨煤机（高频噪声）、风机、空压机以及各类水泵等（中低频）；③电厂锅炉等压力容器的高压喷射汽流（高频宽带）。

汽轮机噪声主要是由于进入汽轮机的高温高压蒸汽流经通流部分膨胀做功和蒸汽通过调节阀泄漏所引起的。蒸汽做功后，压力突然下降、体积急剧膨胀，加上转子的高速旋转，在汽轮机内部产生强烈的气体扰动而产生空气动力性噪声；从调节阀泄漏出来的蒸汽速度达到声速，从而产生强烈的噪声。发电机噪声主要有三种。电磁力的径向分量对定子机壳的作用产生了发电机的电磁振动辐射噪声，即电磁噪声；发电机转子旋转时会引起气流的变化，从而产生宽频带、高声级［最高可达 100dB（A）］的涡流噪声和空气脉动噪声，即空气动力噪声；最后一种是由于发电机轴承、电刷滑环等摩擦所引起的机械振动噪声。励磁机噪声来自给励磁机起冷却作用的离心式风机的空气动力性噪声、滑环与碳刷之间的摩擦噪声、励磁机内的风扇叶片的空气动力性噪声，这些噪声局部甚至可达 100dB（A）。

火电厂采用磨煤机将入炉煤制成煤粉，磨煤机位于锅炉车间的零米层，其工作时所产生的噪声是锅炉车间的主要噪声源之一，噪声强度可达 110dB（A），严重危害现场工作人员的身体健康。

风机主要由风机本体和电机 2 部分组成。风机本体噪声包括空气动力噪声和机械噪声两部分。风机的空气动力性噪声通过敞开的风机进、出风口以及风机的机壳向外辐射，风机的机械噪声主要由风机各部件的摩擦和振动而产生；风机电机的噪声主要包括空气动力性噪声、电磁性噪声和机械性噪声等。空气动力性噪声是由于电机的冷却风扇的旋转，使得空气压力产生脉动而引起的；定子与转子之间的交变电磁引力产生了电机的电磁噪声，电机轴承及转子不平衡引起振动而产生了电机的机械噪声。

4.2.2　噪声治理

电厂主要设备的运行噪声水平以 1m 测点距离，汽轮机为 85～95dB（A），发电机为 90～97dB（A），励磁机为 90～108dB（A），风机、汽动给水泵为 95～110dB（A），磨煤机为 105～112dB（A）。目前，火电厂噪声控制大致分为两个方面。一是本质降噪方法。根据设备噪声产生的机理，在设备选型时尽可能选择低噪声设备；安装时便对设备采取噪声控制措施，降低噪声源。二是辅助降噪方法。设备选型安装后，噪声还未达到允许标准时，可通过隔振、隔声、吸声、消声等办法，在噪声传播过程当中通过采取一系列措施来减小或消除总体噪声，从而改善火电厂的工作环境。目前针对发电机组的噪声治理办法有以下几种：

（1）降低轴流风机噪声。降低发电机组冷却风机噪声时必须考虑两个问题：一是排气通道所允许的压力损失；二是要求的消声量。针对上述两点，可选用阻性片式消声器。

（2）机房的隔声、吸声处理和机组隔振。机房隔声处理之后，要解决机房内通风散热问题。进风口应与发电机组、排风口设置在同一直线上。进风口应配以阻性片式消声器。由于进风口压力损失也在容许范围之内，可以使机房内进出风量自然达到平衡，通风散热效果明显。机房内除地面外的五个壁面可做吸声处理。根据发电机组的频谱特性采用穿孔板共振吸声结构。

4.3 变电站噪声

变电站主要由隔离开关、断路器、变压器、母线、接地开关、避雷器、互感器、电容器、电抗器、带电架构等设备构成。一般而言，电压等级越高，变电站噪声值越大。

变电站主要噪声源是变压器、电抗器等设备运行中铁芯磁致伸缩、线圈电磁作用振动等产生的噪声和冷却装置运转时产生的噪声，特别是大型变压器及其强迫油循环冷却装置中潜油泵和风扇所产生的噪声。这些噪声并随变压器容量增大而增大。其次，高压室抽风机开启时运转声是高压室内的又一噪声源。在高压和超高压变电站内，高压进出线、高压母线和部分电气设备电晕放电声也是噪声源。高压断路器分合闸操作及其各类液压、气压、弹簧操动机构储能电机运转时的声音也是间断存在的噪声源。

4.3.1 变压器噪声产生机理及特性分析

1. 变压器分类

电力变压器按照单台相数区分，可分为单相变压器与三相变压器。在三相电力系统中，一般采用三相变压器，当容量过大且受运输条件限制时，也可应用三台单相变压器组成变压器组。按照结构形式区分，变压器主要分为心式变压器与壳式变压器两种。心式变压器绕组为圆筒形，高、低压绕组同心排列，器身采用垂直布置方式。变压器绕组具有圆筒式、连续式、层式、纠结式、内屏蔽式等不同结构形式，具体取决于绕组电压及电流。变压器铁芯柱均采用多级近似圆柱形截面，但铁轭形状在不同设计中存在差异。壳式变压器绕组为扁平矩形，高压与低压绕组垂直布置、交错排列，铁芯水平布置。目前，国内外厂家生产的变压器多以心式变压器为主。

按照绝缘与冷却介质的不同，电力变压器分为油浸式变压器、气体绝缘变压器和干式变压器。变压器油为石油类型液体，具有可燃烧性，在环保方面存在缺陷，但由于其储量丰富，价格低廉，因此目前大多数大中型变压器仍使用变压器油作为绝缘及冷却介质。由于不燃及难燃绝缘液体变压器的环保和价格问题，这种变压器未能得到大规模使用。干式变压器由于运行维护简单、无火火危险，近年来得到迅速发展。干式变压器可以分为两类：一类为包封式，即绕组被固体绝缘包裹，不与气体接触，绕组产生的热量通过固体绝缘导热，由固体绝缘表面对空气散热；另一类为敞开式，绕组直接与空气接触散热。

按照绕组的个数区分，可分为双绕组变压器和三绕组变压器。通常的变压器均为双绕组变压器，即在铁芯上存在两个绕组，分别为一次绕组与二次绕组。变压器容量较大时（5600kVA 以上），一般采用三绕组变压器，用以连接不同电压等级的输电线路。在特殊情况下，也有采用更多绕组的电力变压器。

按照容量不同，变压器可分为中小型变压器、大型变压器和特大型变压器。

（1）中小型变压器：电压等级在 35kV 及以下，容量在 5～6300kVA。其中，容量为 5～500kVA 的变压器称为小型变压器，容量为 630～6300kVA 的称为中型变压器。

（2）大型变压器：电压等级在 100kV 以下，容量为 8000～63 000kVA 的变压器。

（3）特大型变压器：电压等级在 220kV 及以上，容量为 3150kVA 及以上的变压器。

　　另外，按照能否在不切断电压条件下调换变压器分接头，变压器又可分为无励磁调压变压器和有载调压变压器。

　　2. 变压器基本结构

　　电力变压器主要由套管、铁芯、绕组、外壳、绝缘、冷却介质、冷却装置及必要的组件构成。通常把绕组与铁芯称为变压器器身。不同容量与电压等级的电力变压器，其铁芯、绕组、绝缘、外壳及组件的结构形式存在差异。

　　(1) 铁芯。变压器铁芯主要起导磁作用，铁芯内的交变磁通在各绕组中产生不同的感应电压，从而实现不同电压等级之间的转换。铁芯主要由叠片、夹紧件、垫脚、拉板、绑扎带、拉螺杆、压钉等构成。结构件保证叠片的充分夹紧，形成完整而牢固的铁芯结构。叠片与夹件、垫脚、撑板、拉带、拉板之间均有绝缘件。铁芯下夹紧件利用油箱的定位钉定位，上部由撑板上的定位件与油箱配合定位。

　　1) 铁芯叠片。变压器铁芯主要由含硅量为 1% ~ 4.5%、厚度为 0.23 ~ 0.35mm 的硅钢片叠加而成。目前，变压器所用的硅钢片多为冷轧晶粒取向硅钢片。铁合金在磁化时通常具有各相异性的特点，即材料在磁化时不同磁化方向表现出不同的磁化特性。冷轧电工钢片分为取向钢片和非取向钢片，区别在于晶粒的易磁化轴方向是否与钢片的轧制方向一致。若冷轧取向电工钢片的易磁化轴与轧制方向高度一致，磁化过程中磁致伸缩随晶粒排列方向和轧制方向一致程度的提高而降低。晶粒取向电工钢片均剪切成接近 45°，叠片以接近 45°接缝对接，使磁路与沿轧制方向相同，从而降低铁芯的磁致伸缩。磁性钢片最主要的性能是单位质量的损耗及材料的磁导率小。冷轧晶粒取向磁性钢片的损耗较过去热轧磁性钢片的损耗大大降低。因此，目前变压器制造企业几乎无一例外地使用冷轧晶粒取向磁性钢片作为铁芯材料。只有在部分配电变压器中，为了降低空载损耗而使用非晶合金铁芯材料。

　　非晶合金材料的特点是磁导率比取向电工钢片的高。利用该材料设计的变压器，其空载电流与空载损耗比取向硅钢片大幅降低，节能效果更为显著。但由于非晶合金饱和磁通密度低、厚度薄、加工困难、材料价格高，目前在大容量变压器制造中仍未大量使用。

　　2) 铁芯夹紧件。铁芯夹紧件的作用在于夹紧铁轭，并通过拉螺杆将上夹紧件和下夹紧件连接起来，从而压紧绕组。中、小容量变压器的夹紧件结构比较简单，在铁芯上、下铁轭外采用槽钢或方型钢管夹紧铁轭。为了增加夹紧件的刚度，在上铁轭处用拉带拉紧夹紧件，在下铁轭处用垫脚将其固定，并用拉螺杆拉紧。大容量变压器的铁芯夹件一般为板式结构，铁芯上铁轭由夹紧件下的拉带和夹紧件上的撑板夹紧，下铁轭由夹紧件上的拉带和夹紧件下的垫脚夹紧，上、下夹紧件通过拉板连接。

　　3) 铁芯拉板。大容量变压器的上、下夹紧件一般通过铁芯柱的拉板连接。拉板在起吊变压器时承受器身重量，在变压器绕组短路时承受短路力。

　　4) 铁芯柱绑扎带。绑扎带将大容量变压器铁芯柱固定成近似圆形，并对其施加 0.15 ~ 0.25MPa 的压力。

　　(2) 绕组。绕组是变压器的导电部分，是由铜线或铝线绕成的圆筒形多层线圈。线匝层与层之间垫绝缘或由油道隔开。一般情况下，低压线圈位于内层，高压线圈位于外层，以便绕组与铁芯之间的绝缘设计。

　　电力变压器绕组结构与其容量有关。常用的绕组结构有双层圆筒式、多层圆筒式、分段圆筒式、连续式、纠结式、插入电容内屏蔽式、螺旋式、箔式及交错饼式，以适应不同电压等级、容量及加工工艺的需要。

（3）油箱。油箱是变压器的外壳，一般采用钢板焊接而成，内部装有铁芯、绕组、绝缘与冷却介质（如变压器油、SF_6 气体、空气等），同时也具有一定的散热作用。中、小型变压器的油箱由箱壳和箱盖组成，打开箱盖可吊出变压器器身进行检修。

（4）冷却装置。变压器在运行时，空载损耗和负载损耗都将转化为热量，使变压器运行温度升高。变压器冷却介质可将热量带入冷却装置散发出来，达到降低变压器温度的目的。冷却方式可分为自然冷油循环自然冷却、自然油循环风冷、强迫油循环风（水）冷等。

1）自然冷油循环自然冷却（油浸自冷）。该冷却方式的特点在于依靠油箱壁的热辐射及变压器周围空气的自然对流将变压器热量耗散掉。一般认为，当变压器容量在 2500kVA 及以下时，可以采用膨胀式散热器，变压器可不装储油柜，并可将其设计成全密封型。但较大容量的变压器必须人为增大油箱与空气的接触散热面积。随着低损耗技术的发展，油浸自冷式变压器的容量上限也在增加，40 000kVA 及以下额定容量的变压器也可选用油浸自冷冷却方式，其优点在于无须散热风扇及其供电电源，不会产生风扇噪声，散热器可直接装设在变压器油箱上，也可集中装设在变压器附近，而且其维护相对简单。

2）自然油循环风冷（油浸风冷）。通常情况下，当变压器容量在 8000～40 000kVA 时，可采用管式或片式散热器及风冷冷却方式。一般在散热器上加装风扇，增大散热器表面的对流换热系数，以提高散热效率。风冷式散热器利用风扇改变进入与流出散热器的油温差，提高散热器冷却效率，减少散热器数量，缩小占地面积，但引入了风扇噪声及风扇辅助电源。风扇停运时，变压器可按自冷方式运行，但输出容量降低至原有容量的 2/3。对于管式散热器，每个散热器上可装两个散热风扇；对于片式散热器，可用大容量风机集中送风，或一个风机配合机组散热器送风。

3）强迫油循环冷却。强迫油循环冷却器可分为水冷型和风冷型。对于强迫油循环冷却的变压器，其油箱上无油管或散热器，变压器内的油经过管道和油泵传送至油冷却器，冷却后重新回到变压器内部。该冷却方式的优点在于：一方面，利用油泵可以加强变压器内部油的流动，降低内部绕组温升；另一方面，由于不存在庞大的散热器，变压器安装面积大大缩小。强迫油循环冷却结构较为复杂，一般仅用在容量为 50 000kVA 及以上的大型变压器上。

（5）变压器组件。大型电力变压器的组件主要包括储油柜、吸湿器、散热器、安全气道、分接开关、气体继电器及高低压绝缘套管等。

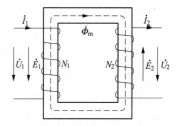

图 4-1　单相变压器工作原理

3. 变压器工作原理

变压器的基本结构由绕在铁芯磁路上的两个或两个以上的绕组构成。以单相变压器为例，其工作原理如图 4-1 所示。图 4-1 中，一次绕组匝数为 N_1，二次绕组匝数为 N_2，$\dot{U}_1$ 为一次侧输入交流电压，$\dot{U}_2$ 为负载端电压，$\dot{E}_1$ 为一次侧感应电动势，$\dot{E}_2$ 为二次侧感应电动势，$\dot{I}_1$ 一次电流，$\dot{I}_2$ 为二次电流，$\dot{\Phi}_m$ 为主磁通。

空载条件下，在一次交变电压 $\dot{U}_1$ 的作用下，一次侧绕组中产生励磁电流 $\dot{I}_0$，建立空载磁动势 $\dot{F}_0$，在该磁动势作用下，铁芯中产生交变磁通 $\dot{\Phi}_m$，根据电磁感应定律，变压器一次侧与二次侧绕组感应电动势可表示为

$$\dot{E}_1 = -\mathrm{j}\sqrt{2}\,\pi N_1 f \dot{\Phi}_\mathrm{m} = -\mathrm{j}4.44 N_1 f \dot{\Phi}_\mathrm{m} \tag{4-1}$$

$$\dot{E}_2 = -\mathrm{j}4.44 N_2 f \dot{\Phi}_\mathrm{m} \tag{4-2}$$

假设变压器一次侧与二次侧绕组阻抗为零,则有 $\dot{U}_1 = \dot{E}_1$, $\dot{U}_2 = \dot{E}_2$。在变压器中,一次绕组与二次绕组电动势的比值称为变化,即

$$K = \frac{\dot{E}_1}{\dot{E}_2} = \frac{\dot{U}_1}{\dot{U}_2} = \frac{-\mathrm{j}4.44 N_1 f \dot{\Phi}_\mathrm{m}}{-\mathrm{j}4.44 N_2 f \dot{\Phi}_\mathrm{m}} = \frac{N_1}{N_2} \tag{4-3}$$

负载条件下,由于可忽略一次侧绕组漏阻抗,即 $\dot{U}_1 = -\mathrm{j}4.44 N_1 f \dot{\Phi}_\mathrm{m}$,因此主磁通与空载时磁通相同,从而产生的合成磁动势与空载磁动势相等。二次侧产生负载电流 $\dot{I}_2$,建立磁动势 $\dot{F}_2$。根据磁动势平衡方程式,一次侧绕组磁动势与二次侧绕组磁动势之和等于空载磁动势,即

$$\dot{F}_1 + \dot{F}_2 = \dot{F}_0 \tag{4-4}$$

$$N_1 \dot{I}_1 + N_2 \dot{I}_2 = N_1 \dot{I}_0 \tag{4-5}$$

在负载运行时,变压器一次侧电流存在两个分量,$\dot{I}_0$ 与 $\dot{I}_{1L}$。$\dot{I}_0$ 为励磁电流,用于建立变压器铁芯中的主磁通 $\dot{\Phi}_\mathrm{m}$;$\dot{I}_{1L}$ 为电流负载分量,用于建立磁动势 $N_1 \dot{I}_{1L}$,以抵消二次侧绕组中的磁动势 $N_2 \dot{I}_2$。由于空载电流较小,因此可忽略空载电流产生的磁动势 $\dot{F}_0$,则有

$$N_1 \dot{I}_1 + N_2 \dot{I}_2 \approx 0 \tag{4-6}$$

$$\frac{\dot{I}_1}{\dot{I}_2} = -\frac{N_1}{N_2} = -\frac{1}{K} \tag{4-7}$$

4. 变压器噪声产生机理

电力变压器器身振动是由电力变压器本体(铁芯、绕组)的振动及冷却装置的振动所引起的。本体振动的主要来源有以下几点:硅钢片的磁致伸缩所引起的铁芯周期性振动;硅钢片接缝处和叠片之间因漏磁而产生的电磁吸引力所引起的铁芯振动;绕组中负载电流产生的绕组匝间电磁力所引起的振动漏磁所引起的油箱壁振动。其中,磁致伸缩和绕组匝间电磁力所引起的振动是最主要的来源。

(1)铁芯振动机理。研究表明,铁芯的振动主要来源于磁致伸缩和叠片间的电磁力。

1)磁致伸缩。铁磁体在外磁场中磁化时,其长度和体积均发生变化,该现象称为磁致伸缩效应或磁致伸缩。铁磁体的磁致伸缩可以分为两种:一种为线磁致伸缩,表现为铁磁体在磁化过程中具有线性的伸长或缩短,线磁致伸缩或线磁致伸缩系数常用 λ 表示;另一种为体磁致伸缩,表现为铁磁体在磁化过程中发生体积的膨胀或收缩,由于铁磁体的体磁致伸缩通常很小,因此大量的研究工作主要集中在线磁致伸缩领域。

从微观角度看,材料的磁致伸缩主要来源于交换作用、晶场和自旋-轨道耦合作用、磁偶极相互作用等。从宏观角度看,磁致伸缩是材料内部的磁畴在外磁场作用下发生转动的结果。磁致伸缩使得铁芯对励磁频率的变化做周期性振动。磁致伸缩现象通常用磁致伸缩率 λ 表示

$$\lambda = \frac{\Delta L}{L} \tag{4-8}$$

励磁电压与铁芯磁感应强度之间的关系为

$$U = \frac{2\pi}{\sqrt{2}} f N B_S \tag{4-9}$$

由于伸缩量弹性形变与磁致伸缩力成正比，因此可以认为磁致伸缩力正比于磁感应强度的平方，即正比于励磁电压的平方

$$F_c \propto U^2 \tag{4-10}$$

根据简化的励磁模型，磁致伸缩力可以表述为如下形式：

$$F_c = \frac{1}{2} \nabla \left(H^2 \tau \frac{\partial \mu}{\partial \tau} \right) = F_{cmax} \sin(2\omega t) \tag{4-11}$$

式中：F_{cmax} 为磁致伸缩力幅值；H 为磁场强度；μ 为铁磁介质磁导率；τ 为介质的体积密度；ω 为交变电磁场的频率。

磁致伸缩变化周期为电源周期的一半，因此，其引起的变压器本体振动以 2 倍电源频率为基频。由于磁致伸缩的非线性及沿铁芯内、外框的磁路径长短不同等原因，磁通不再是正弦波，除基频分量外还含有基频整数倍的高频谐波分量。

磁致伸缩引起的振动加速度信号的基频成分与磁致伸缩力 F_c 成正比，因此振动加速度信号基频幅值与所加电压的平方呈线性关系。铁芯磁致伸缩具有非线性特性，因而铁芯振动加速度信号中的高次谐波成分与所加电压不具有正比关系。

电力变压器铁芯振动范围通常为 $100 \sim 1000$ Hz。进一步研究表明，变压器的额定容量越大，铁芯振动信号中基频分量所占的比例越大，二次及以上的高频分量所占的比例越小，即对于不同容量的电力变压器，由于电力变压器的整体结构不同，其铁芯振动的频谱不同。

2）叠片间的电磁力。铁芯中的电磁力由铁芯接缝处电磁力及因铁芯磁通分布不均在硅钢片间产生的侧推力构成。铁芯中的主磁通在接缝处遇到空气缝隙时分布较为复杂，一部分磁通绕过缝隙从相邻桥接叠片中通过，从而产生垂直于主磁通的法向磁通，使相邻叠片间产生电磁吸引力，同时也使该区域的磁致伸缩增大。当桥接叠片中磁通达到饱和时，剩余磁通从接缝处的空气缝隙中穿过产生缝隙磁通，导致接缝处产生与主磁通同方向的片内电磁吸引力。

在三相交流电磁系统中，变压器漏磁通是交变的，根据电磁场理论，在有气隙的导磁钢件间存在交变电磁力，例如铁心和油箱之间、铁心夹件和油箱之间，以及其他置于漏磁通中的金属件之间，都存在 100 Hz 的交变电磁力。然而，随着变压器制造工艺的发展，铁芯叠压方式的改进，并且铁芯柱与铁轭采用无纬环氧玻璃胶带绑扎，使得硅钢片接缝处及叠片间电磁力引起的振动较小。因此，在铁芯预应力足够，硅钢片结合足够紧密的情况下，可以认为铁芯的振动主要取决于硅钢片的磁致伸缩。因此，在进行铁芯振动机理研究时，应对铁芯的物理形态进行合理简化，以突出研究重点。

（2）绕组振动机理。变压器绕组的振动是由交变电流流过绕组时在绕组间、线饼间及线匝间产生的动态电磁吸引力引起的。周期性的电磁力使得变压器绕组产生机械振动，并传递到变压器的其他部件上。

双绕组变压器同一绕组内所有线匝流过的电流方向、大小均相同，因此各线匝之间相互吸引。高压绕组与低压绕组间的电流方向相反，绕组之间相互排斥。两种力分别导致绕组轴向与径向振动。变压器绕组的轴向振动对线匝之间的填充物存在向外挤压作用，同时，绕组

轴向振动通过铁芯传递至变压器箱体。相对于径向振动，绕组的轴向振动起主导作用。此外，如果变压器高、低压绕组之一发生变形、位移或崩塌，绕组间压紧力不足，高、低压绕组间高度差逐渐扩大，绕组安匝不平衡加剧，漏磁造成的轴向力增大，绕组振动加剧。

绕组的轴向力与流过绕组的负载电流平方成正比，即 $F_{rad} \propto i^2$，而绕组振动加速度与其所受的电磁力大小成正比，因此，变压器绕组振动加速度与负载电流的平方成正比，振动信号的基频是负载电流基频的 2 倍。

目前比较常用的绕组振动模型是采用一个质量-弹簧-阻尼系统，导体等效为质量块 m，绕组之间的绝缘体等效为弹簧 k，阻尼 c 则主要由变压器油产生，在电磁力 f 作用下对应的振动位移 x 的微分方程为

$$m\ddot{x} + c\dot{x} + kx = f \tag{4-12}$$

绕组受到的电磁力与电流平方成正比，电磁力与电流的关系可以写为

$$i(t) = \sqrt{2}\,I\cos(\omega t + \theta) \tag{4-13}$$

$$f \propto i^2, \quad f = KI^2\left[\cos(2\omega t + 2\theta) + 1\right] \tag{4-14}$$

初始假设状态为零，则 $m\ddot{x} + c\dot{x} + kx = f$ 的稳态响应为

$$a(t) = KI^2\cos(2\omega t + 2\theta + \varphi) \tag{4-15}$$

式中：$a(t)$ 为振动加速度，$a(t) = \ddot{x}(t)$。

根据式（4-15）可知，在不考虑绕组振动非线性的情况下，绕组振动加速度的幅值正比于负载电流的平方，振动的频率是电流频率的 2 倍。如果绕组振动经过绝缘油等介质传递到油箱表面的过程为线性衰减，且变压器油箱为一线性系统，则油箱表面上的振动信号幅值也与负载电流的平方成正比。实际上，绕组自身的绝缘材料具有较强的非线性特性，这会导致绕组的振动在较大时（即负载电流较大时）呈现明显的非线性特征。很多研究认为，垫块在一定压力范围内可以表示为

$$\sigma = a\varepsilon + b\varepsilon^3 \tag{4-16}$$

式中：σ、ε 为绝缘垫块的应力与应变；a、b 为常数。

绕组的非线性振动模型为

$$m\ddot{x} + c\dot{x} + ax + bx^3 = f \tag{4-17}$$

式（4-17）为典型的非线性 Duffing 方程，稳态解中包含有二次项和三次项，实际上还应该包含激励频率的高次谐波项。当负载较大时，绕组的振动表现出较强的非线性，此时绕组振动中除了 100Hz 主要成分外，还将出现 200、300Hz 等高次谐波成分。

（3）油箱结构振动特性。油箱表面的振动不仅与变压器本体的振动及振动传递相关，而且受到油箱体本身机械结构特性的影响。油箱本身基本上属于线性结构，而且其低阶模态的自然频率低于绕组和铁芯的振动频率，不会改变由绕组和铁芯传递到油箱的振动特性，故油箱表面上的 100Hz 谐波成分理论上与负载电流的平方成正比。

油箱结构除了大部分由平板组成，还包含有加强筋及其他不规则结构，这些复杂的结构具有非线性特性。在加强筋结构中，加强筋明显影响了振动能量的正常传播路径，对比平板结构能量出现了一定的反射。

（4）冷却装置振动机理。对于强迫油循环风冷式变压器的冷却装置，其噪声主要来自冷却风扇与变压器潜油泵，冷却风扇噪声属于中高频噪声；对于强迫油循环自冷式变压器的冷却装置，其噪声主要来自变压器油泵。

　　国内外变压器的运行实践表明，对于油浸自冷式变压器，变压器本体振动分别通过输油管路及管路中的绝缘油传递至散热器，进而引起自冷式散热器振动产生噪声，该噪声比变压器本体噪声低得多，可以不予考虑；对于强迫油循环风冷式变压器，冷却风扇噪声较大，一般高于本体噪声。

　　冷却风扇运行时在叶片附近产生气流旋涡，气流旋涡扰动空气产生流体噪声。已有大量研究结论表明，风扇噪声为典型的白噪声。所谓白噪声，其定义为能量较为均匀地分布于一段较宽的频带上，即没有某一个特定频率包含较多的能量，其频谱表现为一条较为平滑的曲线，并无明显的峰值，在时域波形上表现为无明显的周期性。

　　变压器油泵噪声主要由电动机轴承等部分的摩擦产生，频率以 $600\sim1000\,\mathrm{Hz}$ 为主体。

　　5. 变压器振动噪声影响因素

　　变压器振动噪声的影响因素比较多，但主要影响因素包括硅钢片磁致伸缩、铁芯结构及运行状态三个方面。

　　(1) 磁致伸缩的影响。在变压器实际运行中，铁芯的磁致伸缩量要比理论计算出来的值要大。研究表明，影响变压器铁芯磁致伸缩的主要因素包括以下几种：

　　1) 磁致伸缩系数与硅钢片的含硅量有关。一般情况下，含硅量越高，磁致伸缩越小，对变压器越有利。但含硅量越大则硅钢片越脆，不利于加工和实际应用。通常硅钢片的含硅量为 $2\%\sim3\%$。

　　2) 磁致伸缩系数与硅钢片的退火工艺、退火温度等加工工艺有关，适当的退火温度及工艺有利于减小硅钢片的磁致伸缩量。

　　3) 磁致伸缩量与磁场方向及轧制方向（即硅钢片晶粒取向）有关。当磁通沿着轧制方向磁化时，磁致伸缩量最小。

　　4) 磁致伸缩量与硅钢片所受到的应力有关。铁芯不均匀应力的主要来源为压紧力降低和不均匀热膨胀。当硅钢片在其轧制方向受到压应力或横向拉力时，硅钢片磁畴结构将因磁畴壁产生 $90°$ 旋转而发生显著变化，造成磁致伸缩极大增加。

　　5) 磁致伸缩量与硅钢片表面的绝缘涂层有关。变压器铁芯硅钢片表面均有一定厚度的涂层，很大程度上降低了铁芯对拉压应力的敏感度，从而减小了硅钢片长度的变化。最佳涂层厚度通常为 $50\sim100\,\mu\mathrm{m}$，太厚则影响铁芯的散热，太薄则减振降噪效果不明显。

　　6) 磁致伸缩量与硅钢片的环境温度有关。硅钢片的磁致伸缩量随着温度的升高而增大。

　　7) 磁致伸缩量与硅钢片接缝结构有关。在接缝处，局部出现较大的法向磁通密度，造成法向位移增大，多阶梯斜接缝能够有效地减小法向磁通密度。

　　8) 磁致伸缩量与工作磁通密度有关。工作磁通密度越大，铁芯磁化程度越大，磁致伸缩量越大，但降低工作磁通密度将减小铁芯材料的利用率。对于正常运行的变压器，一般认为其运行电压较为稳定，铁芯温度变化较小。因此，在变压器分接头位置相同时，励磁电流在铁芯中产生的主磁通在空载、负载时基本保持不变，磁致伸缩引起的铁芯振动也基本保持不变。

　　(2) 铁芯结构的影响。铁芯结构的影响因素主要包括几何尺寸、结构形式、搭接面积和铁芯夹紧力四个方面。受几何尺寸的影响，铁芯中磁密分布的不均匀性和硅钢片的各向异性将导致铁芯不同位置的磁致伸缩不同。变压器铁芯的振动噪声还与铁芯的结构形式有关，例如叠片式铁芯和卷铁芯的振动噪声有所不同。对于斜搭接的铁芯来说，搭接区的搭接面积对振动噪声也有一定的影响，在满足铁芯机械强度的情况下，应尽量减小搭接面积。此外，铁芯的夹紧力最佳值为0.08～0.12MPa，当夹紧力较小时，硅钢片自重造成弯曲变形，产生横向漏磁通，振动噪声高频成分增加；当夹紧力过大时，磁致伸缩量增大，铁芯振动噪声增强。

（3）运行状态的影响。由于受到运行状态的影响，变压器运行时的振动噪声水平往往要高于出厂时的测量值。原因在于：①当负载电流中叠加有谐波分量时，铁芯的振动噪声加剧；②变压器运行时，负载电流造成漏磁场增大，与负载电流的平方成正比的绕组振动噪声增大；③变压器铁芯温度升高而增大，谐振频率与机械应力发生变化，其振动噪声会随着温度的升高；④当绝缘垫块发生位移、变形及破损或者紧固螺母发生松动时，铁芯轴向压紧力变小，硅钢片发生松动，叠片间的电磁吸引力变大，铁芯的振动加剧。

6. 变压器噪声传播与衰减特性分析

变压器噪声主要来源于本体（铁芯、绕组）及冷却装置（油泵、风扇）振动，振动的传播过程较为复杂。铁芯与绕组振动相互作用，主要通过铁芯垫脚、紧固件及绝缘油传递至油箱表面，从而引起油箱振动产生噪声。其中，变压器绕组经铁芯及其紧固件传递至油箱壁的振动主要反映在油箱体底部区域。油泵和风扇的振动，一方面通过接头等固体途径传播至油箱表面与铁芯、绕组引起的振动叠加形成噪声，另一方面风扇叶片转动扰动气流产生空气噪声。由于风扇和油泵振动引起的冷却系统振动的频谱集中在100Hz以下以及1.5kHz以下的中、高频段，这与本体的振动特性明显不同，可以比较容易地从变压器振动信号中分辨出来。对于干式变压器而言，冷却装置产生的噪声相对于本体噪声较低，可以忽略。本体噪声和冷却装置噪声合成后，形成变压器噪声，并以声波的形式通过空气向四周传播。变压器噪声传播过程如图4-2所示。

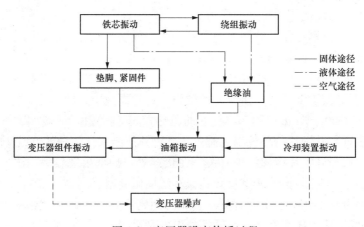

图4-2 变压器噪声传播过程

绕组的振动主要通过绝缘油传至油箱引起变压器器身的振动。三相结构变压器在三相负载运行情况下，油箱壁上的振动是各绕组振动通过绝缘油等介质传递、衰减后在油箱壁上叠加的结果。油箱壁上的绕组振动加速度可以表示为

$$a(t) = K_A i_A^2 + K_B i_B^2 + K_C i_C^2 \tag{4-18}$$

式中：K_A、K_B、K_C分别为各项绕组振动的传递系数；i_A、i_B、i_C分别为A、B、C三相负载电流。

实际情况下，铁芯与绕组不同方向的振动经过复杂的传播过程，在箱体表面叠加，成为箱体振动的主要原因。可考虑使用简化方法，认为箱体在某一个给定方向上的振动为线圈与铁芯在该方向上的振动分量分别乘以一个传递系数的和，即

$$a_t = t_w a_w + t_c a_c \tag{4-19}$$

式中：a 为箱体在某一方向上的振动加速度；a_w、a_c 分别为绕组与铁芯在该方向上的振动加速度；t_w、t_c 分别为绕组与铁芯的振动传递系数。

绕组与铁芯振动可以分别看作与电流、电压的平方成正比，因此式（4-19）可写为

$$v_{t,100} = C_w i_{50}^2 + C_c u_{50}^2 \tag{4-20}$$

绕组电流与电压存在相位差，在计算箱体振动时也必须充分考虑。由于电流、电压的相位差来源于变压器负载情况，因此，可以认为负载功率因数对变压器振动具有重要影响。

需要说明的是，变压器是一个由各种部件组成的弹性振动系统，该系统有许多固有振动频率。当变压器的铁芯、绕组、油箱及其他机械结构的固有振动频率接近或等于硅钢片磁致伸缩振动的基频（2 倍电源频率）及其整数倍（对于 50Hz 电源系统，为 100、200、300、400Hz 等）时，将发生谐振，使得变压器噪声显著增加。

7. 现场变压器噪声频谱分析

以 1000kV 特高压交流变电站为研究对象，对主变压器噪声进行检测与分析。冷却装置投入运行条件下，1000kV 特高压交流变压器的噪声时域信号与频谱分布分别如图 4-3 和图 4-4 所示。可以看出，由于铁芯磁致伸缩及绕组间电磁力的周期性特点，变压器噪声频率主要集中在 100Hz 及其一系列谐频上。虽然在 150Hz 及 250Hz 频率处也存在一定的噪声，但幅值较小。变压器噪声整个频谱主要分布在 1kHz 频率范围内，高于 600Hz 频段的噪声能量较小。

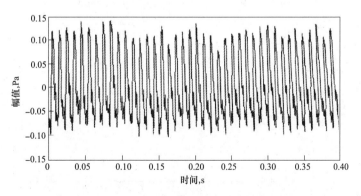

图 4-3 1000kV 特高压交流变压器噪声时域信号

某 500kV 变压器噪声时域信号与频谱分布分别如图 4-5 和图 4-6 所示。可以看出不同电压等级变压器噪声信号时域与频域均存在差异，所检测的 500kV 变压器噪声频率主要集中在 50Hz 及其谐频上，频谱基本位于 800Hz 范围内。

4.3.2 高压并联电抗器噪声产生机理及特性分析

1. 高压并联电抗器分类

高压并联电抗器是变电站最主要的噪声源之一。按照相数划分，并联电抗器可分为单相电抗器和三相电抗器。按照磁路结构划分，可以分为空心与铁芯式电抗器两类。空心电抗器

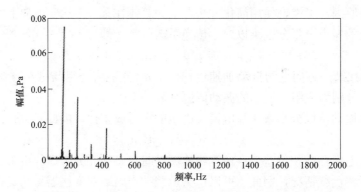

图 4-4　1000kV 特高压交流变压器噪声频谱分布

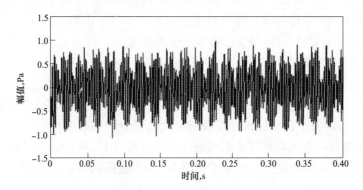

图 4-5　某 500kV 交流变压器噪声时域信号

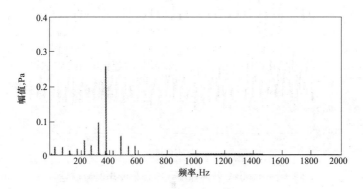

图 4-6　某 500kV 交流变压器噪声频谱分布

无铁芯，磁路主要由非铁磁材料（空气、变压器油等）构成，其磁导率为常数，不随负荷电流发生变化。铁芯式电抗器的磁路由带气隙或油隙的铁芯柱构成，加入铁芯柱中一定长度的气隙，则其磁导将呈非线性，当负载电流超过一定数值时，铁芯就会饱和，其磁导率将急剧下降，从而使其电感、电抗急剧下降，进而影响电抗器接入系统的正常工作。

电抗器种类不同，其噪声频谱也会存在差异。在铁芯式电抗器中，由于铁芯磁致伸缩及铁芯饼之间的吸引力而产生较大的振动和噪声，而空心式电抗器无铁芯饼，因此其振动和噪声相对较小。

随着用电容量的增加，铁芯式电抗器又具有容量大、体积小等优点，已被广泛应用在超高压输电工程中。

2. 高压并联电抗器结构

（1）铁芯式高压电抗器。铁芯式高压电抗器结构与变压器结构类似，但仅有一个线圈（激励线圈），其铁芯由若干个铁芯饼叠置而成，铁芯饼之间用绝缘板（纸板、酚醛纸板、环氧玻璃布板）隔开，形成间隙；其铁轭结构与变压器相同，铁芯饼与铁轭由压缩装置通过螺杆拉紧形成整体，铁轭及所有铁芯饼均应接地。铁芯式高压电抗器铁芯结构如图 4-7 所示。

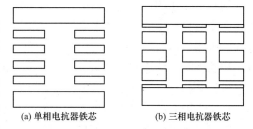

(a) 单相电抗器铁芯   (b) 三相电抗器铁芯

图 4-7　铁芯式高压电抗器铁芯结构

铁芯饼由硅钢片叠成，叠片方式分为平行叠片、渐开线状叠片和辐射状叠片。三种叠片方式分别适用于小容量、中等容量和大容量电抗器。

铁芯式电抗器铁轭结构与变压器相似，一般为平行叠片，中小型电抗器通常将两端的铁芯柱与铁轭叠片交错叠放，铁轭截面一般为矩形或 T 形，以便压紧。

（2）空心式高压电抗器。空心电抗器均为单相，其结构与变压器线圈相同。空心电抗器的特点在于直径大、高度低。由于无铁芯柱，其对地电容小，线圈内串联电容较大，因此冲击电压的初始电位分布良好，即使采用连续式线圈也较为安全。空心式电抗器的紧固方式一般有两种：一种采用水泥浇铸；另一种采用环氧树脂板夹固或浇铸。

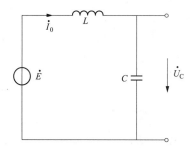

图 4-8　并联电抗器铁芯结构

3. 高压并联电抗器工作原理

并联电抗器主要用于补偿电容电流，抑制负载较低情况下线路端电压升高的现象。对于距离较短的输电线路，其空载时阻抗可以忽略。线路电感、电容分别用 L、C 表示，且工频容抗 X_C 大于工频感抗 X_L。并联电抗器铁芯结构见图 4-8。

空载电流为

$$I_0 = \frac{E}{|X_L - X_C|} \tag{4-21}$$

输出端空载电压为

$$U_C = I_0 X_C = \frac{E}{|X_L - X_C|} X_C \tag{4-22}$$

由于 $X_C > X_L$，因此 $U_C > E$。空载线路电压高于电源电压的现象称为电容效应。为了抑制电容效应，需要在超/特高压远距离输线路末端接入并联电抗器。

4. 高压并联电抗器噪声产生机理

在空心线圈中插入铁磁材料，可提供更大电感。铁芯电抗器由于铁芯柱的分段，各段分别产生磁极，使铁芯饼之间存在着磁吸引力，引起额外的振动和噪声，超过变压器通常所遇到的因磁致伸缩而导致的振动和噪声。由铁芯饼、垫块及铁轭组成的系统还有可能出现机械共振现象，导致电抗器的振动和噪声较大。

5. 高压并联电抗器噪声传播与衰减特性分析

铁芯式电抗器大量采用了变压器的技术，不过由于其功能的差异，噪声与变压器也有较大的差异。高压电抗器在63、100、200、400Hz附近都出现峰值。高压电抗器的频谱与变压器的频谱均具有明显的工频谐波特征，在高频段具有较快的衰减速度。在交流电压、交流电流情况下，交变磁势产生的磁场和铁芯磁密是交变的。铁芯电抗器各相邻铁芯叠片之间任何瞬间都是异性磁极相邻，所以其间的磁场力为吸引力，且其大小与磁密的平成正比。在工频磁场的作用下，相邻铁芯叠片之间的吸引力在0与最大值之间以2倍于电源频率（50Hz）的频率交变，从而造成铁芯叠片发生交变弹性变形而产生机械振动，振动频率以100Hz为主。铁芯电抗器的振动和噪声是固有的，且表现出不稳定性，空载或运行功率低时，噪声水平相对较低，负荷上升时一般噪声水平较高。实际测量表明噪声值贡献最大的频率范围为100~500Hz。

6. 现场电抗器噪声频谱分析

1000kV特高压并联电抗器噪声时域信号与频谱分布分别如图4-9和图4-10所示。与变压器噪声频谱分布类似，高压并联电抗器噪声频率主要集中在100Hz及其一系列倍频上，但不存在50Hz及其奇数次谐频分量，整个频带范围主要集中在1kHz以内。

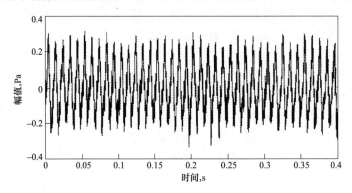

图 4-9　1000kV 特高压并联电抗器噪声时域信号

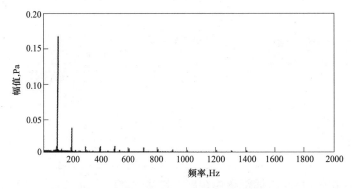

图 4-10　1000kV 特高压并联电抗器噪声频谱分布

4.3.3　电晕噪声产生机理及特性分析

1. 电晕噪声产生机理

带电导体工作时，导体附近存在电场。空气中存在大量自由电子，这些电子在电场作用下会加速，撞击气体原子。自由电子的加速度随着电场强度的增大而增大，撞击气体原子前所积累的能量也随之增大。如果电场强度达到气体电离的临界值，自由电子在撞击前积累的能量足以从气体原子中撞出电子，并产生新的离子，此时在导线附近小范围内的空气开始电离。如果导线附近电场强度足够大，以致气体电离加剧，产生大量的电子和正负离子。在导体表面附近，电场强度较大，随着与导体距离的增加，电场强度逐步减弱。电子与空气中的氮、氧等气体原子的碰撞大多数为弹性碰撞，电子在碰撞中仅损失动能的一部分。当一个电子以足够猛烈的强度撞击一个原子时，使原子受到激发，转变到较高的能量状态，会改变一个或多个电子所处的轨道状态，同时起撞击作用的电子损失掉部分动能。而后，受激发的原子再变回到正常状态，在这一过程中会释放能量。电子也可能与正离子碰撞，使正离子。转变为中性原子，这种过程称为放射复合，也会放出多余的能量。伴随着电离、放射复合等过程，辐射出大量光子，在黑暗中可以看到在导线附近空间有蓝色的晕光，同时还伴有嘶嘶声，这就是电晕。这种特定形式的气体放电称为电晕放电。电晕放电伴随着空气的强烈振动形成声音，这种可听声称为电晕噪声。

2. 电晕噪声传播与衰减特性分析

电晕噪声主要发生在恶劣天气下。在干燥条件下，导体电位梯度通常在电晕起始水平以下，电晕噪声水平较低。然而，在潮湿条件下，因为水滴碰撞聚集在导体上而产生大量的电晕放电，每次放电都发生爆裂声。

带电架构可听噪声有两个特征分量宽频带噪声（嘶嘶声）和频率为两倍工频（100Hz）及整倍数频率的纯声（嗡嗡声）。

宽频带噪声是由导线表面电晕放电产生的杂乱无章的脉冲所引起的。这种放电产生的突发脉冲具有一定的随机性。宽频带噪声听起来像破碎声、吱吱声或者噼噼声，与一般环境噪声有着明显区别，对人们的烦恼程度起着主导作用。

交流纯声是由于电压周期性变化，导体附近带电离子往返运动而产生的嗡嗡声对于交流系统，随着电压正负半波的交变，导体先后表现为正电晕极和负电晕极，由电晕在导体周围产生的正离子和负离子被导体以两倍工频排斥和吸引。因此，这种噪声的频率是工频的倍数，若电源频率为50Hz，则对应的100Hz量最明显。

3. 现场电晕噪声频谱分析

1000kV特高压交流变电站变电架构电晕噪声时域信号与频谱分布分别如图4-11和图4-12所示。在时域上，电晕噪声具有短时脉冲性的特点，与变压器、电抗器噪声近似平稳的特征存在明显差异；在频域上，电晕噪声分布频带较宽，在可听声范围内均有分布，并且分布相对均匀。

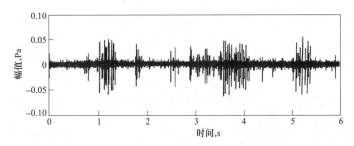

图 4-11 1000kV 特高压电晕噪声时域信号

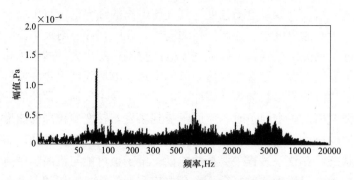

图 4-12　1000kV 特高压电晕噪声频谱分布

4.3.4　通风风机噪声产生机理及特性分析

通风风机是用于输送空气的机械设备，按照工作原理不同可分为容积式、叶片式与喷射式类。变电站内以叶片式轴流风机的应用最为广泛，其突出特点是流量大而扬程短。轴流式通风机由圆形风筒、钟罩形吸入口、装有扭曲叶片的轮毂、流线型轮毂罩、电动机、电动机罩、扩压管等部件构成。

轴流式风机的叶轮由轮毂和铆在其上的叶片组成，叶片从根部到梢部呈扭曲状态或与轮毂呈轴向倾斜状态，安装角度一般不能调节。大型风机进气口上通常设置导流叶片，出气口上设置整流叶片，以消除气流增压后产生的旋转运动，提高风机效率。

根据所需要的压强，轴流风机分为单级和多级。多级轴流风机上还有后级叶轮和后导叶。在轴流风机中，流体质点基本上沿着以转动轴线为中心的圆柱面或圆锥面流动。

工业生产中使用的通风机，特别是大型轴流通风机，运转时往往产生很大的噪声，波及范围较大。通风风机噪声主要包括空气动力产生的噪声、机械振动产生的噪声及二者共同作用产生的噪声。其中，空气动力性噪声最为强烈。风机的空气动力性噪声是气体流动过程中产生的噪声，它主要是由于气体的非稳定流动，也就是气流的扰动、气体与气体以及气体与物体相互作用产生的风机噪声，属于偶极子声源。

1. 空气动力产生的噪声

（1）冲击噪声。风机高速旋转时，叶片周期性运动，空气质点受到周期性力的作用，冲击压强波以声速传播所产生的噪声。其基本频率 f_c 为

$$f_c = nz \tag{4-23}$$

式中：n 为转速；z 为叶片数。

通风风机全压升越高，叶轮圆周速度越大，噪声越大。

（2）涡流噪声。叶轮高速旋转时，因气体边界层分离而产生的涡流所引起的噪声称为涡流噪声。其频率为

$$f = k \frac{v}{D} \tag{4-24}$$

式中：k 为 0.15~0.22，常数；v 为叶片相对于气体的速度；D 为叶片在气体进口方向的宽度。

涡流噪声具有很宽的频率范围。

2. 机械振动产生的噪声

回转体的不平衡及轴承的磨损、破坏等原因所引起的振动会产生噪声，当叶片刚性不

足，气流作用使叶片振动时，也会产生噪声。

3. 两者相互作用产生的噪声

叶片旋转引起自身振动通过管道传递时，往往在管道弯曲部分发生冲击和涡流，噪声增大。特别是当气流压强声波的频率与管道自身振动频率相同时，将产生强烈的共振，噪声急剧增大，严重时可能导致风机破坏。

4. 风机噪声的频谱特性分析

某特高压变压器风机噪声时域信号与频谱分布分别如图 4-13 与图 4-14 所示。可以看出，风机噪声信号较为平稳，频谱分布较宽。

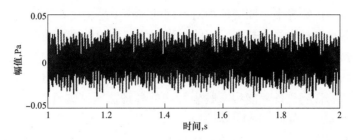

图 4-13 变压器风扇噪声时域信号

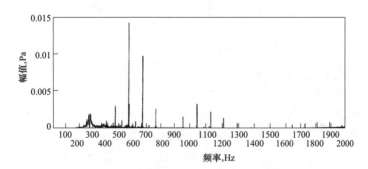

图 4-14 变压器风扇噪声频谱分布

第 5 章　噪声能利用技术

5.1　噪声能利用途径

目前，噪声能利用途径有以下几种：

（1）噪声除草。自然界中不同的植物对不同的噪声敏感程度是不同的。依此原理，人们制造出噪声除草器。这种噪声除草器发出的噪声能使杂草的种子提前萌发，这样就可以在作物生长之前用药物除掉杂草，用"欲擒故纵"的策略，保证作物的顺利生长。

（2）噪声诊病。美妙、悦耳的音乐能够陶冶人的情操，缓解压力，减轻病痛。日本科学家研制出一种新型的音响设备，能将家庭生活中的各种流水（如洗菜、淘米、洗脸、洗澡、洗衣等各种生活废水）的噪声变成悦耳的协奏曲，人们听到的是溪水潺潺声、虫鸣蛙叫声、森林瑟瑟声和海浪潮汐声，让人仿佛置身于大自然之中。此外，21 世纪初科学家制成一种激光听力诊断装置。它由光源、噪声发生器和电脑测试器三部分组成。使用时，它先由微型噪声发生器产生微弱短促的噪声，振动耳膜，然后微型电脑就会根据回声，把耳膜功能的数据显示出来，供医生诊断。它测试迅速，不会损伤耳膜，没有痛感，特别适合儿童使用。此外，还可以用噪声测温法来探测人体的病灶。人体某些部分发生病变时温度会发生变化，由分子、原子和热波动能所发出的噪声也会不同。医生可根据噪声准确地诊断出病灶和炎症的确切位置轮廓。美国还研制出一种噪声冷疗器，机器圆筒一端产生的 0℃ 左右的低温，能将鼻腔、咽喉等患处的癌细胞杀死，可谓"噪"到病除。

（3）噪声发电。噪声是一种能量的污染，例如噪声达到 160dB 的喷气式飞机，其声功率约为 10 000W；噪声达 140dB 的大型鼓风机，其声功率约为 100W。科学家发现人造铌酸锂具有在高频高温下将声能转变成电能的特殊功能。科学家还发现，当声波遇到屏障时，声能会转化为电能，英国学者根据这一原理设计制造了鼓膜式声波接收器，将接收器与能够增大声能、集聚能量的共鸣器连接，当从共鸣器来的声能作用于声电转换器时，就能发出电来。德国科学家提出一项建造"噪声吸能墙"的设想，把这种墙建在公路两侧，吸收交通噪声，并设法使噪声能转化成电能。这样就可以满足公路照明灯、信号指示灯用电的需要。

（4）噪声制冷。科学家采用特殊的装置，向空中发射爆炸脉冲，强烈的噪声波能将携带着冰的云层冲散，使之转变成雨或雪。另外，世界上正在开发一种新的制冷技术，即利用微弱的声振动来制冷的新技术，第一台样机已在美国试制成功。在一个结构异常简单，直径不足 1m 的圆筒里叠放着几片起传热作用的玻璃纤维板，筒内充满氦气或其他气体。筒的一端封死，另一端用有弹性的隔膜密闭，隔膜上的一根导线与磁铁式音圈连接，形成一个微传声器，声波作用于隔膜，引起来回振动，进而改变筒内气体的压力。由于气体压缩时变热，膨胀时冷却，这样制冷就开始了，不难设想，今后的住宅、厂房等建筑物如能加以考虑这些因素，即可一举降伏噪声这一无形的祸害，为住宅、厂房等建筑物降温消暑。

（5）噪声除尘。美国科研人员研制出一种功率为 2kW 的除尘报警器，它能发出频率 2000Hz、声强为 160dB 的噪声，这种装置可以用于烟囱除尘，控制高温、高压、高腐蚀环境中的尘粒和大气污染。

（6）噪声克敌。利用噪声还可以制服顽敌。韩国科学家发明了一种噪声步枪，这种特殊的步枪击发后，所产生的强烈短暂的噪声，能使猎物瞬间昏迷过去，束手就擒。国外已研制出一种噪声弹，还曾经使用噪声弹成功地制服了劫机者。这种噪声弹爆炸后产生能在爆炸间释放出大量噪声波，高达 120dB 以上的噪声，足以麻痹人的知觉和中枢神经，但又不会伤害人体健康，人体在昏迷一段时间后又会苏醒。该弹可用于对付恐怖分子，特别是抢劫犯等。

（7）噪声生物利用技术。利用噪声和低频率波高速"轰炸"食品，其吸水能力为目前干燥技术的 4～10 倍。而传统的脱水法是采用加热处理，这样会使食品丧失营养成分，因而影响食品质量。另外，科学家发现，噪声能加强人体对某些氨基酸如谷氨酸、赖氨酸、组氨酸等和部分 B 族维生素的消耗代谢。为此，科学家设计了一些方案，对受试人员强化了含相应成分的营养食品。结果证实，这样可增强人体对噪声的耐受力，减小噪声的危害。用饮食来抗衡噪声，是一项有效而又可行的措施。美国科学家经过多年的研究发现，有些农作物受到噪声刺激时，其根、茎、叶表面的微孔会扩张到最大限度，因而有利于肥料吸收和养分传输，使农作物产量大幅度提高。他们曾让试验地的一株西红柿 30 余次处于 100dB 的尖锐汽笛声中，同时进行施肥和喷洒营养物，结果这株西红柿竟结果 900 多个，而且果实比一般西红柿大 1/3 左右，其总产量是一般西红柿的 10 倍。科学家还发现，噪声对土豆、芝麻、水稻的生长也很有利，而且能提高产量。

5.2 噪声故障诊断技术

5.2.1 振动及声波诊断技术

利用结构物、机械设备及至自然物、生命体等工作过程中产生的振动信号，借助测量、记录、分析、显示仪表，实现工作性能检验、施工质量分析、运转过程监控、故障预测和诊断等。在这方面的应用，正从机械工程领域向建筑工程、水利水电工程、农业工程、气象工程直至医疗保健、社会经济领域不断扩展。

（1）桩基础及地下工程的检测。桩基础在高层建筑中被大量采用，深入土层中的桩身质量，对于基础的承载性能影响极大。对桩基础进行振动激励时，其响应波形中包含桩身完整性和混凝土质量的丰富信息。采用适当的仪器系统，对于桩的激励及响应进行分析，就能对桩进行无损检测，判断桩基础的质量。同样的方法也可用于其他地下工程的质量检测中，对于防止"豆腐渣"工程的出现起到了重要的作用。

（2）机械设备的故障诊断和过程监控。利用设备运转中产生的振动信号的不同特征，对已知结构情况的设备进行故障诊断、故障预报和过程监控，是近十多年来发展起来的一种新技术。利用模糊理论、灰色理论或神经网络方法对振动信号进行分析与诊断，在工业企业中已经得到了广泛的应用。相应的仪器系统和应用软件，国内产品已日渐成熟，新型的传感材料与传感器、分析处理硬件系统还在不断出新。

（3）振动热成像技术。在红外热成像无损检测法中，已经成功地利用振动热成像技术对复合材料进行无损检测。它的基本原理是：受到振动激励的材料，其内部的应力分布与材料缺陷有关，在红外热成像图形中，可以清晰地了解应力的正常与异常分布，从而进行材料的无损检测。

（4）人体疾病的诊断。超声（高频振动波）可以用来检查人体进行诊断自 20 世纪 40 年代被发现以来，短短几十年发展非常迅速。人体的各个器官、组织在正常时与有疾病时对超声的吸收不同，由此产生的反射规律也不同，利用这一原理，出现了 B 超、彩超等一类检查诊断设备，对维护人体健康起了很大的作用。类似的还有心电仪、脑电仪等检查诊断设备，它们利用振动诊断的基本原理，通过专门设备，分析人的心电波形或脑电波形，从而对人体疾病进行诊断，目前已经得到了广泛应用。

5.2.2　噪声故障诊断工作原理

故障诊断是指根据系统运行状态，判断系统是否出现了故障问题，并进一步鉴别故障种类、部位、程度及出现时间的一种技术方法。目前故障诊断已经成为一个比较完整的学科，涵盖了检测、分析、预测等多方面的技术。传统方法主要包括超声波测漏、磁力探伤、振动分析等。基于数学算法的诊断方法包括傅里叶变换分析、小波变换分析、智能神经网络分析、模糊逻辑分析、专家诊断系统等。

目前，机械设备故障诊断主要是基于振动信号测量与分析展开的，但由于许多设备振动信号不易测取，其应用具有一定的局限性。而机械噪声蕴含着丰富的设备状态信息，可以部分地替代振动信号作为故障诊断的手段之一。基于声学的故障诊断方法具有测量仪器简单、非接触式测量、不影响设备正常工作等优点，是一种简易快速的故障诊断方法。声学故障诊断一般包括采集故障声信号、提取故障声信号特征、分析诊断故障、决策是否停机维修。

传统的噪声诊断方法主要基于频谱分析，仅采用一只传声器，获取的声场信息有限，只能对单一的设备进行诊断，无法给出声源的位置和强度的变化信息，只能进行初步的故障诊断。利用采集噪声信号的时频分布图模型进行故障诊断是声学故障诊断的一种新思路。由于传声器阵列具有很强的抗背景噪声干扰能力，可以有效地克服复杂多变的背景噪声，提高信号的真实性，声信号采集一般通过布置采集设备前端的传声器阵列实时对待检测机械设备进行声信号的采集，获得声信号的频谱图。提取故障声信号特征时，利用小波包分析法将采集的声信号频谱图进行分解，再将分解之后的信号能量特征提取出来，并做归一化处理，建立特征向量。因为每一种故障情况具有唯一的特征向量，故它可以作为故障识别的依据。也可利用传声器阵列测量物体外部声压场，并应用波叠加方法重构物体外部声场，通过一次采集、计算就可以获得物体外部一个面上的声全息图，采用一种基于声全息的故障诊断方法进行机械设备的故障诊断。声场重构可采用一种在全频率域内稳健的声场重构算法-波叠加方法来进行。该方法可从重构的声强全息图上准确地识别出声源的个数、位置，通过颜色深度可以读出声源强度，还可获取噪声的频率信息。分析诊断故障、决策是否停机维修时，首先利用已有的特征向量样本训练 SVM 模型，训练完成之后，再把新得到的样本输入到已经训练完成的 SVM 模型中，进行故障模式识别，判断属于哪一类故障，再决策是否需要停机维修。另外，也可基于声全息的故障诊断方法重建物体外部声场。一旦准确地重建出物体外部声场，通过建立基于全息图的正常状态与故障状态的模板，将机器运行信息与这些模板对比，就可以判定机器的运行状态；再结合机器的某些运行参数，就能进行故障诊断。

基于声全息的故障诊断技术作为工业现场机械设备的状态监测与故障诊断问题的一种新解决方案，具有非接触测量的优势，只需要采用少量传声器，计算效率高。其次，相对于基于振动信号的故障诊断，基于声全息的故障诊断方法的优势在于它可以感知声源（振动源）的位置变化信息，是基于振动信号的故障诊断的一个有益补充。其应用前提是需针对具体设备建立大量的故障诊断图库和故障特征对应表，然后在能够依据最大相关性和最小声强级差的原则来判断故障类型。基于声全息的故障诊断原理如图 5-1 所示。

声压信号采集采用传声器阵列一次性获取，并通过频谱分析找出关键性频率成分，然后对这些频段进行声场重构。重构的频率分辨率等于采样的频率分辨率。对于宽频信号，需进行多次循环求出叠加之后的声场。其次，由于声强作为物体辐射声能量的量度，比声压更稳定，一般采用声强全息图来进行故障诊断。分析时，重构的声强全息图被表示成灰度图像文件，并按照重建网格密度划分成相等面积的小矩形，在每个矩形内填充不同灰度的颜色，灰度值的大小反映了该网格内幅值的大小。具体实施时只需要将声强级取整就可以得到各像素点的灰度值。采集机器正常状态和故障状态情况下的声压数据，按照上述方法建立图像模板，建立故障特征映射表。同样地，将待监测的状态也表示成灰度图，与标准

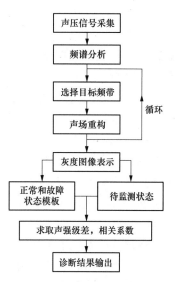

图 5-1　声全息故障诊断原理

模板进行比较，求取它们之间的声强级差，就可以找到其所属的状态。进一步结合机器的一些特征参数，参照故障特征映射表就可以判定机器的故障类型。

5.2.3　齿轮箱振动与噪声故障诊断

利用噪声监测和诊断齿轮箱的故障必须保证一个前提，在被测设备测点位置由其他噪声源传来的背景噪声比较小，至少要低于被测设备噪声 20dB 以下，以保证被测噪声信号中主要是被测对象的信号。噪声测试主要以加权声级的大小为主，噪声频谱分析以线性、1/3 倍频程、倍频程和等间隔频率的频谱分析为主。

1. 精密振动诊断方法

（1）同周期时域平均分析：通过对多段信号在某一轴的两个转频周期内的同周期时域平均分析，分析这个轴振动信号包含的信息来诊断这个轴是否发生了故障。

（2）原始谱和解调包络谱进行综合分析的双谱分析法：采用原始谱分析各啮合频率的幅值变化情况，采用窄带包络谱分析各啮合频率附近是否有调制现象产生，综合进行故障诊断。

（3）采用二时域（原始时域、包络时域）特征值和二频域（原始谱、细化谱和窄带细化包络谱）进行综合分析，最后根据由特征值对应的得分计算总分的方法来诊断故障的二时域三频域分析。

2. 噪声故障诊断方法

（1）声级诊断法：通过声级的大小判断齿轮箱是否发生了声音的异常变化，通过噪声的频谱分析判断异常声音的频率和对应的部位，综合进行故障诊断。

（2）声强诊断法：通过声强分析诊断噪声源产生的部位。

5.3　热 声 技 术

5.3.1　热声效应

热声效应首先是由十八世纪的欧洲吹玻璃工人注意到的。当一个热玻璃球连接到一根中

空玻璃管上时，管子有时会发出声音。热声效应是指固体介质与振荡流体之间产生的时均能量效应，产生沿着（或逆着）声传播方向的时均热流和时均功流。腔体中的气体局部受热后膨胀，向外激发出微扰波动。这一波动以声速向外传播，直到被腔壁部分反射回来。另一方面，膨胀的气团离开加热点后与温度相对低的气体或腔壁换热而收缩，形成方向相反的另一扰动。这两个扰动与前面提到的反射波叠加后，在某一由腔体尺寸决定的频率上产生正反馈并持续产生自激振荡。这一现象就是热声效应。

按能量转换方向的不同，热声效应分为两类：一类是用热能来产生声能，包括各类热声发动机；另一类是用声能来输运热能，包括各种回热式制冷机。可产生热声效应的流体介质必须有可压缩性、较大的热膨胀系数、小的普朗特数，而且对于要求较大温差，较小能量流密度的场合，流体比热容要小，对于要求较小温差，较大能量流密度的场合，流体比热容要大。

热声效应实质上是热能和机械能通过声波（或称为压力波）进行的能量转换。利用这一效应可以制造出将热能转换为以声波形式的机械能。当然，也可利用热声效应，通过压力波完成泵热过程而制造出制冷机。这些技术就是热声技术。热声技术是目前世界上最为活跃的研究前沿和热点技术之一。

5.3.2　热声发动机

热声发动机是利用热声效应，实现热能到声能转化从而实现声功输出的声波发生器。系统中除振荡气体外，没有任何运动部件。根据声场特性不同，热声发动机主要分为驻波型、行波型及驻波行波混合型三种形式。由于驻波声场中速度波和压力波相位差为90°，驻波场中理论上没有功的输出；另外，在驻波热声发动机板叠中气体同固体间换热较差，气体进行的是介于等温和绝热的不可逆热力学循环，所以驻波热声发动机效率低。行波型热声发动机利用的是行波声场，声场中速度波动和压力波动相位相同，并且发动机回热器中气体通道的水力半径远小于气体热渗透深度，所以理论上气体在回热器中进行的是等温热传递，因此行波热声发动机在理论上可以达到比驻波热声发动机更高的热力学效率，从而有着光明的应用前景。

1979年，Ceperley首先提出了行波型热声发动机的概念，他发现行波在通过回热器时经历了同理想斯特林循环类似的热力学过程，即压力与速度同相位。由于损失太大，Ceperley在实验中没有得到放大的声功，但他在行波热声发动机方面却做出了开创性贡献。日本的Yazaki做了环形管路行波热声发动机实验，在一定条件下得到放大的声功，从而证明在行波环路中可以实现自维持振荡，但是Yazaki的行波热声发动机效率很低。由于回热器中固体介质同气体介质之间相互热传递时总会不可避免地存在热滞后，理想情况下的行波斯特林热声发动机无法实现，Ceperley和Yazaki都提出，在行波声场中适当引入驻波成分会提高行波热声发动机的效率，但他们没能通过实验证实。美国Los Alamos国家实验室制作了一台行波型热声发动机，通过在行波环路引出一驻波直路，成功地在声场中引入了驻波成分，并在实验中取得42%的相对卡诺效率和30%的热力学效率。

自行设计建造的大型多功能行波驻波混合型热声发动机如图5-2所示。总体上看，该发动机由行波环路和驻波谐振直路两部分组成。环路是产生和放大声功的核心部件，其内运行的是行波成分。如果把行波环路看作是行波反馈回路，系统就可以认为是在驻波热声发动机谐振管速度波节（压力波腹）处引入行波反馈，这样做既利用了行波的压力、速度同相振动关系形成的具有高效率的斯特林循环，同时又利用驻波增大了板叠处的 p/V_m 值，从而大大提高整机热效率。因此，这台发动机在工作循环中兼具了纯驻波发动机和纯行波发动机的优点。

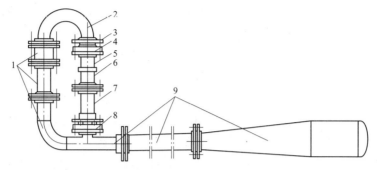

图 5-2　热声发动机结构简图

1—反馈管路；2—声容管路；3—喷射泵；4—主冷却器；5—热声回热器；
6—加热器；7—热缓冲管；8—副冷却器及导流器；9—谐振直路

从系统组成部件看，该发动机主要包括主冷却器、热声回热器、加热器、热缓冲管、副冷却器、导流器、反馈管路、声容、喷射泵、谐振直管、消振锥管、消振直管等构件。

（1）主冷却器。主冷却器位于热声回热器 5 的上方，其作用是在回热器室温端带走热量、冷却气体工质，以建立热声回热器上的温度梯度。主冷却器采用自行设计的壳管式结构和水冷方式，工质气体走管程，冷却水走壳路。其外观如图 5-3 所示。它通过把187 根 Y5×1 的不锈钢管焊接在两块平行不锈钢薄板上做成，管长 37.5mm，不锈钢薄板与该处的法兰氩弧焊接，水路通过法兰外缘各分三路引入引出。

图 5-3　主冷却器

（2）热声回热器。热声回热器是产生并强化热声效应的关键构件，此处发生的热声效应使声功产生或增强。热声回热器位于主冷却器 4 下方，总高 75mm，通过在一个壁厚为 4mm 的不锈钢管内填充不锈钢丝网制成，其中丝网段的长度为 70mm，填有 440 片丝网，丝网片直径为 90mm，规格为 120 目。丝网圆片与不锈钢管壁应紧密配合，以防止沿回热器丝网片边缘的轴向串气，为做到这一点，制作时应使丝网与不锈钢管壁适当过盈配合。

（3）加热器。加热器的作用是在回热器相对冷却器的另一端提供一个高温热源，与冷却器处的环境温度一起在回热器上形成一个温度梯度。这个温度梯度是热声发动机工作的动力。在设计的发动机中，加热器和回热器一体加工，解决了二者之间的高温密封问题。同时，可以实现回热器和加热器之间的零距离接触，在保证气体流道畅通的条件下对热声转换有利。加热器的具体结构是把切好轴向气体通道的黄铜棒冷套到不锈钢圆管内，黄铜棒外径100mm，垂直于气体轴向通道且在气体通道之间切出三条贯通不锈钢壁的槽，尺寸为 96mm×12mm，然后把切好加热管孔的不锈钢块插进槽内，外面用氩弧焊接密封。本加热器设计有 24 根特制电加热管，设计满负荷功率为 5000W。

（4）热缓冲管。热缓冲管位于加热器 6 与副冷却器 8 之间，作用是实现加热器与副冷却器的热隔离，以减少热端换热器向副冷却器的漏热。同时，使得声功从发动机高温区域向外传递。热缓冲管长 240mm，上半部分是 80mm 长的直管，下半部分是锥管，直管处内径为 90mm，锥管最末端处内径为 98mm，半角锥度为 1.35°。热缓冲管的内表面要进行磨光处理，以确保其粗糙度远小于黏性渗透深度和热渗透深度，减小边界层的扰动，抑制边界层效应所引起的 Rayleigh 流（一种由于边界层效应沿着热缓冲管壁面的时均质量流），锥度的作用也是为抑制管内 Rayleigh 流而设计。为了减少轴向导热，热缓冲管在满足强度要求的情况下，管壁应尽可能薄。

（5）副冷却器及导流器。副冷却器的作用是降低传输声功的气体温度，以利于声功引出并为热声制冷机提供动力。当环路中的直流流动（Gedeon 流，即经过回热器、热缓冲管、反馈管路等沿环路的时均质量流）和热缓冲管中的直流流动均被完全抑制时，副冷却器的负荷仅仅是沿热缓冲管管壁的漏热和来自热端换热器的热辐射，所以副冷却器可以采用直径较大、长度较短（即换热面积较小）的不锈钢管。该热声发动机中副冷却器采用与主冷却器类似结构，细不锈钢管的长度缩短为 25mm。导流器位于热缓冲管下方，由若干片 22 目不锈钢丝网构成。导流器的作用是使进入热缓冲管底部和热缓冲管内的气流均匀分布，防止由于副冷却器的形状或与谐振管连接点处气流的分离而形成的射流。射流会导致热缓冲管内气体的直流流动，造成加热器大量热量浪费。

（6）反馈管路。反馈管路的作用是为行波成分提供通路，同时起到一个声感部件的作用，使冷却器处产生行波相位。副冷却器与反馈回路及谐振管的连接通过一个倒 T 形三通管实现。反馈管路自下而上由四部分组成：反馈弯管、锥管 1、直管和锥管 2。反馈弯管是一个 90°弯头，与之相接的锥管 1 长为 100mm，内径从 90mm 缩变到 76mm。据估算，由于环路中加热段的高温作用，环路右侧会产生 1～3mm 的形变。为了消除由此产生的热应力，本系统采用自行制作的特殊结构以确保行波环路不被破坏。锥管 2 主要用来实现不同截面积管道之间的过渡。

（7）声容管路。声容横跨环路左右支路，是一个容积较大的腔体。它本质上是一个声容部件，同反馈直路一起在冷却器端实现行波相位。声容管路由两个 90°不锈钢弯头氩弧焊接完成，内径 100mm，壁厚 4mm。

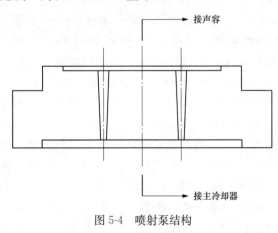

图 5-4　喷射泵结构

（8）喷射泵。喷射泵位于声容 2 和主冷却器 4 之间，其作用是利用流道不对称效应在两端产生一个压力差，形成一个逆着环路二阶质量流的流动并尽可能与之抵消，从而抑制环路 Gedeon 直流。如图 5-4 所示，喷射泵在设计中采用双平行锥形槽结构，槽高 35mm，长 50mm，槽的出口和入口都用圆角过渡，为加工方便和降低成本喷射泵用铝制作。为实现上、下端面压差连续调节，喷射泵最好能设计成槽截面积可调的形式。

（9）谐振直路。谐振直路的作用是在行波环路上耦合一个驻波管路，把驻波成分引入系统中，使该系统兼有驻波和行波热声发动机的优点，从而提高热声发动机的热力学效率；另一方面，谐振直路从环路引出大部分声功并在直路上形成驻波相位，由于驻波系统可以实现较大的声阻抗，所以谐振直路提供了连接负载的最佳位置。谐振直路主要由三部分组成：接口锥管、共振直管、消声部分。接口锥管是一个渐扩管，内径从 90mm 增加到 100mm，长度为 100mm。共振直管内径 100mm，长度 1900mm，这是驻波部分的主要部件。消声部分包括长锥管、直管、封头，锥管长度 1300mm，其内径从 100mm 增加到 261mm，与之相连的消振直管长 440mm。消声部分的作用是提供一个声阻抗连续变化的无限大空间，实现 1/4 波长驻波谐振。在试验中也充分证实了这一点，消声锥管的入口处压比很小，只有 1.02 左右，可以近似看作是压力波节。

5.3.3　热声发电技术

热声热机包括发动机和制冷机。热声发动机产生的直接能量是声波，声波既可以作为直接驱能源（如驱动脉管制冷机制冷），也可以转化为其他形式的能量。美国制造了一台热声发电机，发电机以液钠作为工作介质，热声装置采用半波长的热声谐振管，在管的中央部位外加一个磁场。导电的液钠由于往复运动而产生电流，形成一个热声驱动的磁流体发电机。科学家将液态氧化锌涂在胶片上，胶片然后被放在混合化学物中，并加热至 90℃，氧化锌就会形成一排纳米棒。然后将纳米棒夹在两块电力接触片，纳米棒经声波振动就能产生电力。韩国科学家利用氧化锌，制造出夹在两个电极之间的纳米线，并以 100dB 的声波振动该条纳米线，产生出约 50mV 的电流，但能量不足为手机充电。

5.4　声 能 发 电 技 术

噪声污染对人们生活和健康有相当大的危害，且噪声的来源非常广泛，比较常见的噪声源有机器噪声、交通噪声、风扇噪声和排气噪声等。但噪声也是一种具有相当能量值的潜在能源。例如，噪声达到 160dB 的喷气式飞机，其声功率约为 10kW；噪声达到 140dB 的大型鼓风机，其声功率为 100W，其他各种情况如汽车、音响等声源产生的噪声也具有很大的能量值。这部分能量可以采用声能发电装置将环境中的声能转化为电能来回收利用，从而有效地降低环境中的噪声，保护环境，而且可以将噪声污染变为资源有效利用。

声能发电技术是一种通过换能器实现声能到电能转换的新型发电技术。声能发电系统是声能收集装置和换能器两部分组成。换能器是声能发电装置的核心部件，根据换能器的不同种类将声能发电装置主要分为压电式、电磁式和静电式三种形式，实现声能到电能的转换。

压电式声能发电装置采用压电材料作为换能元件，入射声波通过时引起压电晶体产生形变，其内部会产生极化现象，同时在其两个相对表面上出现正负相反的电荷产生电动势，即通过压电效应实现声能到电能的转换；电磁式声能发电装置是以基于法拉第电磁感应法则的电磁式换能器为换能元件，主要由固定于磁路中的线圈和可振动的铁磁性部件所组成，当一定频率的声波通过时会引起线圈或者铁磁性部件的运动，线圈切割磁力线而产生交变的电流；静电式声能发电装置采用静电式换能器也称电容式换能器为换能元件，由振膜和后极板组成可变电容，入射声波作用到振膜上，振膜的振动引起可变电容的变化，从而将声能转换为电能。

人们利用声能发电的技术可以追溯到 19 世纪中期，但数百年来声能发电技术发展缓慢，也没有引起人们的重视，但近年来能源危机使人们再次把目光投向了这种环境中的潜在能源的利用。其实声电转换装置早已应用于人们日常生活中，例如麦克风、扬声器、耳机、音箱等，但利用声能发电的技术最近几年才得到较大的发展。目前影响发电系统性能的因素主要为换能器声电转换效率限制了声能发电装置发电效率的提高；声能发电装置的集成化水平较低，不利于系统效率的提高；现有的加工工艺在一定程度上也影响发电效率。因此提高加工工艺，对系统单项参数和对系统整体优化，拓宽系统带宽、大功率、低压驱动、微型化、集成化是当前的发展方向。

5.4.1 压电式声能发电装置

由于压电材料有较好的机电耦合效应，以压电材料为换能器的声能发电系统一直处于主导地位，得到了较好的研究和发展。

（1）微型亥姆霍兹压电式声能发电机。美国佛罗里达州立大学的 Horowitz S H 等人于2005 年研发了一种微型机电亥姆霍兹声能发电机，将飞机引擎噪声转换为电能来为电池系统充电，该电池系统驱动一个抑制飞机引擎噪声的无线活动声衬。柔性的压电复介振膜取代亥姆霍兹共鸣器的刚性背板，以亥姆霍兹共鸣器为声压放大器，精细加工的环形硅压电复介振膜为换能元件，在亥姆霍兹共鸣器内产生一个耦合共振系统，再由压电效应将声能转换为电能，整合后被存储在电池中。为进行测试实验，系统连接一个平面波导管，入射声波撞击声学换能器。

（2）自供能无线控制主动声衬。在发动机管道内敷设声衬是降低发动机噪声辐射的主要途径，而传统的用于航空发动机短舱的微穿孔消声声衬都是进行被动噪声控制。由于固定结构使它们具有固定的共振频率和声学阻抗，限制了抑噪的带宽。美国佛罗里达州立大学的 Kadirvel S 等人于 2006 年设计和制作了一种自供能无线控制主动声衬。该装置包括一个具有压电材料背板的可调谐的亥姆霍兹共鸣器，用于修正声学阻抗边界条件，以及实现声能到电能的转换；一个声能收集模块，作为系统的电源为无线接收器和模拟开关提供电功；一个电源电路将压电换能器产生的交流电压转换为直流电压。通过将亥姆霍兹共鸣器与被动电分流网络耦合来调节共鸣器的声阻抗。从一个被动的网络切换到另一个，相同的共鸣器实现了不同的阻抗边界条件。无线接收器和模拟开关工作电压为 3.5V，需要 6mW 的电功率，利用产生的电能向它们供电。通过一个自供电无线控制主动声衬外部的 300MHz 发射机发送指令修正主动声衬的声学阻抗。

（3）直流纳米声能发电机。在纳米技术发展和供能装置便捷小型化需求下，美国佐治亚理工学院于 2006 年利用竖直结构 ZnO 纳米线，研发了将机械能转化为电能的世界上最小的发电装置-直立式纳米发电机，并于 2007 年研发了由超声波驱动的直流纳米发电机。发电机由垂直排列的 ZnO 纳米线和 Z 字形金属电极板组成，在超声波驱动下由压电半导体耦合过程将机械能转换为电能。纳米发电机的设计原理是一层氧化锌薄膜在纳米线底端，作为纳米发电机的一个电极，另一个电极置于纳米线的顶端，用柔软的聚合物固定。锯齿状电极是该发明的核心，它模拟了一列拨动纳米线针尖阵列的作用。在顶部电极和纳米线之间还留有一个很小的间隙，使得它们能够进行一定程度上的相对振动或形变。当外界超声波传到纳米发电机上时，会导致顶部电极的上下振动及纳米线的左右摆动或共振，从而将声能转换为电能。

（4）声学晶体共振腔声能发电系统。在传递光谱缺陷模式、有缺失的声学晶体的声波驻留特性的理论和实验研究基础上,台湾成功大学于 2009 年研发了一种新型声学晶体共振腔声能发电系统。系统由声学晶体和压电材料换能器组成。功率发生器连接扬声器作为声源,PMMA 圆柱组成 5×5 的缺失声学晶体,被固定在一个 PMMA 有机玻璃平板上,移除一根形成共振腔体,压电换能器置于声学晶体腔内进行能量转换。实验测出当入射声波为 4.2kHz 负载为 3.9kΩ 时能产生最大输出电能。即入射声波频率达到晶体的共振频率时声波被驻留在声学晶体腔体内,压电薄膜将之转换为电能,且随着腔体内声压增大压电薄膜的电压输出也增大。选择较大的压电常数,将压电薄膜的共振频率、入射声波的频率和声学晶体腔体的固有频率设计为相同值时,能提高输出电能。

5.4.2 静电式声能发电系统

静电式声能发电技术由于其需要极化电压,一直未得到较大的发展,但随着近年来有源技术的发展,出现了一些新型的静电式声能发电系统。台湾 ChuaiTung 大学于 2008 年提出了一种新型的具有整合机械开关的静电式声能发电装置。装置由一个振动驱动的可变电容器、输出存储电容、转换开关及内部质量组成。装置面积为 1cm^2,需要 3.6V 的辅助电池,4g 钨球作为内部质量去调节装置的共振频率和入射声波匹配,新型的整合机械开关被置于换能器内,通过内部质量的位移打开或关闭实现完全同步的能量转换。

5.4.3 电磁式风能发电系统

自 1831 年法拉第发现电磁感应现象以来,电磁感应现象在电工、电子技术、电气化、自动化方而得到了广泛的应用,至 1994 年基于电磁感应定律出现了电磁式换能器,实现了其他能量形式和电能之间的转化。由于其良好的性能近年来被越来越多用于声能发电装置。

(1) 具有高压输出特性的微型声能发电机。台湾逢甲大学于 2007 年设计和制作了一种以声波驱动的具有高电压输出特性的微型发电机。发电机装置由平面线圈、有支撑梁的悬挂板和一个永磁体组成。采用微细加工技术制造悬挂板和平面线圈,并集成了一个永磁体,最后通过粘接完成微型发电机的组装。扬声器发出的声波作用于该微型发电机的电磁换能器时,便会产生电功,向电池供电或直接驱动便携式电子装置。尺寸为 3mm×3mm 微型发电机,在 470Hz 的声波驱动频率下,可获得 0.24mV 最大感应电动势。如果将相同的微型发电机排列起来构成一个发电机矩阵,将会获得更大的输出电功率。

(2) 新型电磁式声能发电系统。东南大学于 2008 年设计制作了一种新型的电磁式声能发电装置,该系统装置包括亥姆霍兹共鸣器(HR)和电磁式换能器矩阵,HR 对入射声压进行放大后由振膜直径为 2.7cm 的动圈电磁式换能器矩阵实现声能到电能的转换。在 100dB 的入射声压级下(参考压力 20μPa)和 167Hz 的驱动频率下,由 7 个换能器组成的换能器矩阵获得了 9.52mV 的最大感应电动势。声波的驱动频率达到或接近共鸣器谐振频率时,电阻负载两端电压振幅达到最大值,声能发电系统工作最有效果。换能器的数量增多时,电阻负载两端的电压振幅也相应地增加,换能器的数量有个最优值,高于或低于这个值电压振幅都将减小。降低漏声对声能的损耗可提高声能发电系统的输出电功率。

参 考 文 献

[1] 盛美萍，王敏庆，孙进才. 噪声与振动控制技术基础 [M]. 2 版. 北京：科学出版社，2007.

[2] 袁昌明，方云中，华伟进. 噪声与振动控制技术 [M]. 北京：冶金工业出版社，2007.

[3] 毛东兴，洪宗辉. 环境噪声控制工程 [M]. 2 版. 北京：高等教育出版社，2010.

[4] 汪葵. 噪声污染控制技术 [M]. 北京：中国劳动社会保障出版社，2010.

[5] 刘惠玲. 环境噪声控制 [M]. 哈尔滨：哈尔滨工业大学出版社，2002.

[6] 赵良省. 噪声与振动控制技术 [M]. 北京：化学工业出版社，2004.

[7] 陆兆峰，秦旻. 压电式加速度传感器在振动测量系统的应用研究 [J]. 仪表技术与传感器，2007 (7)：3-4.

[8] 汤思佳. 基于激光三角法厚度绝对测量技术研究 [D]. 长春：长春理工大学，2010.

[9] 刘枫，高日. 高架轨道交通体系振动与噪声控制 [J]. 噪声与振动控制，2000，8 (4)：32-35.

[10] 周安荔. 浅析减振降噪型无碴轨道结构设计 [J]. 铁道技术监督，2001 (10)：34-37.

[11] 周建民. 轨道交通中的振动和噪声控制 [J]. 轨道交通研究，2000，12 (4)：16-18.

[12] 于春华. 高架线路轨道结构 [J]. 铁道标准设计，1997.12，12：10-13.

[13] 周安荔. 城市轨道交通轨道结构类型选择的研究 [J]. 铁道工程学报，2002，(1)：12-16.

[14] 刘加华，练松良. 轨道交通振动与噪声 [J]. 交通运输工程学报，2002.32 (1)：29-33.

[15] 张宝才，徐祯祥. 螺旋钢弹簧浮置板隔振技术在轨道交通减振降噪上的应用 [J]. 中国铁道科学，2002，23 (3)：68-71.

[16] 闻邦椿. 振动与波利用技术的新进展 [M]. 沈阳：东北大学出版社，2000.

[17] 张益群，李永福. 振动利用的广泛性和多学科性 [J]. 昆明理工大学学报，2001，26 (5)：119-122.

[18] 袁小庆，郑玮，岳子清，等. 用于分布式传感器供电的微声能发电装置 [J]. 数字通信世界，2017 (06)：49-50.

[19] 陈飞. 基于轨道车辆运行诱发的噪声能量回收方法研究 [D]. 上海工程技术大学，2016.

[20] 周飞云. 噪声发电在船舶机舱中的应用 [J]. 船电技术，2012，32 (08)：27-29.

[21] 魏娴，董卫，吴宵军，等. 声能发电技术发展概况 [J]. 大众科技，2009 (12)：101-103.

[22] 王云利，董卫，吴宵军. 声能发电系统的理论与实验研究 [J]. 中国科技信息，2009 (08)：27-29.

[23] 周年光. 变电站噪声控制技术及典型案例 [M]. 北京：中国电力出版社，2015.

[24] 高红武. 噪声控制工程 [M]. 武汉：武汉理工大学出版社，2003.

[25] 贺启环. 环境噪声控制工程 [M]. 北京：清华大学出版社，2011.

[26] 杜中梁. 火电设备噪声机理分析及综合治理 [J]. 能源技术与管理，2016，41 (6)：190-192.